IL CAMMINO DELLA SCIENZA

Dall'uomo primitivo al Medioevo

II Edizione

Domenico Muratore

ISBN: 9798851859137

IL CAMMINO DELLA SCIENZA

IL CAMMINO DELLA SCIENZA

Ogni passo avanti nella scienza è partito da un nuovo spunto dell'immaginazione.

John Deway

La scienza […] è fatta di errori, ma di errori che è bene commettere perché a poco a poco conducono alla verità.

Jules Verne

La scienza non è che una conoscenza immaginaria della verità.

Lev Tolstoj

Chi sa guardare più addietro nel passato, saprà spingere lo sguardo più lontano nell'avvenire.

W. Churchill

π ⚗

DEDICA

Ai miei figli, Massimo e Mattia, che mi hanno sempre stupito per la loro intelligenza e per il loro saper fare e che, con le loro riflessioni, mi hanno fatto scoprire nuovi e splendidi orizzonti razionali ed esistenziali.

π ⚗

RINGRAZIAMENTI

Ringrazio l'amico M. M. che mi fornisce numerosi libri di grande interesse in formato PDF, i quali mi permettono di avere una ricca biblioteca personale, ideale per le mie ricerche che spaziano nel campo della filosofia e della scienza.

INDICE

PREMESSA

La scienza, la sua origine e la sua distinzione dalla non scientificità sono sempre stati oggetti della mia curiosità. Ripenso spesso ai giorni scolastici, noiosi e poco proficui per me, in cui provavo una forte ansia di conoscenza su vari temi e mi ponevo molte domande. Molte serate estive con gli amici Enzo, Pino e Aldo erano dedicate a discussioni filosofiche su problemi esistenziali e conoscitivi.

A volte dubitavo della realtà, altre volte esploravo liberamente temi legati al tempo in cui vivevamo. La filosofia, la scienza e le deduzioni animavano le nostre conversazioni. Ci affascinava la sapienza degli antichi greci e confidavamo nella ragione, convinti che quell'esperienza fosse la base per comprendere l'essenza della nostra realtà e del nostro divenire.

I nostri studi universitari ci hanno poi diviso e ognuno di noi ha preso la propria strada.

Tuttavia, in me sono rimasti vivi quei dubbi giovanili, che non avevamo risolto durante le nostre conversazioni. Pur essendo diventato insegnante di lingua e letteratura francese, non ho mai abbandonato lo studio della filosofia e dell'evoluzione della scienza. Ho letto Russell, Geymonat, Abbagnano, Ibn Al-Haytham, Galileo, Newton, Maxwell, Einstein, Penrose, Hawking, Hack, Wilson e molti altri, cercando in loro le risposte ai problemi derivanti dall'ansia di sapere e dalla certezza dell'entusiasmante pensiero umano. Da queste letture ho tratto una conclusione che mi sembra importante: le concezioni del passato non devono essere considerate non scientifiche, perché hanno svolto una funzione basilare per lo sviluppo esistenziale, per il progresso tecnologico e per l'evoluzione della scienza.

La storia della cultura ha avuto inizio con la creazione della scrittura, tramite i segni cuneiformi, i geroglifici e la scrittura alfabetica dei Fenici. Questo ha permesso la strutturazione del libro, che rappresenta la memoria dell'umanità.

Finalità, metodi e principi, insieme alle fonti di cultura, sono stati patrimonio di antichi pensatori che hanno tracciato le basi per una migliore comprensione ed elaborazione della scienza, offrendo risposte alle domande sull'essenza umana e sul futuro.

Per definire la scienza in modo efficace, è necessario considerare anche le contraddizioni dei suoi principi, poiché essa si evolve attraverso visioni diverse prima di raggiungere l'equilibrio conoscitivo essenziale che deriva da intendimenti prescientifici.

La comprensione della classicità e del legame tra questa e la conoscenza moderna ci porta verso una comprensione strutturale della scienza e del conseguente progresso tecnologico.

La scienza si conferma con le sue novità grazie al processo ricorsivo che le è proprio, in cui si autocostruisce dalle ceneri del già conosciuto e si autodetermina con i suoi assunti, periodicamente e in modo continuo, attraverso il "dubbio e la certezza".

Le diverse culture che si sono sviluppate nel tempo, come la preellenica, ellenica, alessandrina, medioevale, rinascimentale e quella del Novecento, hanno ampliato l'orizzonte della conoscenza fino ai giorni nostri.

Queste basi, anche se superate, hanno permesso la sperimentazione in molti campi e hanno dato la possibilità di scoprire nuovi spazi oltre il nostro pianeta.

Nella mia lunga carriera professionale, ho constatato che il pensiero scientifico antico è spesso trascurato dalla maggioranza degli studenti e delle persone. Per questo motivo, ho deciso di colmare questa lacuna scrivendo questo libro, in cui espongo i concetti chiave dell'evoluzione scientifica, sintetizzo i pensieri e curo l'esposizione in modo da renderla schematica, chiara e coerente.

L'autore

1. Dalla nascita dell'uomo agli albori della scienza

Lo sviluppo moderno dei metodi d'indagine archeologica consente di risalire alle epoche in cui i primi esseri umani interagivano con i loro simili e l'ambiente circostante, permettendo di determinare con vari metodi di datazione approssimativa l'epoca in cui vivevano. I vari reperti, inoltre, permettono di ricostruire le caratteristiche fondamentali della loro struttura somatica, fino a determinare il tipo di deambulazione, la capacità cranica e l'uso delle mani.

Nel 1924, Raymond Dart[1] e Robert Broom[2] scoprirono, in Sudafrica, i resti di una specie di ominide vissuto circa quattro milioni di anni fa, cui fu dato il nome di Australopithecus africanus, che venne considerato il diretto progenitore dell'uomo moderno. Tale reperto determinò l'anello di congiunzione tra i primi esseri abitanti la terra e le scimmie.

L'intuizione darwiniana espressa in *The Origin of Species*,[3] che

---

[1] Raymond Arthur Dart, antropologo e paleontologo di origine australiana, effettuò un rilevante contributo alla storia dell'evoluzione umana. Attraverso l'analisi di reperti fossili scoperti a Taung, in Sudafrica, fece una scoperta cruciale che segnò un significativo progresso nell'indagine sull'origine umana. I resti scheletrici di un giovane ominide, deceduto all'età di circa tre anni, furono rinvenuti e riconosciuti come il celebre "Bambino di Taung". Il nome scientifico attribuito a questa scoperta fu "Australopithecus africanus". L'importanza di questa rivelazione risiede nell'innovativa rilocazione dell'origine dell'umanità dall'Asia all'Africa.

[2] Robert Broom, noto medico e paleontologo proveniente dal Sudafrica, orientò i suoi interessi verso la paleoantropologia dopo la rilevante scoperta da parte di Raymond Dart del fossile del celebre "Bambino di Taung". Nel 1938, raggiunse l'apice della sua fama con una scoperta di grande rilevanza: individuò un esemplare di "Australopithecus robustus", una specie di ominide mammifero che visse tra 2,3 e 1,2 milioni di anni fa. Inoltre, nel 1948, nel corso di scavi a Swartkrans, Broom rinvenne i resti fossili di un ominide che in seguito venne identificato come un esemplare di "Homo erectus".

[3] Charles Darwin è considerato uno dei biologi più importanti della storia delle scienze. È l'autore che per primo dimostrò che l'evoluzione delle specie è una realtà e viene spesso definito come il padre della teoria dell'evoluzione. La sua opera ha avuto una portata immensa sia nel campo scientifico che filosofico, in quanto ha rivoluzionato la concezione del posto occupato dall'uomo nell'universo. La teoria darwiniana ha implicazioni significative sull'origine e la diversificazione delle forme di vita sulla Terra, inclusa la discendenza comune

afferma che l'uomo ha un "*antenato comune*", un primate derivante dalle grandi scimmie, risulta esatta. Andando a ritroso nel tempo e considerando le informazioni fornite dalla paleontologia,[4] pare che intorno ai 63 milioni di anni fa si siano estinti i grandi rettili a causa della caduta sulla terra di un grande meteorite, che sollevò polvere di enormi dimensioni, tanto da oscurare la luce del sole per molti anni. Il freddo che ne seguì portò irrimediabilmente alla morte dei grandi animali a sangue freddo. Sopravvissero, però, i piccoli animali a sangue caldo, i mammiferi, che nel corso di milioni di anni si differenziarono in specie e dimensioni. Fra questi apparvero sulla terra i primati, specie di mammiferi placentati comprendenti i tarsi, i lemuri, le scimmie e l'uomo.

I nostri più diretti antenati, dunque, furono gli Australopitechi che attraverso un lento processo evolutivo originarono il genere "*Homo*". Lo scienziato svedese Linneo,[5] con la sua distinzione tra genere e specie - in cui il genere è un gruppo di specie affini e la specie è un insieme di esseri capaci di procreare - fece una distinzione precisa del genere "*Homo*", distinguendone almeno tre specie: *l'Homo habilis*, che fu il primo e il più antico, vissuto fra circa 3 e 2 milioni di anni fa; *l'Homo erectus*, vissuto fra circa 2 milioni e 300.000 anni fa; e *l'Homo sapiens*, vissuto fra circa 500.000 e 300.000 anni fa, che diede origine a due sottospecie: *l'Homo sapiens neanderthalensis*, vissuto fra circa 250.000 anni e

tra l'uomo e le altre forme di vita, come i primati.

[4] La paleontologia, che letteralmente significa lo studio degli esseri antichi, è una scienza che si occupa dell'analisi degli organismi che hanno vissuto sulla Terra in passato utilizzando metodi scientifici. Essa si colloca tra le scienze biologiche e la geologia, poiché studia sia gli organismi fossili che i processi geologici associati alla loro formazione. È importante notare che la paleontologia si differenzia dall'archeologia, che si concentra sullo studio delle civiltà umane antiche e dei loro resti materiali, come le rovine degli insediamenti umani, gli oggetti manufatti e le testimonianze culturali.

[5] Carl Nilsson Linnaeus, comunemente conosciuto come Linneo, fu un medico, botanico e zoologo svedese. È ampiamente considerato il padre della moderna tassonomia, il sistema di classificazione scientifica degli organismi viventi. Linneo sviluppò il sistema binomiale, in cui ogni organismo viene identificato da un nome scientifico composto da due parti: il genere e l'epiteto specifico. Questo sistema di classificazione fornì un'organizzazione chiara e standardizzata per gli organismi viventi ed è ancora oggi ampiamente utilizzato in biologia e nelle scienze naturali.

35.000 anni fa, e infine *l'Homo sapiens sapiens*, l'uomo uguale a noi, vissuto circa 150.000 anni fa.

È certo, dagli studi condotti da Darwin, che gli esseri viventi come i gorilla, gli scimpanzé, gli oranghi e l'uomo stesso abbiano avuto come luogo di origine l'attuale Africa. Da questa terra, *l'Homo* si diffuse con due migrazioni nel resto del pianeta. Nel primo spostamento, *l'Homo erectus* popolò l'Asia e l'Europa; nel secondo, *l'Homo sapiens sapiens*, nato anch'esso in Africa, popolò il resto del mondo stanziandosi nell'attuale continente americano e in Australia. La migrazione fu possibile grazie all'inizio di una lunga glaciazione: l'acqua degli oceani si condensò in ghiaccio e il livello del mare si abbassò, facendo emergere le coste di quasi 130 metri, rendendo possibile il passaggio verso alcuni luoghi che erano divenuti terra emersa.

Questa migrazione presuppone una novità culturale trasmissibile, già acquisita dall'uomo primitivo, che consiste nella parola, e quindi nella lingua. Tale novità non è certo rinvenibile in qualche reperto, ma è assolutamente deducibile dalla stessa azione migratoria. Chi decideva gli spostamenti doveva interagire con il proprio gruppo per esplorare bene territori sconosciuti e pericolosi, condividendo strategie da seguire; doveva adattarsi ai cambiamenti ambientali, fabbricare nuovi strumenti per cacciare, ripararsi e proteggere i membri del gruppo e produrre indumenti protettivi per far fronte alle asperità climatiche. Fu senz'altro dotato di abilità complesse, proprie di un'intelligenza progredita, che gli consentirono di creare strumenti, seppur semplici, adatti al fabbisogno e alla sopravvivenza.

L'homo sapiens sapiens fu molto abile nel lavorare la selce e creò strumenti complessi come lunghe lame, aste di legno, armi di osso, raschiatoi e bulini per incidere le ossa. Scoprì il principio della leva e creò uno speciale marchingegno, il propulsore, che gli consentì di scagliare una lancia molto più lontano di quanto potesse fare con la forza del braccio, e con maggiore velocità. Fu il primo ad utilizzare la sepoltura, avvolgendo il corpo in pelli cucite con i tendini di animali e ricoprendolo di pietre. I corpi venivano cosparsi da una sostanza colorata, il che fa supporre che la sepoltura fosse accompagnata da un rito. Sia gli uomini che le donne amavano fregiarsi di collane e braccialetti fatti di ossa, denti e conchiglie di madreperla.

Nella caverna, il rifugio invernale, tale uomo incominciò a scalfire e dipingere le pareti, grazie alla scoperta naturale dei colori come l'ocra, il rosso e il nero carbone. Fu capace di riprodurre scene di caccia, di modellare corpi di donna[6] con l'argilla e, con gli utensili, scolpì pezzi di pietra, di osso e di avorio.[7] Ciò fa supporre che tale uomo avesse un senso, anche se rudimentale, della bellezza e che i lavori eseguiti nelle caverne e sui pezzi di osso e di pietra annunciano l'inizio dell'arte. Alla creazione di strumenti e al loro perfezionamento si possono certamente accostare importanti innovazioni tecnologiche, come l'invenzione di una barca rudimentale.

Si sa che il legno non è resistente al tempo, specialmente per quanto riguarda periodi molto lunghi, per cui non esistono reperti se non quelli più recenti risalenti a pochi secoli fa. Dunque, come si spiega che le distanze marine che separano l'Asia dall'Australia, sebbene siano state limitate dall'abbassamento delle coste generato dalla glaciazione, siano state attraversate? Certamente non a nuoto, ma sicuramente con uno strumento idoneo alla traversata.

L'uomo primitivo era un abile cacciatore, inventò l'arco e utilizzò anche la lancia, che perfezionò con l'invenzione del propulsore, come abbiamo già visto. Quando il ritiro dei ghiacciai modificò il clima in caldo umido, assistette all'innalzamento: delle masse terrestri, del livello del mare e alla trasformazione delle condizioni climatiche del suo ambiente, per cui dovette affrontare il problema del sostentamento a causa della diminuzione numerica e di corporatura della selvaggina, che costituiva il primo nutrimento del singolo e della comunità. Non potendo più seguire le migrazioni

---

[6] La Venere di Willendorf è una scultura alta circa dodici centimetri, scolpita in calcare, ed è considerata una delle opere d'arte più antiche sopravvissute. Raffigura un corpo femminile dalle forme rotondeggianti, con un seno pronunciato e un ventre prominente. La scultura è stata datata a circa 25.000 anni fa ed è associata alla cultura paleolitica. La Venere di Willendorf è un'icona dell'arte preistorica ed è stata interpretata come un simbolo di fertilità e di culto alla dea madre.

[7] Il ritratto più antico di cui si abbia conoscenza è stato realizzato in avorio ed è stato rinvenuto a Brassempouy, una località della Francia. Questo ritratto, noto come "*La Dama di Brassempouy*" o "*Testa di Brassempouy*", raffigura la testa di una giovane donna o forse di una bambina. La scultura è stata datata a circa 25.000 anni fa ed è associata alla cultura paleolitica. È un importante esempio dell'arte preistorica e testimonia la capacità artistica umana fin dai tempi antichi.

degli animali, incominciò a sfruttare le risorse idriche dei fiumi, dei laghi e dei mari.

Rispetto al tempo dell'Homo neanderthalensis, l'habitat naturale cambiò radicalmente e l'uomo dovette adattarsi alla trasformazione dell'ambiente, cambiando il tipo di vita e trasformando la sua condizione da errante a stanziale. Creò insediamenti vicino ai fiumi e ai laghi e iniziò a costruire case in legno e pietra. Per migliaia di anni, l'alimentazione fu caratterizzata oltre che dalla caccia, anche da ciò che la natura spontaneamente offriva, ma il numero di persone, nel tempo, aumentò, si pensa che in Africa e Medio Oriente fossero presenti tra 20.000 e 100.000 individui e che ai tempi in cui iniziò l'espansione in Europa, tra 40.000 e 35.000 anni fa, la popolazione fosse aumentata a forse 400.000 o 800.000 individui, per poi raggiungere, 10.000 anni fa, una cifra compresa tra 3 e 15 milioni di persone in tutto il mondo.[8] In tale contesto, la disponibilità di cibo non fu più sufficiente per tutti, soprattutto in determinati periodi dell'anno, spingendo l'uomo a sfruttare e far produrre il terreno.

Fu la scoperta dell'agricoltura che incrementò la disponibilità di cibo e portò alla proliferazione degli individui, che iniziarono a vivere in villaggi sempre più grandi. L'orzo, i cereali e il grano costituirono le produzioni agricole più importanti, mentre gli animali utili furono addomesticati e riuniti in mandrie. I corsi d'acqua furono deviati per irrigare i raccolti e l'aratro fu creato per lavorare la terra.

La diffusione dell'agricoltura si estese per millenni e si perfezionò per soddisfare le esigenze alimentari delle comunità. Tutta la produzione agricola doveva essere trasformata e conservata in idonei recipienti, quindi si iniziò a lavorare il legno per costruire vassoi, mortai, pestelli e borse di pelle intrecciate con erba per gli alimenti liquidi. Un'altra scoperta importante fu quella del fuso e del telaio, con i quali le donne filavano e tessevano le fibre per fare abiti.

---

[8] Il testo, *Razza o pregiudizio? L'evoluzione dell'uomo fra natura e storia*, è stato coautore Luigi e Francesco Cavalli Sforza insieme ad Alberto Piazza. La sua edizione iniziale è datata al 1996 ed è stata diffusa attraverso Mondadori Education e Einaudi Scuola. All'interno di questo scritto, sulla pagina 47, viene esaminato il concetto dell'evoluzione dell'essere umano e il suo intreccio con il corso storico. (Cavalli Sforza et al., 1996, 2a edizione)

L'uomo del neolitico divenne sedentario, anche se a volte sentiva l'esigenza di spostarsi quando i campi, dopo lo sfruttamento, non erano più produttivi. Non conosceva ancora l'azione del concime naturale. Si crearono molti mestieri, tra cui quello del vasaio che, pur non avendo ancora la ruota, riusciva a creare vasi con cordoni d'argilla, messi uno sull'altro. Quando le comunità agricole divennero abili nella costruzione di vasi d'argilla, iniziarono a usare i forni per cuocere tali prodotti e andarono alla scoperta di nuovi tipi di terra e di argille ricche di metalli, che, messe nella fornace, si scioglievano e poi si solidificavano prendendo la forma dell'oggetto su cui erano stati messi. Tali metalli potevano essere liquefatti, lavorati e ridotti in lastre per mezzo di pietre dure. Ebbe origine il procedimento di fusione e si fuse il rame, il piombo, lo stagno e con tali materiali si crearono i primi pendagli, perline e altro.

Il 6000 a.C. fu un periodo di grande importanza storica perché fu l'era della fusione dei metalli, che avrebbe avuto un impatto sulla vita delle generazioni future. L'aggiunta di stagno al rame permise di ottenere il bronzo, un metallo più duro che fu utilizzato per fabbricare lame, coltelli e asce.

Intorno al 2500 a.C., il ferro fu scoperto nella zona occidentale dell'Asia Minore, rivoluzionando la lavorazione dei metalli. I fabbri lavoravano i metalli in grandi agglomerati guidati da un capo, le cui funzioni consistevano nel regolamentare le controversie e nel salvaguardare i confini del territorio.

Ai vasai dell'anno 3500 a.C. è attribuita la più grande invenzione di tutti i tempi: la ruota. Alcuni studiosi affermano che tale scoperta possa essere datata a oltre cinquemila anni prima di Cristo, derivata dal rotolamento dei tronchi d'albero. Comunque, i primi a usare la ruota furono i vasai al fine di migliorare la struttura dei vasi non ancora cotti, che avveniva con la sovrapposizione di cordoni di argilla disposti uno sopra l'altro. Con l'uso della ruota, i vasi furono lavorati con più facilità e modellati finemente. Successivamente, essa fu perfezionata e si aggiunse un perno centrale al quale furono aggiunti i raggi che la resero più resistente e leggera. La ruota trovò applicazioni in altri ambiti, tra cui l'idraulica, il trasporto e la guerra.

Nell'800 a.C. circa, la quasi totalità del continente europeo si trovava ancora indietro rispetto alle civiltà che possedevano più di

2000 anni di storia, come alcuni imperi asiatici e la civiltà egizia. Nonostante la sua condizione ancora preistorica, priva di organizzazione politica e di cultura trasmissibile, due avvenimenti importanti schiusero le porte alla sua evoluzione: la conoscenza della fusione e la cultura greca. I Greci acquisirono la tecnica di fusione del ferro dagli Ittiti,[9] un popolo guerriero dell'Asia Minore che la adottò per primo e la trasmise ai Dori. Dopo la caduta dell'Impero Ittita, la tecnica si diffuse in tutta l'Europa centrale dove fu utilizzata per la fabbricazione di armi e attrezzi. I Greci, tuttavia, non diffusero solo questa tecnica: nel VII e VI secolo, trasmisero la loro civiltà raggiungendo il massimo splendore con la creazione della città-stato e la colonizzazione di quasi tutto il Mediterraneo centrale.

In Mesopotamia, a partire dal 3500 a.C. tra i fiumi Tigri ed Eufrate, nacque una civiltà evoluta: quella dei Sumeri, con un'organizzazione statale che consentì di costruire le prime città della storia. Questo popolo usò il bronzo, fu il primo a usare carri muniti di ruote e il primo a ideare e utilizzare la scrittura.

La Mesopotamia è stata una regione fondamentale nello sviluppo della civiltà umana. Grazie ai fiumi Tigri ed Eufrate, gli antichi Sumeri furono in grado di sviluppare un'agricoltura avanzata e di creare le prime città della storia. Successivamente, gli Assiri, i Babilonesi e gli Accadi arrivarono in Mesopotamia e apportarono ulteriori miglioramenti nel campo dell'architettura, dell'astronomia, della matematica e della medicina.

Il clima della regione mesopotamica era molto diverso in passato, si presentava con immense praterie in cui gli animali erbivori potevano trovare cibo e in cui le popolazioni nomadi avevano la possibilità di insediarsi. Il ritiro dei ghiacciai portò a un clima più arido e le praterie divennero sterili. I due fiumi, tuttavia, continuarono a inondare le rive, creando zone produttive nel cuore del deserto, consentendo lo sviluppo delle città.

Nelle città sumeriche, c'era una grande varietà di attività e

---

[9] Il popolo indoeuropeo degli Ittiti si stabilì in Anatolia, l'attuale Turchia, intorno al 2000 a.C. Gli Ittiti costituirono un importante regno nell'età del bronzo e furono tra i primi popoli indoeuropei ad avere un impero. La loro presenza in Anatolia ebbe un impatto significativo sulla regione e sulla storia dell'Antico Vicino Oriente.

mestieri. Gli agricoltori e gli allevatori costituivano una parte della società, l'altra era caratterizzata dai costruttori, dagli artigiani, dagli scribi e dai sacerdoti. I costruttori sumeri utilizzarono i mattoni di argilla per costruire grandi città sulle rive dei fiumi, come Uruk, Nippur e Ur. Essi credevano che gli dei governassero la terra e costruirono templi per venerarli, governati dai sacerdoti.

I Sumeri furono anche innovatori tecnologici; adattarono\ la ruota del vasaio per costruire carri da trasporto e da guerra. Tutto ciò contribuì allo sviluppo di una civiltà che, nonostante le difficoltà e gli ostacoli, fu in grado di produrre progressi significativi in molte aree della conoscenza umana.

L'istruzione fu molto importante per questa popolazione e nel 3000 a.C. inventarono la scrittura cuneiforme,[10] che fu esercitata su tavolette di argilla, e fu molto utile per le questioni commerciali. La matematica fu di loro competenza e dobbiamo a loro la divisione dell'ora in sessanta minuti, del minuto in sessanta secondi e la divisione del cerchio in 360°. Furono conoscitori dell'algebra e della geometria e per quanto riguarda la scienza medica, conobbero l'anatomia, praticarono la chirurgia e furono i primi erboristi della storia umana.

A ovest dell'Eufrate, nel 3.200 a.C., si profilò un'altra grande civiltà: quella egiziana, che creò la prima nazione della storia. Gli Egizi si dedicarono all'allevamento di pecore, capre e buoi, all'agricoltura e alla coltivazione del lino, alla tessitura e alla ceramica. Furono abili costruttori di dighe, che utilizzarono per controllare i periodi di siccità, incrementare i raccolti di grano e superare i periodi di carestia. In questa regione attraversata dal fiume Nilo, i villaggi si trasformarono velocemente in città, e le ripartizioni territoriali in regni, con ritmi di vita frenetici. La ricchezza si diffuse ovunque vi fosse lavoro, tra fabbri, vasai, contadini, intrecciatori di ceste, scalpellini, viticultori e produttori di birra. Gli Egizi crearono un particolare tipo di scrittura basata

---

[10] La scrittura cuneiforme è un sistema di scrittura che veniva utilizzato con uno stilo e una tavola di argilla. Gli scribi cuneiformi creavano incisioni a forma di cuneo, da cui prende il nome "cuneiforme". Questo antico sistema di scrittura è stato utilizzato in varie civiltà dell'Antico Vicino Oriente, come i Sumeri, gli Assiri e i Babilonesi, e ha rappresentato una delle prime forme di scrittura sviluppate nell'umanità.

sui geroglifici.[11] La loro grandezza consistette nel fatto che sfruttarono, per tramandare la loro cultura, non le tavole di argilla come i Sumeri, ma un materiale più duttile e duraturo: il papiro.

La regione, divisa in due regni, fu unita in uno solo dal faraone Menes,[12] primo della lunga dinastia faraonica d'Egitto. Furono costruite le Piramidi, con l'impiego di grandi e abili costruttori che utilizzarono sistemi non ancora completamente noti, ma anche la forza umana. Enormi blocchi di pietra vennero rifiniti con attrezzi di rame dagli scalpellini, e poi, su rampe inclinate, bagnate e trainate con corde di papiro, vennero posti l'uno sull'altro per formare la costruzione. Anche questo popolo inventò un sistema matematico che consentiva agli scribi di numerare usando le frazioni e le radici quadrate. Essi sapevano calcolare il volume del cilindro e l'area del cerchio, e diedero nome alle costellazioni. A loro è dovuta la divisione dell'anno in 12 mesi e in 365 giorni. I medici e i chirurghi egizi studiarono l'anatomia per la mummificazione, e i loro trattati di medicina pervenuti fino a noi sono importanti e validi principalmente per ciò che attiene alle fratture.

Nel VII e VI secolo a.C., i rapporti tra Grecia ed Egitto furono molto attivi, sia dal punto di vista commerciale che culturale. Il commercio tra questi due popoli fu molto fiorente, e i greci colti si recavano presso Menfi per acquisire conoscenze mediche e per apprendere le esperienze costruttive di tale popolo. Anche gli artisti greci acquisirono lo stile egizio e lo diversificarono, influendo su tutta la produzione artistica ellenica.

Conobbero il rotolo di papiro, che fu molto diffuso e che, a loro

---

[11] La scrittura geroglifica era principalmente utilizzata per monumenti e iscrizioni di carattere formale, mentre la scrittura ieratica era una versione corsiva della stessa scrittura, utilizzata per la scrittura quotidiana su carta di papiro. Per scrivere in ieratico si usava un calamo, intinto nell'inchiostro, che veniva utilizzato per scrivere sui rotoli di papiro. Grazie alla sua velocità di scrittura, la scrittura ieratica era ideale per la corrispondenza quotidiana e la composizione di testi su rotoli di papiro.

[12] Menes, conosciuto anche come Narmer e Meni, fu un faraone della I dinastia egizia che regnò attorno al 3100 a.C. Fu il primo a unificare l'Alto e il Basso Egitto, ponendo così le basi per una delle più grandi civiltà della storia. Durante il suo regno, l'Egitto conobbe un grande sviluppo e molti greci colti giunsero a Menfi per acquisire conoscenze mediche e trarre insegnamenti dalle esperienze costruttive del popolo egizio.

volta, fecero conoscere in tutte le terre del Mediterraneo. Con l'invenzione della scrittura, si uscì dalla preistoria e si entrò pienamente nella conoscenza della storia e dei suoi eventi. Nel VI secolo a.C., un'altra grande nazione si profilò all'orizzonte: quella persiana. I persiani invasero tutti i paesi dell'Asia occidentale, creando un unico impero, il più grande impero del nostro passato.

Pur tentando di assoggettare la Grecia militarmente, non ci riuscirono e, in seguito, i due popoli ebbero scambi culturali, fruttuosi e continui. Gli studiosi persiani fusero il loro sapere con quello greco, arricchendo la loro conoscenza scientifica e letteraria.

La Persia diede un grande impulso al progresso scientifico: i suoi uomini colti si servirono, in modo pratico, della matematica, riuscendo a misurare con grande precisione i movimenti dei corpi celesti e a porre, in seguito, grazie ad Avicenna,[13] le basi della scienza sperimentale. Costruirono anche i primi ospedali della storia, in risposta all'attività svolta dai loro medici. Nell'arte, si espressero imitando la natura, mentre nella filosofia scrissero trattati riguardanti la posizione e il valore dell'uomo nell'universo.

---

[13] Ibn Sīnā, anche noto come Abū ʿAlī al-Ḥusayn ibn ʿAbd Allāh ibn Sīnā o Pur-Sina, si è distinto come medico, filosofo, matematico e fisico persiano. È più riconosciuto con il nome latinizzato Avicenna. La sua nascita ad Afshona è datata nel 980 e il suo decesso nel giugno 1037 a Hamadan. Tra le sue opere di spicco figurano *Il libro della guarigione* e *Il canone della medicina*. Nel mondo islamico, Avicenna ha goduto di un notevole rispetto, mentre nell'Occidente è considerato un pioniere della medicina moderna e uno dei più influenti scienziati dell'Islam.

2. Gli inizi della scienza

L'uomo si è sempre posto domande su tutto ciò che lo circonda e sulle cause dei fenomeni che si evidenziano in natura, cercando di dare una risposta ai perché e riflettendo sugli eventi che si mostrano ai sensi. Ha tentato di trovare soluzioni, definendo certezze per progredire nella conoscenza. Il bisogno di sopravvivenza in un mondo primitivo ha portato a novità che hanno fatto progredire il genere umano, come il fuoco, le dimore, le armi rudimentali, la ruota e la scrittura. Questo è avvenuto grazie all'ansia di affrontare situazioni e di sopperire alle necessità, che ha consentito l'evoluzione dell'intelligenza. Robert Sternberg,[1] definisce l'intelligenza contestuale come la capacità di comprendere l'ambiente e di sfruttare la propria forza per equilibrare la propria debolezza, acquisendo abilità nella definizione di comportamenti e azioni coordinate ed evolute.

La scienza esiste insieme all'uomo e non rappresenta solo il desiderio di conoscenza, ma anche la necessità di frapporsi tra il proprio modo di essere e la realtà al fine di risolvere problemi pratici. L'uomo ha saputo alzarsi dalla sua condizione di svantaggio, impadronendosi dei segreti della natura per dominarla e diventare artefice del mondo. Inizialmente, fece ricorso all'immaginazione perché non riusciva a comprendere i fenomeni e gli eventi naturali, l'origine di tutto ciò che percepiva e il suo destino, cercando di dar loro un'adeguata spiegazione e generando il mito,[2] che costituì il primo passo verso la ricerca della

---

[1] Robert Sternberg è uno psicologo americano nato il 8 dicembre 1949 a New Jersey. Si occupa dello sviluppo cognitivo umano e ha sviluppato una teoria dell'intelligenza che suddivide in tre tipologie: analitica, creativa e pratica. L'intelligenza analitica si riferisce alla capacità di analizzare i dettagli di un problema e di confrontare diverse opzioni di analisi. L'intelligenza creativa si riferisce alla capacità di immaginare e inventare nuove soluzioni. Infine, l'intelligenza pratica è la capacità di utilizzare strumenti e sviluppare progetti pratici. Questa suddivisione dell'intelligenza proposta da Sternberg è nota come "teoria triarchica dell'intelligenza.

[2] I miti servono a spiegare fenomeni naturali, a interpretare il mondo, a insegnare le norme sociali e morali, e a fornire un significato alla condizione umana. Essi possono includere elementi fantastici, simbolici o allegorici e sono spesso ricchi di metafore e di significati profondi.

conoscenza. In seguito, superò la sua intima angoscia riuscendo a dare un senso alle cose, progredendo nel superamento delle paure ancestrali. Tutto ciò costituì una progettazione della realtà che poco si discostava dall'essenza intima della verità e dell'oggettività.

Questa attività ha permesso di definire in modo semplice gli eventi complessi, trarre conclusioni strettamente correlate ad essi e segnare la qualità della natura, determinandone l'azione al fine di raggiungere benefici adatti all'esistenza. Il mito è stato il costituente primordiale della conoscenza, poiché è l'attività del pensiero in grado di fornire spiegazioni semplici e basilari, anche se velate da vesti fantastiche, ai perché dell'universo, ai fenomeni della natura e al perché della vita. La differenza tra mito e scienza sta nel modo in cui si traggono le condizioni della realtà: il mito si avvale espressamente dell'esposizione fantastica senza interpretazione scientifica, mentre la scienza cerca la verificabilità delle supposizioni attraverso il metodo del riscontro.

La scienza arcaica si forma attraverso la cosmogonia, l'indagine sull'origine dell'universo, la formazione del mondo e la funzione dell'uomo, in accordo con la sapienza antica. "*O Muse, narratemi queste cose, voi che abitate le dimore dell'Olimpo, dall'inizio, e ditemi quale di esse ebbe origine per prima. Innanzitutto venne all'esistenza lo Spazio beante, poi a sua volta la Terra, sede per sempre sicura di tutti gli immortali che abitano le cime del nevoso Olimpo, e il Tartaro nebbioso nel fondo della terra dalle larghe strade. Poi Eros, il più bello tra tutti gli immortali, che scioglie le membra e, tra tutti gli dei e gli uomini, doma nel petto il pensiero e la saggia volontà. Dallo Spazio beante ebbero origine Erebo e la Nera Notte. Dalla Notte a loro volta Etere e Giorno, che ella concepì e generò congiungendosi in amore ad Efebo. La Terra generò per prima un simile a sé*"[3]. In questo brano di Esiodo emerge l'esigenza di spiegare il mondo e tutto ciò che in esso esiste, e lo fa immaginando l'ingerenza divina come causa prima della realtà. L'uomo antico non si è limitato ad interrogarsi sul

---

[3] Esiodo è stato un poeta greco antico noto per le sue opere come *Teogonia* e *Le opere e i giorni*. La frase specifica che si tratta di una pubblicazione intitolata *Tutte le opere e i frammenti* con la prima traduzione degli scolii (commentari) curata da Cesare Cassanmagnago. L'edizione è stata pubblicata nel 2009 dalle Edizioni Bompiani e la pagina citata è la 121.

mondo, ma ha anche cercato di dominare la natura attraverso l'individuazione delle tecniche più adatte per gestirla, nonostante la progressione lenta degli anni. Come già visto in precedenza, è stato abile nel lavorare la selce e i metalli, costruire abitazioni e conservare le conoscenze attraverso la scrittura. Queste tecniche richiedono osservazione, intuito e razionalità. Grazie alla scrittura, si è avuto l'impulso per lo sviluppo della scienza, la quale ha avuto origine e si è evoluta in Mesopotamia con i Sumeri e i matematici babilonesi, che hanno scandagliato le costellazioni, individuato i pianeti e datato le eclissi con l'aiuto della loro tecnologia basilare.

Prima di proseguire con la discussione sull'evoluzione del pensiero, è importante analizzare come la pratica trasferita al sapere abbia portato al miglioramento in tutti i campi dell'esistenza umana. L'attenta osservazione dei fenomeni attraverso i sensi consente di verificare varie ipotesi su realtà eterogenee, il che permette di comprendere le caratteristiche degli oggetti osservati e di attribuire loro caratteristiche di universalità. Quando si affronta un problema o una situazione in parte conosciuta, ma che non si conosce completamente o di cui si ha bisogno, le forze interiori spingono ad affrontare in modo risolutivo quella circostanza, promuovendo la crescita esperienziale e intellettiva, creando le basi e gli strumenti adeguati per agire.

Questo processo è guidato dal ragionamento, il quale, nella fase comparativa, conduce alla comprensione degli eventi e all'acquisizione di varie abilità. Le premesse e le conclusioni hanno validità se sono adeguate alla veridicità di ciò che si evidenzia attraverso i sensi e l'ambiente circostante. La verità, nella sua natura ipotetica, può essere impostata come possibile e confermata o negata. Se confermata, può essere messa in atto e considerata valida grazie al processo logico che analizza le premesse vere, la cui risultanza è una conclusione vera, nel rispetto della logicità e della sua progressione.

L'uomo ha sempre cercato di soddisfare i propri bisogni e, anche dopo averli soddisfatti, ha cercato di capire il mondo che lo circonda attraverso un ragionamento logico. Il desiderio di conoscere la verità lo ha spinto a porsi domande sulle tematiche dell'essere, del divenire e del conoscere, sulla propria posizione nel mondo, sulle possibilità e sui limiti della sua conoscenza, con un esame critico e organico completamente razionale che lo ha portato oltre l'esperienza per comprendere le cause costituenti il mondo reale. La filosofia ha svolto un ruolo fondamentale nella promozione della cultura e della scienza, fornendo un metodo di indagine razionale che ha costituito la base delle singole scienze.

In passato, l'esigenza di conoscenza e il ragionamento hanno portato alla formazione delle basi delle singole scienze, attraverso un metodo di indagine razionale che ha riguardato l'essenza e la totalità delle cose. Ciò ha permesso di raggiungere livelli di conoscenza verificabili e universalmente accettati, anche se alcuni principi sono stati stabili mentre altri sono ancora perfettibili in base alle nuove problematiche sperimentali.

Quando la Mesopotamia fu dominata dai greci, la conoscenza matematica e scientifica raggiunta fino a quel momento si sviluppò ulteriormente in forme di conoscenza più complesse. Iniziò a formarsi un sistema di pensiero dinamico, articolato e più ampio, basato essenzialmente sulla razionalità. Questo aprì la strada a un metodo di indagine che costituì la base della ricerca scientifica e tecnica, considerata come realizzazione pratica dell'indagine conoscitiva.

L'uomo ha potuto usare tutto ciò che aveva percepito e dominare ciò di cui aveva coscienza nell'universo, utilizzando sia la dimensione spirituale che quella empirica per ottenere risposte ai propri quesiti. Questa realtà può risultare difficile da comprendere senza un'analisi evolutiva del pensiero, che parte dalle teorie di Democrito, che immaginò un universo composto da minuscole particelle in movimento e massa, fino a quelle di Platone, che sosteneva l'esistenza di idee universali eterne, non modificabili e costituenti la realtà opposta alla fenomenologia sensibile e al fenomeno illusorio mutevole e transitorio caratterizzato dalla percezione sensoria. Il materialismo ha poi stabilito, nel campo sperimentale della realtà naturale, determinati modelli fisici e matematici, basandosi sui metodi scientifici che rispettano i canoni dell'osservabilità e della ripetibilità.

La considerazione univoca degli scienziati classici era che l'universo fosse inamovibile nella sua evoluzione, oggettivo, preciso e distaccato. Tuttavia, l'evoluzione scientifica ha modificato questi canoni, offrendo una visione della realtà naturale differente dalla considerazione classica.

La concezione del "mondo-macchina" appartenente all'idea

scientifica del passato si è evoluta grazie alla teoria della relatività di Einstein, la quale ha dimostrato che la materia è semplicemente energia e che lo spazio e il tempo non sono due cose distinte ma un'unica entità. Questa concezione si è poi affinata grazie agli scienziati Schrodinger,[4] Planck,[5] Bohr[6] e altri, i quali hanno

---

[4] Erwin Schrödinger è stato un fisico e matematico austriaco nato il 12 agosto 1887 a Vienna e morto il 4 gennaio 1961, sempre a Vienna. È considerato il padre dell'equazione, fondamentale per la meccanica quantistica, detta, appunto, equazione di Schrödinger, che descrive l'evoluzione temporale dello stato di un sistema quantistico. L'equazione di Schrödinger è basata sull'ipotesi di de Broglie, che associa alle particelle un'onda di materia. Schrödinger vinse il premio Nobel per la fisica nel 1933 e insegnò presso l'Università di Breslavia e l'Università di Zurigo. Nel 1935 formulò l'esperimento noto come "Paradosso del gatto di Schrödinger". A causa della sua opposizione al nazionalsocialismo, fu soggetto a perquisizioni e indagini, e per questo motivo abbandonò l'Austria. Dopo un breve periodo in Italia, dove fu accolto da Enrico Fermi, si trasferì a Oxford e successivamente a Dublino, dove divenne direttore della scuola di fisica teorica presso l'Istituto di Studi Avanzati.

[5] Max Planck, rinomato fisico tedesco, è universalmente riconosciuto come il pioniere della teoria quantistica e insignito del premio Nobel per la fisica. Egli nacque il 23 aprile 1858 a Kiel, in Germania, e intraprese il proprio percorso accademico presso il liceo di Monaco, oltre a frequentare le università di Monaco e Berlino. La sua esperienza accademica si arricchì con incarichi di insegnamento presso le università di Kiel e Berlino. In virtù dei suoi interessi filosofici, Planck nutriva convinzioni religiose, sostenendo che dietro le forze che animano l'atomo e il sistema solare si nascondesse una mente consapevole e intelligente. La sua fede in Dio e nel principio di causalità costituiva un pilastro fondamentale. Nel 1900, Planck realizzò una scoperta di rilevanza: identificò l'energia come quantità scambiata in unità distinte, denominate "quanta", direttamente proporzionali alla frequenza di oscillazione. Questo risultato fondamentale segnò l'origine della teoria quantistica, in cui gli atomi interagiscono con l'energia attraverso scambi discreti, anziché in un flusso continuo come postulato dalla teoria elettromagnetica classica. La portata innovativa del suo lavoro gli valse il prestigioso premio Nobel per la fisica nel 1918.

[6] Niels Henrik David Bohr è stato un fisico, matematico e teorico della fisica danese. È nato il 7 ottobre 1885 a Copenaghen e morto il 18 novembre 1962 nella stessa città. Nel 1922 ha ricevuto il Premio Nobel per la fisica. Bohr si interessò al concetto teorico del nuovo modello atomico basato sulla teoria orbitale dell'atomo sviluppata da Ernest Rutherford. Utilizzando le teorie di Rutherford, Bohr propose il suo modello della struttura atomica, che introduceva la teoria degli elettroni che si muovono in orbite ben definite intorno al nucleo dell'atomo, corrispondenti a diversi livelli di energia. Inoltre, Bohr introdusse l'idea che un elettrone può cadere da un'orbita ad alta energia a una con energia

affermato la teoria quantistica. Quest'ultima dimostra che il concetto classico di materia è valido soltanto fino al livello atomico, poiché a tale livello l'energia presenta una doppia natura, quella particellare e quella ondulatoria.

Gli atomi sono costituiti da particelle nucleoniche, come protoni di carica positiva, neutroni di carica neutra e elettroni di carica negativa che ruotano attorno al nucleo. Queste particelle possono essere descritte come campi oscillanti, le cui proprietà e comportamenti richiedono un'approfondita analisi. Gli atomi, come sistemi naturali, possono essere considerati onde portanti sia di energia che di informazione, ma è necessaria una comprensione più approfondita del concetto di informazione associato agli atomi e ai campi quantistici, in quanto la meccanica quantistica introduce nuovi aspetti e sfide nella nostra comprensione dell'informazione nel contesto atomico. La nozione che la realtà naturale sia razionale e possieda una sua intima intelligenza va oltre le descrizioni scientifiche convenzionali degli atomi e richiede una prospettiva filosofica o metafisica che può essere oggetto di discussione e interpretazione.

Bisogna conoscere l'evoluzione delle varie teorie filosofico-scientifiche per stabilire se la realtà, in altre parole il mondo in cui l'uomo interagisce, è influenzata da una particolare intelligenza e coscienza. La scienza, che si è evoluta dal XVII secolo fino all'inizio del XXI secolo, ha cercato di spiegare le leggi della natura e l'importanza che la facoltà della mente ha nel contesto conoscitivo profondo. L'evoluzione del pensiero scientifico moderno, grazie alle teorie e alle sperimentazioni attuate, è in contrapposizione con il vecchio concetto materialistico e

---

più bassa, emettendo un fotone di energia definita. Questa teoria è stata fondamentale nello sviluppo della teoria dei quanti. Bohr divenne professore all'Università di Copenaghen e contribuì significativamente alla fisica nucleare, alla teoria delle reazioni nucleari e alla costruzione della bomba atomica. Ha anche sviluppato il principio di complementarità, secondo il quale gli aspetti complementari, come l'aspetto ondulatorio e corpuscolare della luce, entrano in gioco nella descrizione dei processi microfisici. Il principio di complementarità e il principio di indeterminazione di Heisenberg sono elementi fondamentali della meccanica quantistica. Bohr ebbe anche vivaci discussioni con Albert Einstein riguardo ai fondamenti fisici e filosofici del mondo naturale..

concepisce il tema dell'energia in termini sostanzialmente differenti, basati sull'importanza dell'elemento coscienza.

La realtà naturale è governata da una legge che va oltre la materia stessa, ma risiede in un ordine logico che permea l'intera realtà fisica. Questa concezione suggerisce l'esistenza di una struttura sottostante alla realtà fisica che la guida e ne determina i suoi modi di manifestarsi. Allo stesso tempo, l'essere umano, essendo anch'esso costituito di materia, è strettamente interconnesso con questa realtà. La sua esistenza e la sua comprensione del reale sono profondamente legate al tessuto stesso della materia che costituisce la sua natura..

Secondo questa prospettiva, la mente umana ha la capacità di percepire le qualità più sottili della natura e della realtà fisica, interagendo con esse a un livello di coscienza più profondo. Questa concezione suggerisce che la mente sia in grado di andare oltre la superficie delle cose e cogliere gli aspetti più sottili e profondi della realtà che ci circonda. Questa capacità di percezione e interazione a livello di coscienza potrebbe aprirci a una comprensione più profonda del mondo che ci circonda e della nostra relazione con esso. Stiamo aprendo una nuova prospettiva sul mondo in cui siamo invitati a prendere coscienza del fatto che anche la più piccola particella materiale è in realtà energia vibrante che incorpora una struttura immateriale informativa. Considerando che tutto l'universo, compreso l'essere umano, è composto di materia, possiamo dedurre che l'intera realtà naturale sia pervasa da una sottile e intima struttura razionale. Questa visione ci invita a considerare la presenza di un'ordine o una struttura sottostante alla materia stessa, che conferisce una dimensione di razionalità alla nostra comprensione della realtà naturale. Tuttavia, è importante tenere presente che questa interpretazione può variare a seconda delle diverse prospettive filosofiche e scientifiche e che richiede una valutazione e un approfondimento ulteriori.

La mente non è, come fino ad ora è stata ritenuta, un'entità secondaria rispetto all'universo. Alcuni fisici, dinanzi a questa realtà, si sono posti la domanda se la mente possa avere una relazione con tutto ciò che si manifesta ai nostri sensi.

Filosofi come Schelling[7] ed Hegel[8] erano idealisti e credevano

---

[7] Friedrich Wilhelm Joseph von Schelling è stato un influente filosofo tedesco,

che il mondo reale fosse permeato dalla razionalità e che il mondo materiale potesse essere messo in relazione con il pensiero puro. I fisici di oggi hanno unificato le forze: gravitazionale, elettromagnetica e nucleare attraverso i loro esperimenti, e hanno dedotto che la solidità della materia è dovuta alle forze subatomiche. A questo livello, esistono solo forze energetiche vibranti appartenenti a un campo unificato (Einstein[9]). La mente,

---

riconosciuto come uno dei principali esponenti dell'idealismo insieme a Fichte ed Hegel. Schelling è nato il 27 gennaio 1775 a Leonberg e si è spento il 20 agosto 1854 a Ragaz, in Svizzera. Il suo interesse per le scienze naturali è emerso quando ha intrapreso l'incarico di precettore a Lipsia nel 1796. Le sue prime opere ottennero notevole acclamazione, guadagnandogli una cattedra a Jena nel 1798. In quel contesto, entrò in contatto e sviluppò amicizia con eminenti rappresentanti del Romanticismo, tra cui Goethe, Novalis, Schiller, Hölderlin e Fichte. In seguito, ottenne una cattedra a Würzburg e, dal 1806, si stabilì a Monaco, dove approfondì ulteriormente la sua filosofia. Nel 1826, tenne lezioni sulla storia della filosofia moderna, sempre a Monaco. Nel 1841, fu chiamato a succedere ad Hegel nella cattedra di Berlino, un ruolo in cui sviluppò l'ultima fase del suo pensiero. In questa fase, si oppose all'idealismo hegeliano e sottolineò il primato dell'essere attraverso l'autonegazione della ragione dialettica. Schelling si spense a Ragaz (Svizzera) il 20 agosto.

[8] Georg Wilhelm Friedrich Hegel, eminente filosofo di origine tedesca, nacque a Stoccarda il 27 agosto 1770 e si spense a Berlino il 14 novembre 1831. La sua figura si erge come la principale espressione dell'idealismo, una scuola di pensiero che ebbe un impatto rilevante sulla filosofia. L'approccio intellettuale di Hegel fu profondamente permeato dall'analisi della filosofia greca antica, specie dei contributi di Platone e Aristotele. La filosofia da lui elaborata rappresenta una pietra miliare nello sviluppo del pensiero, riformulando questioni classiche come la relazione tra mente e natura, soggetto e oggetto, epistemologia e ontologia, e introdusse nuove tematiche quali la dialettica e la distinzione tra etica e morale. L'idealismo hegeliano emerge come una filosofia autonoma, che si articola attraverso la costruzione di un sistema organico e universale della conoscenza. Questo sistema aspira a costituire una cultura che si contrappone all'educazione specializzata e pragmatica. Nel pensiero di Hegel, il fondamento della verità conoscitiva risiede in un monismo assoluto di forme spirituali che progrediscono in una continua unità. In questo contesto, materia e spirito si intrecciano in un flusso incessante, in un processo di superamento costante di momenti. Questo dinamismo conduce all'emergere di nuove forme fenomeniche tramite una fenomenologia basata sulla negazione e sul superamento.

[9] Albert Einstein (Ulm, 14 marzo 1879 - Princeton, 18 aprile 1955) si distinse come rinomato fisico e pensatore tedesco, una figura che rivoluzionò la visione scientifica del mondo nel XX secolo. Nel 1905, divulgò quattro articoli pionieristici che coprivano diverse sfaccettature della fisica: confermò la validità

del concetto di "quanto" di Planck attraverso l'analisi dell'effetto fotoelettrico dei metalli; offrì una valutazione quantitativa del moto browniano, enunciando l'ipotesi dell'aleatorietà del fenomeno; formulò, in due pubblicazioni, la teoria della relatività ristretta, anticipando di circa dieci anni quella della relatività generale. Einstein divenne noto in tutto il mondo per la sua teoria della relatività. Il suo percorso di studi lo portò a immergersi nella matematica grazie a Max Talmud, amico di famiglia che gli introdusse sia testi scientifici, come gli *Elementi* di Euclide, sia opere filosofiche, come la *Critica della ragion pura* di Kant. All'età di dieci anni, iniziò a frequentare il Luitpold Gymnasium, benché provasse disagio nel rigido contesto scolastico. Non riuscì a superare l'esame d'ammissione al Politecnico di Zurigo nel 1895, ma completò gli studi superiori ad Aarau, conseguendo il diploma nel 1896. Nel 1905, iniziò a lavorare presso l'ufficio brevetti di Berna e, insieme a Michele Besso, suo amico e collega, creò il gruppo di discussione "Accademia Olimpia", dedicato a scienza e filosofia. Quello stesso anno, produsse numerose pubblicazioni: un articolo che interpretava l'effetto fotoelettrico mediante la nozione di "fotoni", quante discrete di energia, concetto proposto da Max Planck; una tesi di dottorato dal titolo "Nuova determinazione delle dimensioni molecolari"; una trattazione sul moto browniano; un saggio intitolato *Zur Elektrodynamik bewegter Körper* (Sull'elettrodinamica dei corpi in movimento), che si concentrava sull'interazione tra corpi in movimento e il campo elettromagnetico. Questa trattazione, nota come "Relatività ristretta", conciliò teoria meccanica e teoria elettromagnetica della luce, revisionando i concetti di spazio e tempo. Un altro contributo significativo fu la pubblicazione di una memoria sulla relatività ristretta che includeva la celebre formula $E=mc^2$, seguita da un ulteriore articolo sul moto browniano. Nel suo ruolo di pensatore e filosofo, Einstein studiò le opere di Spinoza e Schopenhauer. Egli fu particolarmente affascinato dalla visione olistica di Spinoza, che concepiva il cosmo come un tutto ordinato in accordo con leggi di un'entità impersonale, mentre condivideva la prospettiva sull'umanità di Schopenhauer. Nel campo della filosofia della scienza, riconobbe l'importanza delle opere di David Hume e Ernst Mach. Nel 1915, Einstein propose la teoria della gravitazione, nota come relatività generale, che descrive le proprietà dello spazio-tempo in quattro dimensioni. In questa teoria, la gravità emerge come manifestazione della curvatura dello spazio-tempo, e Einstein chiarì come la materia determini questa curvatura. Inoltre, reinterpretò il potenziale gravitazionale newtoniano come approssimazione, per campi deboli, della componente temporale del tensore metrico. Ciò implica un rallentamento del tempo in un campo gravitazionale più intenso. Inoltre, Einstein sottolineò la correlazione tra la legge di Bohr e la formula di Planck, introdusse la nozione di emissione stimolata, un concetto che sarebbe diventato fondamentale per lo sviluppo del laser. La teoria della relatività generale fu convalidata da Arthur Eddington nel 1919 durante un'eclissi solare, in cui si dimostrò la deviazione della luce di una stella a causa della gravità del sole. Esperimenti successivi confermarono la validità della teoria. Nel 1921, Einstein fu insignito del premio Nobel per la fisica.

con i suoi pensieri, propaga onde che si espandono in un elemento indefinibile chiamato dai fisici "etere".

Ma qual è il rapporto tra la mente e l'azione del campo unificato? L'attività psichica umana può essere messa in relazione con precisi processi chimici che avvengono a livello molecolare, atomico e subatomico, i quali sono molto vicini all'azione intelligente del campo unificato. Pertanto, la consapevolezza, il pensiero nel suo senso fondamentale e, in definitiva, la coscienza, sono proprietà preponderanti di questo campo. I fisici quantistici affermano che tutti gli elementi attivi appartenenti al mondo fisico possono interagire con questo campo perché la consapevolezza, che è una qualità intrinseca della materia vivente, è anche una qualità universale. Il nostro cervello è strutturato in modo che tale qualità possa essere assimilata e ampliata.

Ma come siamo giunti a queste conclusioni? Attraverso il cammino storico-filosofico che ha determinato, con il miglioramento teorico e razionale, un cambiamento e un affinamento delle conoscenze, senza rinnegare il valore delle vecchie teorie ma ammettendo la validità di queste, anche se contraddittorie, come i principi della meccanica classica rispetto a quella relativistica. "*Gli scienziati non avanzano solo accumulando conoscenze o rivoluzioni totali, in cui tutto è buttato e si ricomincia da zero. Avanzano piuttosto, come in una bella analogia di Neurath spesso citata da Quine, come marinai in mare aperto che devono ricostruire la loro barca, ma non possono farlo da zero: dove tolgono una trave devono subito rimpiazzarla. In questo modo, a pezzo a pezzo, avanza la ricostruzione*".[10]

È innegabile che le caratteristiche delle conoscenze scientifiche del passato, sia che siano spiegate attraverso l'evoluzione storica o l'analisi teorica, non sono separate l'una dall'altra. Il problema epistemologico della metodologia scientifica non può essere pienamente compreso senza considerare la storia della scienza, che deve fondarsi sulla definizione stessa della scienza. Le teorie scientifiche del passato dovrebbero essere viste come manifestazioni di conoscenza che non possono essere

---

[10] Carlo Rovelli, Ci sono luoghi al mondo dove più che le regole è importante la gentilezza, Le collezioni del Corriere della sera n°4, 8 novembre 2018, p. 33

completamente ignorate o considerate inadeguate, anche se sono state sostituite.

Lo sviluppo della scienza richiede diverse connessioni teoriche, attraverso le quali si possono raggiungere convergenze appropriate per il progresso e l'applicabilità. Le scienze empiriche condividono una metodologia e si adattano al progresso scientifico, poiché la conoscenza di un fenomeno non dipende dalla sua natura, ma dalla capacità di utilizzare dati interpretati storicamente per arrivare a una teoria scientifica moderna. Ad esempio, l'atomismo di Democrito ha costituito la base della moderna teoria atomica.

Le teorie antiche, come l'atomismo, possono essere studiate e confrontate con la scienza moderna, anche se potrebbero mancare di prove sperimentali o metodi di dimostrazione adeguati. Tuttavia, queste teorie sono state sviluppate attraverso l'elaborazione razionale di concetti teorici specifici e hanno contribuito all'evoluzione della conoscenza in vari campi. Nonostante non siano completamente allineate con la nostra comprensione attuale, possono fornire un modello di base per l'indagine scientifica e hanno contribuito alla formazione dei concetti scientifici che utilizziamo oggi.

Lo scopo di questo lavoro mira ad analizzare l'evoluzione delle conoscenze e a confrontare le prime teorie, là dov'è possibile, con le nuove teorie per identificarne le somiglianze nel processo di generazione scientifica e promuoverne gli aspetti conoscitivi e propedeutici. L'obiettivo è quello di esaminare l'evoluzione del pensiero nel corso del tempo e sottolineare l'importanza delle conoscenze precedenti nel progresso delle teorie scientifiche moderne.

3. La filosofia antica

È straordinario sapere come, soltanto con l'intuizione e il pensiero razionale, persone prive di qualsiasi strumento tecnologico abbiano costruito le basi per la conoscenza del mondo naturale e lo sviluppo delle varie forme di scienza.

È certo che i Greci, cultori del sapere, abbiano assorbito conoscenze diverse dalle civiltà orientali vicine e abbiano saputo renderle proprie, ampliandole mediante la loro estrema logica e il loro metodo. Hanno saputo separare il sapere intriso di superstizione e depurare le false opinioni per mezzo della sola razionalità, che ha consentito un reale progresso nell'ambito delle varie esperienze conoscitive. Ad esempio, lo studio delle stelle, già portato avanti dalle civiltà preelleniche, non era solo per trarre vaticini, ma era una competenza che consentiva di conoscere la natura di tali corpi celesti.

La civiltà egiziana iniziò la sua decadenza verso il 1000 a.C., al contrario della civiltà babilonese, che nonostante le discontinuità storiche, conobbe il vertice del pensiero creativo in quel millennio pagano. Le città greche, che si trovavano lungo la fascia costiera dell'Asia Minore, vennero in contatto con quella cultura e in seguito diventarono antagoniste del loro sapere. "*È difficile dire, per mancanza di dati storici, ma sembra probabile che il caratteristico razionalismo della scienza greca sia proprio di questa scienza. Paragonata alle conoscenze empiriche e frammentarie che i popoli orientali avevano raccolto nei secoli, la scienza greca costituisce un vero miracolo. Per la prima volta, la mente umana concepì la possibilità di stabilire un limitato numero di principi e di dedurre da essi un numero di verità che ne sono la conseguenza. Questo risultato, senza analogia nella storia dell'umanità, è stupefacente poiché la scienza greca, ai suoi inizi, aveva una precaria esistenza. Non avendo influenza sulla vita economica, poté esistere solamente all'interno delle scuole di filosofia... di cui ha condiviso le vicende e le vicissitudini*".[1] Le

---

[1] "...It is difficult to say, for lack of historical data. But it seems probable that the characteristic rationalism of Greek science is proper to this science; in regard to the empirical and fragmentary knowledge of the East, it constitutes a veritable miracle. For the first time, the human mind conceived the possibility of

culture dei bacini fluviali del Nilo e della Mesopotamia emersero intorno al 3000 a.C. e esercitarono una grande influenza sul pensiero greco, svolgendo un ruolo importante in questo scambio culturale. Altri tipi di civiltà, tra cui quella cretese e fenicia, hanno avuto un'influenza significativa sulla civiltà greca, contribuendo al suo sviluppo culturale e fornendo input nel processo di formazione dell'alfabeto greco. La scienza babilonese comprendeva conoscenze matematiche e astronomiche che furono integrate e sviluppate dai greci tramite il loro razionalismo metodico. In particolare, le teorie antiche furono sottoposte a una revisione razionale e matematica, come dimostra l'Almegesto di Tolomeo[2] scritto nel 150 d.C. Allo stesso tempo, i greci assimilarono conoscenze provenienti da altri popoli orientali, come la medicina e la chirurgia egiziane e i sistemi babilonesi di pesi e misure. I medici greci Ippocrate e Galeno, ad esempio, furono influenzati dalle conoscenze mediche egiziane, mentre l'uso degli strumenti come la bilancia e il goniometro per le osservazioni scientifiche fu acquisito dai greci grazie ai sistemi di pesi e misure dei babilonesi. In questo modo, furono in grado di sviluppare una scienza basata su metodi rigorosi e razionali, che sarebbe stata fondamentale per il progresso scientifico successivo.

---

establishing a limited number of principles and of deducing from them a number of truths which are their strict consequence. This achievement, without analogy in the history of humanity, is all the more astonishing because Greek science, in its first beginnings, had a precarious existence. Not having any influence upon economic life, it could only exist within the schools of philosophy…whose lot and vicissitudes it shared." Arnold Reymond, Science in Greco Roman Antiquity, E.P. Dutton and Company, New York, 1927, p. 18

[2] L'Almagesto è un'opera astronomica di grande importanza scritta da Claudio Tolomeo intorno al 150 d.C. È stato un testo fondamentale che ha influenzato le conoscenze astronomiche sia in Europa che nel mondo islamico per più di mille anni. Nel suo lavoro, Tolomeo difende l'idea dell'immobilità della Terra e descrive i movimenti del Sole, della Luna e dei cinque pianeti conosciuti all'epoca. Ha sviluppato una teoria che combinava il concetto di moto circolare uniforme con tre elementi: gli eccentrici, che rappresentavano orbite circolari con un centro diverso dalla Terra; gli equanti, che erano movimenti circolari non uniformi con una velocità angolare costante rispetto a un punto equante diverso dal centro dell'orbita; e gli epicicli, che erano movimenti circolari compiuti intorno a un punto che a sua volta percorreva un moto circolare intorno alla Terra. Nell'Almagesto si parla anche di geometria e trigonometria, e vi è una sezione dedicata alle stelle fisse, classificate in base alla loro luminosità.

Si può affermare, dunque, che i greci ebbero l'abilità di trasformare le conoscenze empiriche raggiunte fino ad allora in una solida struttura razionale, coerente e logica. Il loro razionalismo analitico ha fornito le basi alla scienza moderna, lasciando orizzonti aperti per nuove e più raffinate concezioni scientifiche. Essi hanno raggiunto una conoscenza reale basata su principi certi, universali e utili, dai quali si poté trarre una conclusione veritiera deducibile dall'esito dell'indagine e della sperimentazione, in corrispondenza precisa tra principio ed esperienza. Essi hanno seguito un metodo organizzativo della conoscenza, partendo da asserti rudimentali per giungere a tesi dimostrabili, universali e utili, pur non avendo gli strumenti idonei per la ricerca, ma solo la deduzione razionale derivante da un concetto.

È sufficiente pensare alla dottrina atomistica di Leucippo,[3] il primo a immaginare l'esistenza di particelle infinitesimali costituenti la realtà e tutta la materia, e a Democrito,[4] il quale sostenne che la natura è un insieme di elementi indivisibili in

---

[3] Leucippo, filosofo greco del V secolo a.C., fu il primo a enunciare la teoria atomistica, migliorata, in seguito, da Democrito.

[4] Democrito (Abdera, 460 a.C. - circa 370 a.C.) è stato un filosofo greco e, insieme a Leucippo, è stato uno dei fondatori dell'atomismo. La sua teoria atomistica è considerata una delle più importanti concezioni scientifiche dell'antichità. Questa teoria è stata successivamente ripresa e sviluppata da Epicuro, Lucrezio e filosofi di epoche successive, fino ai tempi moderni. Democrito può essere considerato il padre della fisica. Democrito ha sviluppato i concetti di atomo e vuoto, superando l'opposizione tra essere e non essere sostenuta dagli eleati. Secondo la sua visione, l'atomo costituiva l'essere, mentre il vuoto rappresentava il non essere. Gli atomi erano gli elementi fondamentali dell'universo e il fondamento metafisico della realtà. Questa realtà poteva essere compresa attraverso un processo intellettuale che andava oltre il mondo fisico e corporeo. Nonostante fossero costituiti da materia, gli atomi erano considerati entità intelligenti. Essi erano indivisibili, con quantità e grandezze primitive, semplici, omogenee e compatte. Democrito contrastò l'idea di uno spazio geometrico infinitamente divisibile sostenuta da Zenone, affermando invece l'indivisibilità dello spazio fisico. Tra i paradossi legati a questa concezione, il più famoso è la corsa tra Achille e la Tartaruga. Gli atomi, come primo principio della realtà, erano considerati eterni e immutabili, senza né generazione né distruzione. Tuttavia, poiché erano unità quantitative, occupavano lo spazio vuoto, che era essenziale per la loro esistenza. Quindi, il vuoto infinito era anch'esso una realtà originaria simile a quella degli atomi, poiché rendeva possibile la loro esistenza. Senza uno spazio vuoto in cui muoversi, gli atomi non sarebbero stati nemmeno concepibili.

continuo movimento nello spazio infinito e nel vuoto, formati dalla stessa materia, cangianti a seconda della forma e dell'ordine e costituenti i diversi aspetti del mondo naturale.

Euclide, con il suo lavoro *Elementi* e i suoi teoremi, che ha effettivamente gettato le basi per le future scoperte scientifiche nel campo della geometria e della matematica. Le sue teorie sono ancora rilevanti e utilizzate oggi per determinare alcuni aspetti della fisica moderna avanzata.

Pitagora[5] che ha compreso l'importanza universale dell'unità dell'intero e della natura. Ha riconosciuto che la natura è organizzata secondo relazioni matematiche e ha sostenuto che l'armonia è una caratteristica fondamentale del mondo. La sua concezione di un universo ordinato e armonioso ha avuto un impatto significativo sulla filosofia, la matematica e la scienza.

Copernico,[6] attraverso la sua ricerca matematica, evidenziata nel suo *De revolutionibus orbium coelestium*, che ha influenzato la scienza in modo positivo e ha permesso di affinare ed evolvere la conoscenza con la teoria eliocentrica.

Galileo Galilei che ha proposto i principi di inerzia e relatività del movimento, che hanno avuto un impatto significativo sulla fisica e sulla comprensione del movimento degli oggetti.

Johannes Kepler,[7] (Keplero) che ha definito il movimento dei

---

[5] Pitagora (Samo, tra il 580 e il 570 a.C. - Metaponto, 495 a.C. circa) è stato un filosofo greco noto anche come matematico, taumaturgo, astronomo, scienziato, politico e fondatore della Scuola Pitagorica a Crotone. Questa scuola ha avuto un ruolo fondamentale nello sviluppo della matematica e delle sue applicazioni. Pitagora è stato l'ideatore del famoso e ampiamente studiato teorema che porta il suo nome. Il suo pensiero ha avuto un'influenza significativa nello sviluppo della scienza, in quanto ha compreso per primo l'importanza della matematica nel descrivere il mondo.

[6] Mikołaj Kopernik, noto come Copernico (Toruń, 19 febbraio 1479 - Frombork, 24 maggio 1543), è stato un celebre astronomo e astrologo polacco, famoso per la sua teoria eliocentrica. Questa teoria, basandosi sul pensiero di Aristarco di Samo, postulava il Sole al centro del sistema orbitale dei pianeti. Tramite le sue precise e corrette dimostrazioni matematiche, Copernico contribuì al passaggio dalla concezione geocentrica a quella eliocentrica. La sua teoria fu pubblicata nel libro *De revolutionibus orbium coelestium* (Delle rivoluzioni dei corpi celesti), che descriveva le componenti fondamentali dell'astronomia contemporanea, fornendo l'ordine dei pianeti e la rotazione della Terra intorno al proprio asse.

[7] Johannes Kepler, (Weil der Stadt, 27 dicembre 1571 – Ratisbona, 15 novembre

pianeti nel sistema solare attraverso i suoi calcoli e le sue leggi del moto planetario. Questi contributi hanno fornito un fondamento importante per lo studio dell'astronomia.

In tempi più recenti, Albert Einstein che ha sviluppato le sue teorie della relatività ristretta e generale, che rappresentano una pietra miliare nella fisica moderna. La teoria della relatività ha fornito una nuova comprensione della gravità, del tempo e dello spazio, mentre la teoria del campo unificato ha cercato di integrare le forze fondamentali dell'universo. I contributi di Einstein hanno rivoluzionato la nostra comprensione della natura e hanno avuto un profondo impatto sulla fisica teorica.

Ritornando al VI secolo a.C., sia la Scuola Ionica di Mileto, situata nella regione dell'Ionia, nell'attuale Turchia occidentale, sia la Scuola Pitagorica di Crotone, città ionica dell'odierna Calabria, hanno portato avanti dispute filosofiche riguardanti la realtà e la scienza. La Scuola Ionica si è interessata alla natura e alle sue leggi fisiche, mentre la Scuola Pitagorica ha cercato di interpretare la realtà attraverso l'ausilio della matematica e della geometria.

Alla fine del VI secolo e all'inizio del V secolo, la ricerca speculativa fu caratterizzata dal tema dell'essere e del divenire, promosso dalla Scuola Eleatica di Elea (odierna Ascea presso

---

1630), fu un astronomo, astrologo, matematico e teologo evangelico tedesco. Egli scoprì empiricamente le leggi che regolano il movimento dei pianeti. La prima legge afferma che "*l'orbita descritta da un pianeta è un'ellisse, di cui il Sole si trova in uno dei fuochi*". Ciò ci fa comprendere che la distanza tra la Terra e il Sole non è costante, ma varia. Infatti, il punto in cui la Terra si trova più lontano dal Sole è detto afelio, mentre il punto in cui la Terra è più vicina al Sole si chiama perielio. La seconda legge afferma che "*il raggio vettore, che unisce il centro del Sole con il centro del pianeta, descrive aree uguali in tempi uguali*". Ciò significa che la velocità della Terra quando si trova in fase di perielio è maggiore rispetto alla velocità in fase di afelio e, quindi, l'orbita che la Terra percorre nello stesso periodo di tempo è maggiore. Di conseguenza, la velocità lungo l'orbita è inversamente proporzionale al modulo del raggio vettore e il momento angolare orbitale si conserva. La terza legge afferma che "*il quadrato dei periodi di rivoluzione dei pianeti attorno al Sole è proporzionale al cubo delle loro distanze medie dal Sole*". Questa legge dimostra che il rapporto tra il quadrato del periodo di rivoluzione e il cubo del semiasse maggiore dell'orbita è lo stesso per tutti i pianeti.

Salerno) e da Eraclito di Efeso. In questo periodo si distinse per la sua acuta speculazione Senofane,[8] che portò avanti la sua ricerca sull'unità dell'essere, e Parmenide,[9] che nel *Poema sulla natura* sostenne che il divenire del mondo fisico è mera illusione e che soltanto l'essere nella sua realtà è la vera sostanza perché immutabile, ingenerato ed eterno. A questo pensiero eleatico si oppose quello di Eraclito,[10] che sostenne il divenire come un tutto che scorre nell'universo in modo indeterminato (πάντα ῥεῖ - pantha

---

[8] Senofane, nato a Colofone nel 570 a.C. e morto nel 475 a.C., è stato un filosofo e poeta greco presocratico. Nonostante si sappia poco della sua vita, alcune informazioni sono state riportate dal dossografo Diogene Laerzio. È noto che Senofane ha vissuto a Zancle, l'odierna Messina, e ha insegnato a Elea, che corrisponde all'attuale Ascea, vicino a Salerno. Sono pervenuti fino a noi alcuni frammenti delle sue elegie e di alcuni versi satirici, attraverso i quali ha espresso critiche nei confronti del pensiero di Talete e Pitagora.

[9] Parmenide (circa 515 a.C. - circa 450 a.C.) fu un filosofo greco noto per la sua opera *Il poema sulla natura*. Sebbene siano sopravvissuti solo pochi frammenti di quest'opera, essi sono considerati di grande importanza.

[10] Eraclito di Efeso (535 a.C. - 475 a.C.) fu uno dei più importanti filosofi presocratici dell'antica Grecia. Il suo stile enigmatico, evidente nei frammenti sopravvissuti, rende difficile interpretare il suo pensiero. Anche Aristotele, che si presume lo abbia conosciuto, lo definì come "*l'oscuro*". Eraclito esprime un pensiero iniziatico e dichiara apertamente di essere incomprensibile per la massa, criticando gli studiosi del suo tempo per non aver compreso l'unità del logos. Il suo logos è immutabile, ma assume forme mutevoli in un universo che concepisce come panteistico. Egli è noto come il "*filosofo del divenire*" perché ha sviluppato una visione del mondo in cui l'elemento centrale è il concetto di "*tutto scorre*" o (in greco πάντα ῥεῖ - pánta rhêi) . Secondo Eraclito, l'universo è caratterizzato dal costante cambiamento e dal fluire perpetuo di tutte le cose. Egli sosteneva anche la dottrina dell'unità dei contrari. Questa dottrina postula che l'armonia del mondo risiede nella tensione e nella complementarità degli opposti. Ad esempio, pace e guerra, amore e odio sono concetti opposti che si combattono ma si necessitano reciprocamente per esistere. Eraclito sosteneva che non esisterebbe nulla senza il suo opposto e che la realtà stessa è caratterizzata da una dualità contraddittoria. La dottrina dei contrari da lui proposta rappresenta una sfida alla logica aristotelica, che si basa sul principio di non contraddizione. Eraclito sosteneva che tesi e antitesi sono entrambe essenziali per comprendere la realtà e che la loro sintesi contraddittoria è parte integrante del processo di divenire. Inoltre, attribuiva grande importanza al concetto di "*logos*", che rappresenta la legge universale che governa la natura e che rimane unico e indiviso. Il logos è il principio ordinatore che sottende al cambiamento e all'armonia della realtà.

rei[11]) e che in questa trasformazione c'è la razionalità più elevata, perché la sostanza che è la sorgente edificatrice del mondo rende quest'ultimo diveniente grazie alla propria mobilità. In tale secolo, in tutto il mondo greco, germogliò la scienza della natura, per la propensione da parte di tutti i filosofi, anche se con opinioni diverse, di creare una rappresentazione dell'universo in forma prettamente scientifica. Spiegarono il problema dell'essere e del divenire specificando la diversità tra ciò che è eterno come gli atomi, che fondendosi con altri generano la vita e che separandosi generano la fine dell'esistenza, giungendo a una sintesi altamente scientifica e attuale: "*In natura nulla si crea e nulla si distrugge, ma tutto si trasforma*", che non è altro che la moderna legge di conservazione della massa, che costituisce il postulato di Lavoisier.[12]

Nel III secolo a.C., a causa delle lotte intestine tra Sparta e le leghe Achea ed Etolica,[13] e a seguito del consolidamento

---

[11] "Pánta rheî" (πάντα ῥεῖ) è un celebre aforisma attribuito a Eraclito che si traduce in italiano con "*tutto scorre*" o "*tutto fluisce*". Questa frase rappresenta l'idea centrale del pensiero di Eraclito, secondo il quale il mondo è caratterizzato dal costante divenire e dal cambiamento incessante.

[12] Antoine-Laurent de Lavoisier, nato il 26 agosto 1743 a Parigi e scomparso l'8 maggio 1794 nella stessa città, è stato un eminente scienziato francese che si è distinto nelle discipline della chimica, biologia, filosofia ed economia. È celebre per aver formulato il principio di conservazione della massa, il quale stabilisce che la somma dei pesi delle sostanze reagenti in una reazione chimica è uguale alla somma dei pesi dei prodotti ottenuti. Lavoisier ha svolto un ruolo cruciale nel chiarire le distinzioni tra ossigeno e idrogeno, sfatando anche la teoria del flogisto che spiegava i processi di ossidazione e combustione. Inoltre, ha contribuito in modo significativo alla comprensione dell'interconnessione tra combustione e respirazione polmonare, riconoscendo il ruolo chiave dell'aria in tali fenomeni. Dotato di risorse finanziarie adeguate, ha potuto sostenere le sue indagini scientifiche. Tuttavia, durante il periodo tumultuoso della Rivoluzione francese, Lavoisier si è trovato coinvolto in attività fiscali e, a causa di accuse di tradimento, ha subito una tragica condanna a morte nel 1794..

[13] Le leghe achea ed etolica sono due importanti confederazioni di città-stato greche. La Lega achea, formata nel periodo ellenistico tra il 280 a.C. e il 146 a.C., comprendeva le poleis della regione dell'Acaia. La sua creazione aveva lo scopo di difendere gli interessi comuni delle città membre, indipendentemente dalle loro tradizioni e culture locali. La lega achea servì anche da modello per la successiva creazione della Lega delio-attica. La Lega etolica, invece, fu fondata nel IV secolo a.C. come confederazione di città nel territorio etolico, in opposizione alla Macedonia. La lega era composta principalmente da città-stato

dell'egemonia macedone, la Grecia si esponeva alla politica espansionistica di Roma, che già aveva sotto il proprio dominio tutte le colonie greche dell'attuale Calabria e Sicilia. Nel 146 a.C., la Grecia venne completamente sottomessa. L'impero romano e l'avvento del cristianesimo determinarono l'inizio di una nuova era, portando sconvolgimenti in tutti i campi, a partire dalla vita politica ed economica. Tuttavia, per la filosofia, che rimase radicata ad Atene, ci fu un orizzonte di splendide conseguenze segnate dalla fusione tra la cultura romana e quella greca. Da ciò nacquero lo stoicismo e l'epicureismo, che divennero le ideologie prevalenti del mondo romano.

Questo periodo, noto come età ellenistica, che va dal 323 a.C., anno della morte di Alessandro Magno, fino al 31 a.C., portò una grande rivoluzione nel mondo greco, sia sotto il profilo del concetto di appartenenza che filosofico. Il cosmopolitismo entrò a far parte delle mentalità più comuni e il razionalismo filosofico dedicò il proprio impegno alla ricerca della felicità terrena e alla costruzione di un razionalismo religioso che contribuisse alla serenità interiore.

---

di media grandezza che si unirono per difendersi dalle minacce esterne e per espandere il loro territorio. Nel corso della sua storia, la Lega etolica si scontrò spesso con altre potenze greche, tra cui la Lega achea. Entrambe le leghe ebbero un ruolo significativo nella storia della Grecia antica e della regione del Peloponneso, rappresentando importanti esempi di cooperazione e alleanza tra le città-stato greche.

4. L'evoluzione del pensiero greco

Il concetto di infinito e assoluto fu la principale idea della filosofia greca, la quale ebbe il razionalismo metodologico come punto di partenza per scoprire verità, ordine e armonia. L'immaginazione e la riflessione svolsero un ruolo importante per penetrare la sfera dell'astratto e definire le qualità del concreto. Nonostante l'influenza del sapere orientale, la Grecia riuscì a mettere ordine nel razionalismo e a sviluppare un valido metodo di pensiero e un raffinato concetto estetico. La Grecia è sempre stata considerata la patria della bellezza classica, primeggiando in tutti i campi dello spirito umano, tra cui le arti, la poesia, la musica e la filosofia. Quest'ultima fu razionalista sin dall'inizio e si distinse dal pensiero orientale, evitando di confondere il principio supremo con quello della natura e mirando alla scoperta dell'ordine naturale delle cose per definirne l'origine e la fine. Per quanto riguarda l'uomo, la filosofia greca lo elevò al di sopra della natura, attribuendogli una grande dignità e rispettando la libertà individuale e sociale. In breve, la filosofia greca fu un insieme di dottrine razionaliste che progressivamente migliorarono la consapevolezza e la conoscenza di ogni campo del sapere umano.

Tre sono stati i periodi che hanno contraddistinto la filosofia greca antica: "*un periodo di formazione e crescita che si conclude con Socrate; un periodo di maturità e armonia che comprende le diverse scuole socratiche; un periodo di declino che si riassume nello scetticismo e prepara una nuova via, la fusione della filosofia greca con quella orientale, alla quale si unirà più tardi il cristianesimo*".[1] Nel contesto della filosofia greca antica, si è sviluppata una ricerca della conoscenza finalizzata a raggiungere un equilibrio caratterizzato da spontaneità, armonia e unità. Questa ricerca non solo riguardava la sfera individuale, ma includeva anche una dimensione sociale.

Questo periodo, comunemente denominato "presocratico", è stato caratterizzato da una varietà di filosofi e di approcci alla ricerca della conoscenza. Gli antichi filosofi presocratici si sono interessati

---

[1] G. Tiberghein, La génération des connaissances humaines, Première partie, Imprimerie de TH. Lesigne, 1844, p. 164

all'ordine dell'universo, compreso l'ordine intellettuale, morale e divino, con l'obiettivo di ricercare la verità attraverso diversi metodi di indagine e dibattiti filosofici.

Lo spirito umano non era ancora pronto per studiare la propria natura, poiché l'obiettivo era raggiungere la certezza piuttosto che la verità. La filosofia di questo periodo ha dato poca considerazione alla coscienza umana, ma ha cercato di comprendere la natura delle cose attraverso una sintesi dello spirito umano.

A questo periodo è associata la Scuola Ionica, fondata a Mileto nel VI secolo a.C., che ha posto le basi per la crescita delle conoscenze scientifiche. Questa scuola ha cercato il principio ontologico delle cose in natura e la sua attività principale è stata la conoscenza del mondo esterno. Ha concepito un'idea di natura attiva che si manifestava in tutti gli esseri creati, così come l'idea di unità universale. Per questa scuola, gli eventi naturali erano generati dalla forza innata della natura che si trasmetteva, attraverso i suoi fenomeni, agli esseri viventi. Ha avuto il merito di avviare il primo orientamento del pensiero umano verso la filosofia, cercando il principio di tutte le cose in una materia vivente.

Il principio per Talete, fondatore della Scuola Ionica, era l'acqua; per Anassimene, era l'aria; e per Anassimandro, era l'indefinito. Talete non era solo un filosofo, ma anche un matematico, un astronomo e un politico, ed è accreditato di aver scoperto alcuni teoremi di geometria, tra cui il noto e studiato *Teorema di Talete*.[2] Per lui, il mondo era un essere animato pieno di dei. Il principio attivo che si mescolava all'acqua era la ragione o l'anima del mondo. La sua dottrina è legata ai fenomeni della natura vivente attraverso un'entità primitiva o ragione suprema che caratterizza

---

[2] A Talete di Mileto, uno dei Sette Savi dell'antica Grecia, è attribuito questo teorema fondamentale nella geometria e nella trigonometria. Il teorema di Talete afferma che in un triangolo rettangolo, il segmento tracciato dal vertice dell'angolo retto alla base opposta del triangolo divide l'ipotenusa in due parti, e il rapporto tra la lunghezza di questo segmento e quella dell'intera ipotenusa è uguale al rapporto tra la lunghezza dell'intera ipotenusa e quella del secondo segmento. Questo teorema ha importanti implicazioni nella risoluzione di problemi geometrici e nel calcolo delle misure angolari e delle proporzioni nei triangoli rettangoli.

sia l'anima del mondo che quella dell'uomo. Ha concepito la terra come piatta e galleggiante sull'acqua.

Per Anassimene, il principio di tutte le cose, così come dell'anima umana, era l'aria. La creazione si doveva a questo elemento che, condensandosi, diventava fuoco e, dilatandosi, acqua e terra. Anch'egli sviluppò il principio di unità, apportando l'idea di finito e infinito. Pensò che la terra fosse cilindrica, immobile e sostenuta dal nulla.

Anassimandro, al contrario, trovò il principio di tutte le cose nell'"apeiron",[3] l'indefinito, che conteneva il "caos", ovvero gli elementi confusi di tutte le cose, perché se il principio avesse avuto una determinazione, non avrebbe potuto dare origine a tutte le cose riscontrabili in natura. Esso era immortale ed era la causa dell'inizio e della fine delle cose stesse, per cui gli elementi contenuti in esse seguivano il processo di composizione e decomposizione. L'"apeiron" costituiva, per lui, il generatore di tutte le cose.

Anassimandro concepì la creazione sotto il profilo meccanico e cercò l'"archè",[4] non nelle cose appartenenti alla materia, ma nell'"apeiron". La filosofia della Scuola Ionica aveva cercato l'unità nell'universo adottando il razionalismo e determinando il concetto di assoluto sotto il profilo fisico ed esperienziale, ma non aveva riconosciuto la prerogativa dell'intelligenza e dell'armonia. Il metodo induttivo[5] condotto non poteva portare alla verità, per cui il

---

[3] L'ápeiron, termine utilizzato da Anassimandro, un filosofo presocratico dell'antica Grecia, significa "illimitato", "infinito" o "indefinito". Secondo Anassimandro, l'ápeiron è l'archè, cioè l'origine e il principio costituente dell'universo. Contrariamente all'idea di ciò che è definito, l'ápeiron genera una realtà infinita ed eterna. Essa è composta da una materia unica ma indeterminata, in quanto gli elementi che la compongono non sono distinti o definiti. L'ápeiron svolge un ruolo fondamentale nella concezione cosmologica di Anassimandro come l'elemento primordiale da cui derivano tutte le cose e che sostiene l'ordine e l'esistenza dell'universo.

[4] Archè (ἀρχή) - Origine e principio.

[5] L'induzione è un processo logico mediante il quale si giunge a una conclusione generale o universale a partire dall'osservazione di casi particolari. In altre parole, si parte da specifiche osservazioni o esperienze per trarre una conclusione che si applica a tutti i casi simili. L'induzione è spesso utilizzata nel ragionamento scientifico, in cui si raccolgono evidenze empiriche per formulare delle leggi generali o delle teorie che descrivono i fenomeni naturali. Tuttavia, è

pensiero doveva procedere per sintesi o attraverso un metodo deduttivo[6] per stabilire che l'unità non risiedeva essenzialmente nella natura, ma nell'intelligenza o in un principio dimorante tra spirito e natura, cioè nell'unità astratta.

A Crotone nacque una scuola che promosse un concetto caratterizzato dalla valenza del mondo sensibile e dall'idea del numero, fondata da Pitagora. La sua filosofia si basò sul razionalismo matematico, in cui il principio assoluto era l'uno, una monade[7] universale che si rivelava anche nelle monadi particolari che legandosi tra di loro formavano il mondo. Questa monade universale o primitiva era costituita dalla divinità, pensante e agente, che definiva in unione e armonia tutto il mondo, mediante la saggezza, la potenza e la bontà. Tali concetti furono applicati a tutti i rami della scienza dell'epoca, dalla fisica all'astronomia, dall'etica alla politica e alla musica. Pitagora, tramite il concetto matematico e d'armonia, fu il primo a intravedere le diverse facoltà dell'anima conducendo un'analisi della natura spirituale e riconoscendo la ragione, la volontà e la passione come fattori umani. Alla ragione diede la preminenza assoluta perché era in grado di comprendere la monade universale e di dirigere le passioni. Da queste idee nacquero la teoria delle conoscenze e il principio dell'armonia dell'anima e dell'universo.

In questa scuola si formarono e svilupparono le scienze esatte, tra

---

importante sottolineare che l'induzione non garantisce una verità assoluta, ma piuttosto una probabilità o una ragionevolezza nell'affermare la conclusione universale.

[6] La deduzione è un processo logico in cui si giunge a una conclusione a partire da premesse o proposizioni generali, attraverso l'applicazione di regole di inferenza valide. Nella deduzione, la conclusione è deducibile in modo necessario dalle premesse, cioè se le premesse sono vere, allora la conclusione deve essere vera. In altre parole, se le premesse sono accettate come vere, allora la verità della conclusione è garantita. Questo tipo di ragionamento si basa sulla validità dei principi logici e delle regole di inferenza utilizzate.

[7] Nella filosofia pitagorica, la monade era considerata come l'elemento fondamentale dell'universo, un'entità indivisibile e unitaria. Pitagora riteneva che tutte le cose nell'universo fossero composte da monadi, che rappresentavano la base matematica di tutte le realtà. La monade era concepita come un principio attivo e generativo, da cui derivavano tutte le altre entità e fenomeni. Questo concetto di monade influenzò anche successivi pensatori, come ad esempio gli stoici.

cui l'aritmetica e la geometria, con un gran numero di principi e di teoremi, tra cui il famoso Teorema di Pitagora. Egli mise al centro del cosmo il fuoco e, dalla teoria dei numeri, trasse l'idea dell'armonia delle sfere celesti. Inoltre, altre scienze come la medicina e l'astronomia furono portate avanti in questa scuola. Dalla Scuola di Pitagora, si sviluppò l'idealismo puro, che partì dall'osservazione delle cose nella natura per procedere nella speculazione matematica del mondo, evidenziata nella scuola filosofica di Elea.[8]

La scuola di pensiero descritta si mostrò superiore alle precedenti per lo spirito di ricerca, affrontando con particolare severità logica tutto il pensiero precedente. Questo permise di precisare la ricerca sul principio delle cose e delineare con più esattezza la nozione di unità pitagorica. Lo studio della materia e dello spirito costituì, da una parte, un razionalismo idealista e panteistico, e dall'altra una ricerca prettamente fisica, anche se non consentì di speculare sulla verità e sull'intelletto nella sua espressione universale, pur trattando l'unità della natura, della matematica e quella metafisica.

La scuola fece una distinzione precisa tra sensazione e ragione e affidò a quest'ultima la possibilità di scoprire la verità. Per questo motivo, avversò la mitologia greca dimostrandone l'assurdità e la licenziosità.

Parmenide,[9] fondatore della Scuola Eleatica, sostenne che tutto è, tutto esiste e il contrario dell'essere e dell'esistenza non può coesistere, offrendo così una visione generale dell'universo e della realtà.

L'essere, dunque, è eterno e immutabile, uno e senza molteplicità e individualità. La teoria di Parmenide escludeva la possibilità

---

[8] Elea era una città greca antica situata nell'attuale comune di Ascea, nella regione del Cilento, in Italia. Oggi il sito archeologico di Elea è conosciuto come Velia, e si trova nella provincia di Salerno, nella regione della Campania. Durante l'antichità, Elea fu una città importante per la filosofia presocratica, essendo il luogo di origine di filosofi come Parmenide e Zenone.

[9] Parmenide di Elea è stato un filosofo greco nato intorno al 515 a.C. La sua opera principale è conosciuta come: *Sulla Natura* o in greco *Περὶ Φύσεως* (pron. Perì Phýseōs). Si tratta di un poema filosofico scritto in esametri, che si occupa di temi come l'ontologia, la natura dell'essere e l'illusorietà del mutamento. L'opera di Parmenide è considerata una delle più importanti della filosofia presocratica.

dello spazio, del tempo, del mutamento e del movimento, affermando che questi sono solo pura illusione sensoria. L'essere è puro pensiero e tutto diviene da questo. Per giungere alla verità occorre vincere la sensazione sottomettendola al vaglio della ragione, che è unità e costituisce l'unica base della conoscenza.

A partire dal concetto di base dell'immobilità e dell'unità dell'essere formulato da Parmenide, si sviluppò la teoria atomistica che, a differenza della visione eleatica, ammetteva la molteplicità e la varietà della natura. Tale concezione fu principalmente elaborata da Leucippo, il quale postulò l'esistenza di atomi indivisibili e eterni, capaci di costituire ogni cosa attraverso la loro combinazione e movimento. Sebbene non siano giunte fino a noi testimonianze dirette della sua opera, la maggior parte delle fonti antiche attribuisce a Leucippo il ruolo di fondatore dell'atomismo, mentre Democrito rappresentò il suo principale sviluppatore e divulgatore.

Erroneamente riportato da Diogene Laerzio,[10] Parmenide non può essere considerato l'ideatore e il fondatore dell'atomismo greco, ma la sua filosofia ha influenzato lo sviluppo di questa teoria. Parmenide si concentrò sull'ontologia, ovvero sulla natura dell'essere, e la sua filosofia è stata influenzata da quella dei filosofi eleati, come Zenone di Elea

Inoltre, è importante sottolineare che Parmenide non è considerato un filosofo atomista, ma la sua filosofia ha influenzato lo sviluppo dell'atomismo greco in quanto ha sostenuto l'immobilità e l'unità dell'essere, concetti che hanno trovato una sintesi nella teoria atomista della materia.

Secondo Parmenide, la conoscenza vera e certa non può essere ottenuta attraverso i sensi, poiché questi possono ingannare e portare all'errore. Pertanto, egli sosteneva che l'essere non può essere conosciuto attraverso l'esperienza sensibile, ma solo attraverso la ragione, che porta alla comprensione dell'essenza immutabile dell'essere.

Democrito riprese e sviluppò l'atomismo mettendolo in stretto

---

[10] Diogene Laerzio fu uno storico greco del III secolo d.C. e la sua opera *Vite dei filosofi* (Βίοι καὶ γνῶμαι τῶν ἐν φιλοσοφίᾳ εὐδοκιμησάντων) (pron. Vioi kai gnomai ton en filosofia eudokimisanton) è una delle principali fonti sulla storia della filosofia greca antica.

rapporto con l'intelligenza umana, basando la sua speculazione su tre punti precisi: l'atomo, il vuoto e il movimento.

Durante lo stesso periodo di Democrito (460 - 370 a.C.) in Tracia, al nord-est della Grecia, visse Ippocrate di Coo,[11] considerato il padre della medicina. Egli visse per un certo periodo ad Atene, dove conobbe Democrito e discusse questioni scientifiche. È stato lui a fondare la Scuola Ippocratica, che separava la medicina dalla magia e si basava principalmente sugli squilibri degli umori corporei. Si credeva che questi umori definissero il temperamento personale e vennero divisi in quattro tipi: malinconici, generati dalla milza; flemmatici, dalla flemma che risiede nel cervello; sanguigni, generati dal sangue; e collerici, dall'umore della bile posta nel fegato. Ippocrate divenne famoso per aver debellato la peste scoppiata ad Atene nel 429 a.C. Egli fu un medico e geografo che scrisse il *Corpus Hippocraticum*,[12] una raccolta di settanta opere che trattano di argomenti medici, tra cui epilessia, epidemie, fratture e riduzione di esse. Tuttavia, non tutti gli argomenti presenti nel Corpus possono essere attribuiti direttamente a Ippocrate. La teoria di Ippocrate fu ripresa da Galeno di Pergamo,[13] il padre delle preparazioni farmaceutiche.

---

[11] Ippocrate di Coo (460-377 a.C.) fu un medico e geografo dell'antica Grecia. Viene considerato il padre della medicina. Contribuì notevolmente allo sviluppo della medicina scientifica, liberandola da credenze popolari e superstizioni. Organizzò lo studio metodico della clinica medica e raccolse le conoscenze dell'epoca nel *Corpus Hippocraticum*, che comprende settanta opere in greco antico. Ippocrate riconobbe l'importanza dell'ambiente sulla salute umana e sottolineò l'approccio razionale nel trattamento delle malattie.

[12] Il *Corpus Hippocraticum* è una raccolta di settanta opere che coprono una vasta gamma di argomenti medici, tra cui l'epilessia, le epidemie e le fratture con relative riduzioni. È importante notare, però, che non tutti i testi inclusi nel *Corpus Hippocraticum* sono attribuiti direttamente a Ippocrate. Molti dei trattati sono stati scritti da altri autori che operavano nella stessa tradizione medica dell'epoca, e successivamente furono inclusi nella raccolta.

[13] Galeno di Pergamo (129 - circa 216 d.C.) fu un medico greco che contribuì significativamente allo sviluppo della medicina. È noto per le sue opere sulla preparazione dei farmaci e il suo approccio scientifico alla medicina. Galeno si stabilì a Roma intorno al 162 d.C., dove divenne un medico rinomato e prestò servizio come medico di corte sotto gli imperatori Marco Aurelio e Commodo. Galeno si basò sulle conoscenze mediche di Ippocrate e approfondì gli studi sull'anatomia, effettuando vivisezioni e dissezioni animali per comprendere meglio la struttura del corpo umano. Tuttavia, la sua visione dell'anima non

Tornando alla Scuola di Elea, che perseguiva la ricerca della verità nell'ordine naturale delle cose, altri filosofi come Anassagora, Eraclito ed Empedocle la seguirono nel tentativo di conciliare i principi appresi dalle scuole della Magna Grecia[14] e portarli ad Atene.

Anassagora fu uno dei primi filosofi a trasferire conoscenze dalle colonie greche alla città-stato di Atene, sintetizzando i vari principi delle scuole della Magna Grecia. La sua filosofia era basata sull'idea che tutto il mondo fosse composto da particelle materiali minime e indivisibili, gli atomi, e che lo spirito fosse l'elemento guida che dava ordine e forma a questi atomi. Questa concezione è più materialista che spiritualista, sebbene includa elementi di entrambi gli aspetti.

Riguardo al mondo, nella filosofia presocratica veniva considerato distaccato dall'azione divina e governato da leggi naturali che gli si confacevano. Anassagora oppose alla natura lo spirito, che rappresentava il principio ordinatore e unificatore dell'universo. Eraclito, invece, concepì il mondo come il risultato dell'opposizione e del conflitto tra forze opposte, in un continuo divenire che si mescolava con l'essere e il suo contrario. Il fuoco, per Eraclito, era l'essenza della vita e del cambiamento in natura. Empedocle, a sua volta, considerò l'universo divino e l'obiettivo della vita umana la conoscenza dell'universo stesso. Egli sviluppò una teoria degli elementi (aria, acqua, terra e fuoco) e delle forze che agivano sulla materia, sostenendo che tutto ciò che esiste deriva dall'azione combinata di queste forze.

La filosofia greca antica esprimeva l'idea che Dio fosse il principio fondamentale di tutte le cose, manifestandosi in due modi distinti: a livello fisico e sensibile come sfera e nel mondo

---

seguiva esattamente il modello platonico. Galeno concepiva l'anima come composta da tre parti: la vegetativa, la sensitiva e la razionale, e riteneva che fosse localizzata nel cervello. È importante sottolineare che Galeno non era contrario alle dottrine filosofiche del suo tempo, ma cercava di combinare la filosofia e la scienza nella sua pratica medica. La sua opera e i suoi studi hanno avuto un impatto duraturo sulla medicina e sono considerati fondamentali nello sviluppo della disciplina.

[14] La Magna Grecia era un'area geografica della penisola italiana meridionale che venne colonizzata dai Greci a partire dall'VIII secolo a.C. Includeva le attuali regioni della Calabria, della Basilicata, della Campania e della Puglia.

spirituale come amore. Secondo questa dottrina, tutto ciò che esisteva in natura era composto da quattro elementi: l'acqua, l'aria, la terra e il fuoco che, nel caos, erano uniti, ma solo l'odio riusciva a separarli. Anche l'anima umana era composta da questi quattro elementi e la percezione era il risultato dell'unione meccanica dei corpi tra loro. Queste scuole filosofiche hanno espresso sei principi fondamentali: l'esistenza di Dio come ragione di tutto l'esistente, l'esistenza del mondo spirituale e fisico dipendente dall'essenza suprema, l'esistenza delle leggi universali ordinate dall'unità e dall'armonia e sviluppate mediante il procedimento di tesi, antitesi e sintesi, la conoscenza dell'universo e la scoperta della verità mediante l'interazione soggetto-oggetto della conoscenza, la classificazione conoscitiva tra esperienza sensibile e conoscenza razionale, e l'esistenza di una morale strettamente regolata e identica ai principi della ragione.

Nell'ambito dell'indagine filosofica mancava un metodo per garantire la validità di un principio o di una teoria. Ciò permise ai sofisti di acquisire conoscenze altrui e di alterare i mezzi per sostenere varie tesi, cercando di ottenere il consenso per mezzo della loro raffinata eloquenza. I sofisti proposero anche che la verità fosse relativa e individuale, alimentando lo scetticismo e generando una crisi della conoscenza umana.

Tuttavia, con l'avvento di Socrate, si introdusse un metodo per garantire la solidità e la validità di una teoria filosofica per fornire convinzione e certezza. Socrate spostò l'attenzione dalla ricerca ontologica all'esplorazione della natura spirituale attraverso un metodo soggettivo di conoscenza. Grazie alla democrazia di Pericle,[15] Atene divenne il centro di tutte le scuole filosofiche, che si sono evolute con l'uomo, il quale assunse un ruolo centrale sia dal punto di vista sociale che naturale. La filosofia concepì l'esistenza umana come un elemento fondamentale dell'universo,

---

[15] Pericle (circa 495 a.C. - Atene, 429 a.C.) fu un politico, oratore e militare ateniese di grande importanza nella storia dell'antica Grecia. Egli svolse un ruolo chiave nel promuovere l'evoluzione dell'arte, della letteratura e della cultura ad Atene, durante il periodo noto come l'età d'oro di Pericle. Attraverso il suo patrocinio, la città di Atene raggiunse un notevole splendore artistico e intellettuale, con la costruzione di grandi opere architettoniche come il Partenone e la promozione di importanti drammaturghi come Eschilo, Sofocle ed Euripide.

mettendo l'accento sulla sua dimensione spirituale che doveva essere coltivata e manifestata nel mondo circostante, tramite l'acquisizione di una consapevolezza interiore.

La psicologia nacque, insieme alle problematiche riguardanti l'origine delle conoscenze, e divenne importante acquisire certezza attraverso un metodo. Nel periodo socratico, si sviluppò un'unità e un'armonia filosofica fondate sulla coscienza umana. I principi filosofici, sia specifici che generali, assimilarono i concetti di unico e universale, e nonostante le eventuali incompatibilità, si unirono allo stesso principio ontologico. Quest'ultimo si basava su un'unico fondamento che abbracciava lo spirito umano e l'universalità della scienza.

L'ontologia rappresentò il primo termine di ricerca che sintetizzò la spiritualità e l'universalità. Socrate, nella sua analisi, scelse la morale come primo oggetto di indagine, che costituì il sostegno del grande movimento socratico promosso da due suoi discepoli: Antistene,[16] fondatore della Scuola Cinica, e Aristippo,[17] fondatore della Scuola Cirenaica.

Nella Scuola Cinica si riteneva che l'uomo fosse indipendente da Dio, sebbene la sua condotta dovesse tendere verso di lui. Pertanto, era necessario spogliarsi di tutto ciò che si possedeva, non partecipare alle gioie del mondo e cercare di rendersi indipendente da tutto e da tutti.

---

[16] Antistene, filosofo greco nato ad Atene nel 444 a.C. e scomparso nel 365 a.C., è universalmente riconosciuto come il fondatore della Scuola Cinica. Questo nome deriva dal fatto che i suoi seguaci si radunavano nel Cinosarge, un ginnasio pubblico situato appena fuori Atene. La Scuola Cinica promuoveva un approccio filosofico incentrato sulla semplicità di vita, il rifiuto dei beni materiali e la ricerca della virtù attraverso l'ascesi e l'autosufficienza. Di origini socratiche, Antistene esercitò un'influenza duratura su diversi filosofi successivi, tra cui spicca Diogene di Sinope..

[17] Aristippo nacque a Cirene nel 435 a.C. e morì a Lipari nel 366 a.C. Fu un filosofo greco e il fondatore della Scuola Cirenaica, nota anche come scuola degli "hedonisti". La Scuola Cirenaica considerava il piacere come il fine primario dell'esistenza e insegnava che l'individuo avrebbe dovuto cercare il piacere immediato evitando il dolore. Aristippo sottolineava l'importanza di un piacere misurato e controllato, distanziandosi dall'eccesso e dagli eccessi dei desideri. La sua filosofia si concentrava sull'individuo e sulla ricerca del piacere personale nel presente, senza preoccuparsi eccessivamente del passato o del futuro.

Nella Scuola di Aristippo, invece, si esercitava il pensiero del godimento del presente. Il bene caratterizzava il destino dell'uomo ed era affermato dall'uso delle facoltà fisiche. Immolarsi al sacrificio significava, al contrario di quanto affermato da Antistene, separarsi dalla qualità che caratterizzava un uomo: la sua intelligenza.

L'uomo nasce e vive con delle esigenze e dei desideri e se è venuto al mondo, deve soddisfare tali necessità. La terra in cui vive non è il luogo dell'isolamento e del dolore, ma un luogo di piacere, in cui l'armonia è il richiamo della sua natura, e le cose che vi si trovano sono create per l'uomo stesso e non viceversa. I sensi sono gli unici strumenti in possesso dell'uomo che possono portarlo a scoprire i parametri della certezza e della verità. La ragione non richiede il sacrificio, ma convalida il bene e il godimento avendo la prerogativa di guidare tali virtù in un campo nobile e ideale. Questa teoria filosofica diede vita all'epicureismo.

Nonostante le diverse applicazioni e ordini di priorità, le scuole filosofiche dell'epoca socratica erano unite nella loro visione dell'essere umano come un'unità di sostanza e spirito, che esprimeva la scienza in maniera unificata. Questa sintesi dello spirito umano portò all'unità della scienza e all'armonia della vita sociale, caratterizzata dalle speculazioni filosofiche di grandi pensatori come Platone e Aristotele.

5. I filosofi della scienza

Talete

Le notizie riguardanti i filosofi presocratici della Scuola Ionica o di Mileto sono state tramandate da altri filosofi o da frammenti giunti fino a noi.

Talete fu il primo filosofo ionico naturalista a porsi il problema della struttura del mondo, cercando di indagare sulla sua origine e sul suo ordine.

Platone ne parla nelle sue opere, come dimostra Hermann Diels,[1] che lo indica come "*uno dei sette savi*".[2]

Diogene Laerzio parla di lui nel primo libro della sua *Vita dei filosofi*, affermando: "*Furono ritenuti sapienti: Talete, Salone, Periandro, Cleohulo, Chilone, Biante, Pittaco. A questi aggiungono Anacarsi lo Scita, Misone di Chene, Ferecide di Siro, Epimenide di Creta: alcuni aggiungono anche Pisistrato il tiranno*".[3]

Anche se le informazioni su di lui sono scarse, le sue idee cosmologiche e i suoi teoremi hanno grande attendibilità grazie agli studi sui frammenti.

Infatti, i dossografi,[4] come li chiamò Diels, tra cui Aristotele

---

[1] Il filologo classico e storico delle religioni Hermann Diels (1848-1922), originario di Bibrich, ha dedicato gran parte della sua carriera all'insegnamento della filosofia antica presso l'Università di Berlino. Tuttavia, la sua rinomanza è principalmente associata alla sua opera magistrale: la raccolta e catalogazione dei frammenti e delle testimonianze che riguardano il pensiero dei filosofi greci presocratici. Questa opera fondamentale, intitolata *Die Fragmente der Vorsokratiker* (I frammenti dei presocratici), costituisce una risorsa di primaria importanza per l'analisi e la comprensione della filosofia antica. Il lavoro svolto da Diels ha rappresentato un contributo pionieristico nell'organizzazione e nella classificazione dei frammenti dei filosofi presocratici, offrendo un notevole apporto alla storia della filosofia..

[2] H. Diels, *Die Fragmente der Vorsokratiker*, Platone, Prol. 343a

[3] "Σοφοὶ δὲ ἐνομίζοντο οἵδε Θαλῆς, Σόλων, Περίανδρος, Κλεόβουλος, Χείλων, Βίας, Πίττακος. Τούτοις προσαριθμοῦσιν Ἀνάχαρσιν τὸν Σκύθην, Μύσωνα τὸν Χηνέα, Φερεκύδην τὸν Σύριον, Ἐπιμενίδην τὸν Κρῆτα. ἔνιοι δὲ καὶ Πεισίστρατον τὸν τύραννον". Diogene Laerzio, *Vita dei Filosofi* a cura di Marcello Gigante, Editori Laterza, Bari, 1962, libro I-13, p. 8

[4] Il termine "dossografia" è un neologismo coniato da Hermann Diels. Derivato dalla combinazione delle parole greche "doxa" (opinione) e "graphein"

(considerato il primo dossografo), Erodoto,[5] Aezio,[6] Stobeo[7] ed Eudemo di Rodi,[8] parlano di Talete come di un sapiente.

In particolare, Eudemo nella sua *Storia dell'astronomia* afferma che Talete fu il primo a evidenziare un'eclissi di sole.

Tuttavia, egli avrebbe sostenuto che l'elemento primo fosse l'acqua, come riportato anche da Aristotele in Metafisica. *"La maggior parte di coloro che primi filosofarono pensarono che princípi di tutte le cose fossero solo quelli materiali. Infatti, essi*

(scrivere), è utilizzato per indicare una "raccolta di opinioni". Questo metodo permette di confrontare le vedute di filosofi e studiosi vissuti molto tempo prima di colui che, scrivendo, fa riferimento al loro pensiero. L'utilizzo di questa tecnica, insieme alle sue relazioni, costituisce una preziosa fonte di informazioni..

[5] Erodoto (Alicarnasso, 484 a.C. – Thurii, probabilmente 430 a.C.) è stato uno storico greco. Nella sua opera *Le Storie*, ha cercato di individuare le cause che portarono alla guerra tra le città greche e l'Impero persiano, ponendosi in una prospettiva storica differente rispetto alle incerte tesi degli storici che lo precedettero. *Le Storie* è divisa in nove libri, la cui suddivisione si deve ai grammatici alessandrini.

[6] Aezio è stato un filosofo e dossografo greco, noto per la sua opera intitolata *Placita Philosophorum*. Questa opera consiste in una raccolta di dottrine filosofiche e ci è pervenuta principalmente attraverso frammenti e citazioni presenti in opere successive.

[7] Giovanni Stobeo, conosciuto anche come Stobeo di Stobi, è stato uno scrittore bizantino del V secolo d.C. La sua opera principale è: *Eclogae* o Ανθολόγιον (pron. Anthologion), una raccolta di estratti e frammenti tratti da opere precedenti che coprono una vasta gamma di argomenti, inclusi la fisica, la dialettica e l'etica. L'opera è organizzata in diversi libri o sezioni chiamati "Eclogae". Questi libri contengono estratti di opinioni di poeti e prosatori su vari temi filosofici. Alcuni libri si concentrano sulle diverse scuole di filosofia e raccolgono opinioni di antichi scrittori riguardanti la geometria, la musica e l'aritmetica. Purtroppo, l'introduzione del primo libro è andata persa, tranne per la parte che riguarda l'aritmetica.

[8] Eudemo di Rodi, un filosofo greco attivo nel IV secolo a.C., si distinse anche come storico della scienza. Originario di Rodi, si trasferì ad Atene dove intraprese studi filosofici presso la scuola del Peripato, diventando uno dei prediletti discepoli di Aristotele. Tra i frammenti pervenutici delle sue opere, si includono scritti su Aristotele come la *Fisica* e l'*Analitica*. Tuttavia, le sue maggiori contribuzioni furono nel campo della storia della scienza, dove si ritiene abbia composto opere come *Storia dell'aritmetica*, *Storia della geometria* e *Storia dell'astronomia*. Benché non esistano prove concrete o testimonianze che attribuiscano esplicitamente a Eudemo di Rodi tali opere, la sua figura rimane legata a questa importante prospettiva storico-scientifica.

affermano che ciò di cui tutti gli esseri sono costituiti e ciò da cui derivano originariamente e in cui si risolvono da ultimo, è elemento ed è principio degli esseri, in quanto è una realtà che permane identica pur nel trasmutarsi delle sue affezioni. E, per questa ragione, essi credono che nulla si generi e che nulla si distrugga, dal momento che una tale realtà si conserva sempre. E come non diciamo che Socrate si genera in senso assoluto quando diviene bello o musico, né diciamo che perisce quando perde questi modi di essere, per il fatto che il sostrato – ossia Socrate stesso – continua ad esistere, così dobbiamo dire che non si corrompe, in senso assoluto, nessuna delle altre cose: infatti, deve esserci qualche realtà naturale (o una sola o più di una) dalla quale derivano tutte le altre cose, mentre essa continua ad esistere immutata. Tuttavia, questi filosofi non sono tutti d'accordo circa il numero e la specie di un tale principio. Talete, iniziatore di questo tipo di filosofia, dice che quel principio è l'acqua (per questo afferma anche che la Terra galleggia sull'acqua), desumendo indubbiamente questa sua convinzione dalla constatazione che il nutrimento di tutte le cose è umido, e che perfino il caldo si genera dall'umido e vive nell'umido. Ora, ciò da cui tutte le cose si generano è, appunto, il principio di tutto. Egli desunse dunque questa convinzione da questo fatto e dal fatto che i semi di tutte le cose hanno una natura umida e l'acqua è il principio della natura delle cose umide".[9]

Per Talete, dove c'era acqua c'era vita. Partendo da questa osservazione, egli costituì il primo metodo induttivo e realizzò un'idea universale, che è sintetizzata nel suo concetto di "αρχή" (archè), ovvero origine di tutte le cose. Avendo osservato differenti entità, Talete si domandò se ci fosse un'unità assoluta dietro l'evidente molteplicità delle cose e assunse la convinzione che tutte le cose dovessero avere una qualità che le accomunasse, un principio unificatore della realtà sensibile, l'αρχή appunto, che identificò nell'acqua. Se la vita è presente in ogni cosa reale e percepibile, il principio unificatore di tale realtà dovrà corrispondere con il principio della vita.

Talete, infatti, come tutti i primi pensatori greci, può essere

---

[9] Aristotele – *Metafisica* (I 3, 983b17 - 984a5)

considerato il primo ilozoista.[10] Il concetto che il mondo sia fatto di acqua e rappresenti l'elemento primordiale, porta a stabilire che Talete si fosse posto il problema della causa materiale di tutto ciò che è percepibile e che il suo ragionamento riportasse ogni cosa a un principio unico. La sostanza sarebbe stata la causa prima, ultima ragione e principio. Talete affermava che tutto in natura è umido e ha vita tramite l'acqua; il calore nasce e si manifesta nell'umido e anche la terra galleggia sull'acqua. *"In effetti, è questo il più antico ragguaglio che abbiamo ricevuto. Il discorso che affermano aver fatto Talete di Mileto, secondo cui la terra resterebbe al posto per via del suo stare a galla. Come un legno o qualcos'altro del genere e, infatti, nessuna di queste cose ha la natura di restare per aria, bensì sull'acqua, come se non fosse lo stesso discorso della terra anche per l'acqua che sostiene la terra".*[11]

I pensatori antecedenti, dei secoli VI e VII a.C., attribuivano ad alcuni elementi naturali la valenza di divinità, tra cui Oceano, figlio di Urano e Gea, che aveva un'importante potenza generatrice. Tutto aveva avuto origine da lui e continuava a fluire fino agli estremi limiti della terra in un circolo continuo. Tutto ciò che fluiva all'interno della terra, come fiumi, sorgenti e mari, erompeva dalla sua potenza[12]. Anche quando il mondo fu dominato da Zeus, Oceano rimase nel suo regno, oltre il quale c'era l'Erebo.[13]

Tuttavia, il fatto che l'acqua fosse considerata un elemento divino non implica necessariamente che Talete abbia semplicemente adottato tale idea. Invece, si pensa che la conoscenza degli antichi filosofi sulla divinità dell'acqua abbia influenzato Talete e lo abbia

---

[10] *Ilozoismo* è un termine che deriva dalle parole greche "ὕλη" (ule), che significa "*materia*", e "ζωή" (zoe), che significa "*vita*". Esso rappresenta una posizione filosofica secondo la quale si ritiene che tutta la realtà, compresa quella che appare immobile e inerte, sia dotata di vita.

[11] Aristotele, De Caelo, B 13. 294° 28

[12] "Oceano, dal quale scaturiscono tutti i fiumi e tutto il mare e tutte le fonti e i grandi pozzi" - Ὠκεανὸς γὰρ πρῶτος, ὃς πάντεσσι πέλει αὐτὸς / ποτμὸν ἐπ' ἀθανάτοισι θεοῖσιν, ὅτε τ' ἔνι καὶ ὅτε μή Iliade, XXI, 196-197.

[13] Gli antichi greci credevano che Erebo fosse il figlio del Caos e il fratello della Notte. Nella mitologia greca, Erebus era la personificazione dell'oscurità e degli inferi. Erebus rappresentava la manifestazione del cosmo a partire dal caos, poiché la luce era la prima manifestazione spirituale. Questa concezione riflette l'antica filosofia greca, che considerava il caos come l'ombra del principio supremo e la luce come il Logos.

portato a considerare filosoficamente l'acqua come l'elemento primordiale di tutte le cose. Infatti, Talete non attribuiva solo la generazione di ogni cosa all'acqua, ma credeva anche che l'acqua avesse una qualità unificante che rendeva tutte le cose connesse. Hegel, nelle sue *Lezioni sulla storia della filosofia*, concorda con questa visione di Talete come il primo filosofo che ha cercato di trovare un principio unificatore alla base di tutte le cose. "*La semplice affermazione di Talete è filosofia, perché non intende l'acqua sensibile nella sua peculiarità di fronte ad altre cose naturali, ma come pensiero nel quale tutte quelle cose si risolvono e sono contenute*".[14]

Talete si interessò di astronomia, scienze cosmologiche e naturali, conoscenze matematiche, problematiche teologiche e dell'anima. Tuttavia, per alcuni storici della filosofia, l'assegnazione di ciò che gli viene attribuito è incerta a causa della frammentarietà dei riferimenti che ci sono pervenuti.

Mileto, la città in cui nacque e operò Talete, era la città più avanzata del mondo greco di allora e il commercio era molto attivo, soprattutto con la Mesopotamia e l'Egitto, e gli spostamenti in queste terre da parte dei Milesi erano alquanto frequenti. Talete andò in Egitto e riportò in patria la conoscenza della geometria, che era molto sviluppata e praticata da quel popolo per delimitare, come abbiamo già visto, i confini cancellati dalle inondazioni del Nilo. Tali conoscenze geometriche, incentrate sui triangoli simili e sul cerchio, furono perfezionate da Talete, che creò un metodo per calcolare anche le distanze marine. "*Non solo sapeva che un cerchio è bisecato dal proprio diametro, ma lo dimostrò*".[15] Talete fece lo stesso per quanto riguarda la conoscenza babilonese, studiando a fondo le loro tavole astronomiche e riuscendo a studiare e intuire l'avvento dell'eclissi di sole del 585 a.C. *"Tra i Greci le studiò primo di tutti Talete di Mileto che predisse l'eclissi di sole dell'anno quarto della XLVIII Olimpiade, che accadde sotto il regno di Aliatte nell'anno CLXX ab urbe condita"*.[16] Il genio di

---

[14] Hegel, *Lezioni sulla storia della filosofia*, I, 200, La Nuova Italia Editrice, Firenze, 1961

[15] Benjamin Farrington, *Storia della scienza greca*, Arnoldo Mondadori Editore, 1964, p. 46

[16] *"Apud Graecos autem investigavit primus omnium Thales Milesius Olympiadis XLVIII anno quarto praedicto solis defectu, qui Alyatte rege factus*

Talete si basava anche sul nuovo modo di valutare ciò che era già noto. Le cosmogonie degli Egizi e dei Babilonesi presentavano narrazioni sull'origine del mondo, ma assieme a queste, anche una particolare conoscenza della natura con la quale erano strettamente in contatto per regolare la loro esistenza.

Pensiamo agli Egizi e alla forza impetuosa del loro Nilo, che durante i periodi di piena distruggeva i raccolti e danneggiava i confini delle proprietà terriere, oppure ai Babilonesi con le loro alluvioni catastrofiche dei fiumi territoriali in primavera. Ciò li indusse a considerare l'acqua come un elemento vitale e a pensare che l'origine dell'esistenza provenisse da quella forza che si manifestava attraverso l'acqua e il suo movimento, portandoli a credere che tutto ciò che era vitale fosse strettamente legato alla materia e al suo modo di presentarsi.

Talete sostituì l'antica mitologia con un approccio razionale e scientifico all'universo conosciuto, utilizzando tecniche adeguate per osservare, interpretare e comprendere i fenomeni naturali. Con il suo approccio, scomparvero le antiche divinità dell'Olimpo, il regno di Marduk e le divinità egizie, sostituite dal principio primo e dalle ipotesi scientifiche che spiegavano le cause e gli effetti dei fenomeni naturali. Talete non si limitò alla semplice osservazione dei fenomeni, ma utilizzò un pensiero razionale per scandagliare le regole del cielo e della terra e risolvere i problemi che si presentavano. *"Come giunse al fiume Alys, fu Creso che successivamente, come dico io, fece passare l'esercito sui ponti che c'erano, ma come dice la voce molto diffusa tra gli Elleni, fu Talete di Mileto a farglielo passare. Essendo, infatti, Creso, su come l'esercito gli avrebbe potuto passare il fiume…, si dice che Talete, che era presente al campo, fece per lui sì che il fiume che scorreva dalla mano sinistra dell'esercito scorresse anche dalla destra, e avrebbe fatto così: cominciando a monte del campo avrebbe proceduto a far scavare un profondo canale che derivava*

---

est urbisconditae anno CLXX". Plinio il Vecchio, *Naturalis historia*, II, 53 - Vedi anche: Erodoto, *Storie* (1.74): *"Continuando essi la guerra con ugual fortuna, nel sesto anno si scontrarono, e, nel corso della battaglia il giorno all'improvviso diventò notte. E questo mutamento del giorno Talete di Mileto aveva predetto agli Ioni, fissando come termine quest'anno in cui appunto venne il cambiamento".*

in forma di crescente, sicché il fiume prendesse alle spalle l'accampamento dell'esercito, con una derivazione a quel punto, lungo il canale, dell'antico corso, e di nuovo oltrepassando il campo rifluisse nell'antico corso. Così, non appena il fiume fu diviso, risultò guadabile in entrambe le parti. E non appena ciò fu fatto, i Lidi sotto Creso passarono senza difficoltà".[17]

Le ricerche di Talete nel campo della geometria hanno avuto un'importanza fondamentale sia per il suo teorema, che tutti conosciamo perché lo abbiamo studiato, sia per le basi che ha fornito per la continuazione e il progresso di tale argomento.

Apuleio nel suo: *I Florida* dice che egli fu il primo scopritore della geometria: *"Talete di Mileto fu senza dubbio il più importante tra quei sette uomini famosi per la loro sapienza – fu, infatti, il primo inventore della geometria presso i Greci e un attentissimo osservatore dei fenomeni naturali ed espertissimo osservatore degli astri – fece grandissime scoperte con poche linee: il trascorrere del tempo, il soffio dei venti, le orbite dei pianeti, il sorprendente fragore dei tuoni, i percorsi obliqui dei corpi celesti, l'annuale ritorno del sole, del pari il crescere della luna nascente o il decrescere della luna calante o quanto ostacola la vista della luna in eclisse".*[18]

Plutarco[19] parla dei saggi e della loro saggezza che, nonostante la loro morte, continua a vivere tramite le loro parole e le loro opere, ispirando e guidando coloro che cercano la verità e la giustizia. Plino il Vecchio,[20] invece, parla della bellezza della natura che incanta tutti gli esseri umani, dalle montagne ai fiumi, dai laghi al mare e ai cieli stellati.

Talete, durante il suo viaggio in Egitto, utilizzò i sistemi di

---

[17] Erodoto – *Storie* (1.75)

[18] *"Thales Milesius ex septem illis sapientiae memoratis uiris facile praecipuus – enim geometriae penes G⟨r⟩aios primus repertor et naturae rerum certissimus explorator et ast⟨r⟩orum peritissimus contemplator – maximas res paruis lineis repperit: 31 temporum ambitus, uentorum flatus, stellarum meatus, tonitruum sonora miracula, siderum obliqua curricula, solis annua reuerticula, item lunae uel nascentis incrementa uel senescentis dispendia uel deli⟨n⟩quentis obstiticula"* Apuleio, *I Florida* – XVIII

[19] Plutarco, *Convivio dei Sette Sapienti*, 2, 147

[20] Plinio il Vecchio, *Storia Naturale*, .XXXVI, 82

misurazione egiziani per determinare l'altezza della piramide di Cheope. Secondo la narrazione storica, Talete fissò un bastone nella sabbia e misurò l'ombra proiettata dalla piramide. Aggiungendo la metà della lunghezza del lato di base, determinò l'altezza della piramide. Questo calcolo si basava sulla geometria e sull'utilizzo di un triangolo rettangolo e isoscele formato dal bastone, dalla sua ombra e dalla cima della piramide. Quando i raggi solari avevano un'inclinazione di 45 gradi, i raggi erano paralleli tra loro, creando un triangolo isoscele che poteva essere utilizzato per calcolare l'altezza della piramide. Talete stupì i tutori della geometria egizia e il faraone Amasis con questa dimostrazione.

Oltre al suo teorema: *"un fascio di rette parallele intersecanti due trasversali determina su di esse classi di segmenti direttamente proporzionali"*, Proclo[21] gliene attribuì altri come: *"la divisione del cerchio"*, *"l'uguaglianza degli angoli alla base di un triangolo isoscele"*, *"gli angoli opposti al vertice che sono uguali in due rette che si tagliano tra loro"*, *"due triangoli sono uguali se hanno un lato e i due angoli adiacenti uguali"* e *"un triangolo inscritto in una semicirconferenza è rettangolo"*.

Talete dimostrò interesse anche per l'astronomia. Secondo quanto riportato da Aezio,[22] egli suddivise la sfera celeste in cinque zone: l'artica, il tropico estivo, l'equinoziale, il tropico invernale e l'antartica. Inoltre, Talete sostenne che lo zodiaco fosse inclinato rispetto al tropico estivo, all'equinoziale e al tropico invernale, e

---

[21] Proclo Licio Diadoco (Costantinopoli, 412 – Atene, 485) si distinse come filosofo e matematico durante l'epoca bizantina. Le sue opere comprendono commentari dettagliati su opere di Platone, tra cui *La Repubblica*, *Il Timeo*, *L'Alcibiade I*, *Il Cratilo* e *Il Parmenide*, in cui sviscera e analizza il pensiero del grande filosofo. Oltre a ciò, dimostrò interesse per questioni teologiche, come testimonia la sua opera *Elementatio Theologica*. Con uno spirito colto e curioso, si dedicò anche all'astronomia e alla matematica, producendo l'opera *Hypotyposis*. Tra i suoi contributi matematici più significativi, spicca il commento al primo libro degli *Elementi* di Euclide, una risorsa fondamentale per comprendere l'evoluzione della matematica nell'antica Grecia.

[22] Hermannus Diels, *Doxographi Graeci*, Berolini Typis et Impensis G. Reimeri, anno 1879 - Aetii Plac. II 11 2-5 12 1.2 340 1-11 / 12 2 13 1-5 341 1-5 / 20 4-12 349 9-17 / 23 3-7 241 353 7-17 / 27 2-4 28 1-5 358 4-19 / III 18 IV Prooem 1-20 / IV 1 7 2 1-5 386 1-10.

che il meridiano lo attraversasse dalla zona artica fino a quella antartica. Egli affermò inoltre che il sole, di natura terrosa, si eclissasse quando la luna lo attraversava in modo perpendicolare, illuminandosi.

Grazie al suo genio e alla sua capacità di liberare il pensiero dai miti e dalle tradizioni, Talete contribuì alla conoscenza dei fenomeni naturali e alle problematiche cosmologiche. Sebbene le sue idee possano essere considerate approssimative e grezze, esse costituirono comunque una base razionale per il progresso scientifico, raggiunto attraverso la riflessione e l'analisi.

6. Anassimandro

Il secondo filosofo della Scuola Ionica fu Anassimandro,[1] contemporaneo di Talete e suo discepolo. Plinio, nel suo *Naturalis historia*, così si espresse su Anassimandro: "*Si tramanda che fu Anassimandro di Mileto, il primo a spalancare le porte della natura*".[2] Anche se i suoi scritti non ci sono pervenuti, il suo pensiero può essere dedotto da ciò che è stato riferito su di lui. Si sa che si interessò alla scienza della natura, ragionando sull'origine dell'universo, sulla struttura e la posizione della terra, degli astri, della meteorologia e persino della geografia. Andò oltre le idee di Talete, giungendo a considerare il tutto come generato dall'indefinito, e si pose il problema di come l'uomo fosse stato creato sulla terra, concependo la creazione dal punto di vista meccanico, ovvero come effetto della separazione degli elementi primitivi. Pensò che il principio del mondo fosse *l'ἄπειρον*,[3] le cui qualità sarebbero state l'immortalità e l'imperturbabilità, oltre a essere principio e fine di tutto. Al contrario del suo maestro, pensò che l'inizio della creazione delle cose non avvenisse per produzione, ma attraverso un cambiamento ciclico impostato sulla composizione e decomposizione degli elementi appartenenti alle cose.

La comprensione della natura fu per Anassimandro il principale argomento di ricerca razionale. Per quanto riguarda la terra, egli pensò, come riportato da Aristotele, che fosse immobile e al centro dell'universo: "*Ci sono poi alcuni i quali asseriscono che la terra sta ferma a causa dell'uguale distribuzione delle parti: così tra gli antichi Anassimandro. E, in effetti, quel che è collocato al centro e ha uguale distanza dagli estremi non può essere portato in alto più che in basso o di lato: è pure impossibile che il movimento avvenga contemporaneamente in direzioni opposte, sicché di necessità sta ferma*".[4] Secondo Anassimandro, la Terra era un

---

[1] Anassimandro, Mileto, (610 a. C. circa – 546 a. C.) circa. Fu un filosofo greco.

[2] "Rerum fores aperuisse, Anaximander Milesius traditur primus". Plinio, *Storia Naturale*, II, 31

[3] Apeiron (ἄπειρον). Il principio, illimitato e indefinito, da cui tutto deriva.

[4] "εἰσὶ δέ τινες οἳ διὰ τὴν ὁμοιότητά φασιν αὐτὴν [sc. γῆν] μένειν, ὥσπερ τῶν ἀρχαίων Ἀ. μᾶλλον μὲν γὰρ οὐθὲν ἄνω ἢ κάτω ἢ εἰς τὰ πλάfor φέρεσθαι προσήκει τὸ ἐπὶ τοῦ μέσου ἱδρυμένον καὶ ὁμοίως πρὸς τὰ ἔσχατα ἔχον· ἅμα δ'

corpo delimitato dalla sua naturale estensione, fluttuante nello spazio, e si trovava in posizione equilibrata rispetto all'universo. Pertanto, non poteva muoversi né verso l'alto né verso il basso, né verso un punto non equidistante dal suo fulcro centrale rispetto ai limiti universali. Egli concepì un mondo basato sul concetto di simmetria e fu il primo a trovare una soluzione ai complessi quesiti che allora si ponevano i filosofi riguardo alla posizione terrestre.

Dai frammenti di Plutarco: *"...dice che la terra ha forma cilindrica e altezza corrispondente a un terzo della larghezza"*[5], si deduce che Anassimandro avanzò in maniera razionale la questione riguardante la struttura della Terra e dell'universo, anche se in modo audace. Egli affermò che la Terra, oltre ad essere ferma, aveva una struttura cilindrica e gli uomini vivevano su una sua faccia. Inoltre, la Terra era circondata da tubi circolari in cui all'interno c'era il fuoco. Tali tubi erano forati e i fori mostravano il sole, la luna e tutti gli astri. Tuttavia, quando i fori si chiudevano, si generava l'eclissi. *"Le stelle sono sfere di fuoco staccatesi dal fuoco del cosmo, avvolte dall'aria: hanno degli sfiatatoi, una sorta di tubi a forma di aulo, da cui appaiono le stelle. Di conseguenza, quando tali sfiatatoi sono otturati, si hanno le eclissi. Così la luna talvolta appare piena, talvolta scema, in rapporto alla chiusura o apertura di tali tubi".*[6]

La concezione cosmogonica di Anassimandro portava a considerare che il principio fosse uno, infinito e sempre in movimento. Tale principio non poteva essere l'acqua del suo maestro Talete, ma un elemento di infinita e indefinita natura da cui derivava tutto ciò che era percepibile nel cosmo: la Terra, il

---

ἀδύνατον εἰς τἀναντία ποιεῖσθαι τὴν κίνησιν, ὥστ' ". 12 A 26 Aristot de cael B 13 295 b 10 Da Diels-Kranz, *Presocratics Fragments*, ILIESI Digital Edition, ILIESI Daphnet 2009.

[5] *"ὑπάρχειν δέ φησι τῶι μὲν σχήματι τὴν γῆν κυλινδροειδῆ, ἔχειν δὲ τοσοῦτον βάθος ὅσον ἂν εἴη τρίτον πρὸς τὸ πλάτος"* ivi, 12 A 10. [PLUTARCH.] strom. 2 [Dox. 579; da Teofrasto].

[6] *"τὰ δὲ ἄστρα γίνεσθαι κύκλον πυρός, ἀποκριθέντα τοῦ κατὰ τὸν κόσμον πυρός, περιληφθέντα δ' ὑπὸ ἀέρος. ἐκπνοὰς δ' ὑπάρξαι πόρους τινὰς αὐλώδεις, καθ' οὓς φαίνεται τὰ ἄστρα· διὸ καὶ ἐπιφρασσομένων τῶν ἐκπνοῶν τὰς ἐκλείψεις γίνεσθαι. τὴν δὲ σελήνην ποτὲ μὲν πληρουμένην φαίνεσθαι, ποτὲ δὲ μειουμένην παρὰ τὴν τῶν πόρων ἐπίφραξιν ἢ ἄνοιξιν"*. ivi, 12 A 11. HIPPOL. ref. I 6, 1-7 p. 10 sg. [Dox. 559].

sole, la luna, le stelle, i pianeti e l'uomo stesso. Tutto, per Anassimandro, nasceva dall'ἄπειρον, ovvero da quel concetto di infinito-indefinito che costituiva la base del suo pensiero.

Considerò il principio arché (ἀρχή), che aveva generato l'universo, come qualcosa di eterno e indeterminato, senza limiti spaziali e temporali. Secondo la sua concezione cosmogonica, l'infinito aveva l'azione di generare e distruggere tutte le cose, e grazie a esso si aveva la divisione dei cieli e dei mondi, anch'essi infiniti di numero. *"...egli affermò che l'infinito aveva la causa completa della nascita e della distruzione del tutto: di lì, egli dice, si sono separati i cieli e in generale tutti i mondi che sono infiniti. Sosteneva che la distruzione e, molto prima, la nascita dei mondi avvengono perché sono soggetti, tutti, da tempo infinito al movimento rotatorio"*.[7] Il primo principio per Anassimandro era l'infinito dal moto eterno, che costituiva anche la causa materiale di tutto. Ciò si può dedurre da quanto riportato da Plutarco riguardo al suo pensiero sulla creazione della terra e dell'uomo. *"...Dice che quel che dall'eterno produce caldo e freddo si separò alla nascita di questo mondo e che da esso una sfera di fuoco si distese intorno all'aria che avvolgeva la terra, come corteccia intorno all'albero: spaccatasi poi questa sfera e separatasi in taluni cerchi, si formarono il sole, la luna e gli astri. Dice pure che da principio l'uomo fu generato da animali di altra specie perché, mentre gli altri viventi si nutrono subito da sé, solo l'uomo ha bisogno per molto tempo delle cure della nutrice: ora se all'inizio fosse stato tale [com'è adesso] non avrebbe potuto sopravvivere"*.[8]

---

[7] "...ἑταῖρον γενόμενον τὸ ἄπειρον φάναι τὴν πᾶσαν αἰτίαν ἔχειν τῆς τοῦ παντὸς γενέσεώς τε καὶ φθορᾶς, ἐξ οὗ δή φησι τούς τε οὐρανοὺς ἀποκεκρίσθαι καὶ καθόλου τοὺς ἅπαντας ἀπείρους ὄντας κόσμους. ἀπεφήνατο δὲ τὴν φθορὰν γίνεσθαι καὶ πολὺ πρότερον τὴν γένεσιν ἐξ ἀπείρου αἰῶνος ἀνακυκλουμένων πάντων αὐτῶν". 12 A 10. [PLUTARCH.] strom. 2 [Dox. 579; da Teofrasto], Diels-Kranz, *Presocratics Fragments*, Iliesi Digital Edition, 2009.

[8] "καί τινα ἐκ τούτου φλογὸς σφαῖραν περιφυῆναι τῶι περὶ τὴν γῆν ἀέρι ὡς τῶι δένδρωι (φλοιόν)· ἧστινος ἀπορραγείσης καὶ εἴς τινας ἀποκλεισθείσης κύκλους ὑποστῆναι τὸν ἥλιον καὶ τὴν σελήνην καὶ τοὺς ἀστέρας. ἔτι φησίν, ὅτι κατ' ἀρχὰς ἐξ ἀλλοειδῶν ζώιων ὁ ἄνθρωπος ἐγεννήθη, ἐκ τοῦ τὰ μὲν ἄλλα δι' ἑαυτῶν ταχὺ νέμεσθαι, μόνον δὲ ιὸν ἄνθρωπον πολυχρονίου δεῖσθαι τιθηνήσεως· διὸ καὶ κατ' ἀρχὰς οὐκ ἄν ποτε τοιοῦτον ὄντα διασωθῆναι". 12 A 10. [PLUTARCH.] strom. 2 [Dox. 579; da Teofrasto], Diels-Kranz, *Presocratics Fragments*, Iliesi Digital Edition, 2009.

Anassimandro non si limitò a riflettere sull'origine dell'universo, ma indagò anche sulla sua struttura, stabilendo le misure degli astri rispetto alla Terra. Per il sole: *"... [il sole] è una sfera ventotto volte la terra, molto simile alla ruota di un carro, col cerchio incavato e pieno di fuoco, che in una parte attraverso l'apertura mostra il fuoco"*.[9] Per la luna *"... [la luna] è una sfera diciannove volte la terra, simile a ruota di carro, che ha il cerchio incavato e pieno di fuoco come quello del sole, è posta in posizione obliqua al pari di quello, ed è munita di uno sfiatatoio, simile alla canna d'un aulo. Si eclissa in rapporto ai giri della ruota"*.[10] Anche la posizione degli astri, egli considerò, come riportato da Aezio, asserendo che: *"il sole è posto più in alto di tutti, dopo c'è la luna e sotto di loro, le stelle fisse e i pianeti"*.[11] Certo è che Anassimandro si poneva anche domande sulla natura dei fenomeni del mondo e sulla loro evoluzione, asserendo che la trasformazione delle cose è dettata dalla necessità, causa determinatrice dei fenomeni che si evolvono nel tempo. Infatti, secondo la sua concezione cosmogonica, la terra era inizialmente ricoperta d'acqua e la separazione del caldo e del freddo ha generato l'ordine del mondo. Come una corteccia che avvolge un albero, la terra è stata circondata da una sfera infuocata cresciuta nell'aria e tutto si è generato dall'umidità che circondava la terra al tempo primigenio. Inoltre, Anassimandro suggerì che l'uomo non poteva essere nato così come si presenta, poiché i neonati non sono autosufficienti ma hanno bisogno di nutrimento per crescere. Pertanto, l'uomo primitivo doveva essere stato nutrito da qualcos'altro. Per quanto riguarda i fenomeni naturali, Anassimandro si interessò dei venti,

---

[9] *"[τὸν ἥλιον] κύκλον εἶναι ὀκτωκαιεικοσαπλασίονα τῆς γῆς, ἁρματείωι τροχῶι παραπλήσιον, τὴν ἀψῖδα ἔχοντα κοίλην, πλήρη πυρός"*. ivi, 12 A 21. Aezio. II 20, 1 (D. 348)

[10] *"[τὴν σελήνην] κύκλον εἶναι ἐννεακαιδεκαπλασίονα τῆς γῆς, ὅμοιον ἁρματείωι (τροχῶι) κοίλην ἔχοντι τὴν ἀψῖδα καὶ πυρὸς πλήρη καθάπερ τὸν τοῦ ἡλίου, κείμενον λοξόν, ὡς κἀκεῖνον, ἔχοντα μίαν ἐκπνοὴν οἷον πρηστῆρος αὐλόν αὐλόν. ἐκλείπειν δὲ κατὰ τὰς τροπὰς τοῦ τροχοῦ"*. ivi, 12 A 22. Aezio II 25, 1 (D. 355)

[11] Aët, ii. 15, 6 (D.G. p. 345; Vors. I, p.15.41 / vedi anche "The sun is placed highest of all, after it the moon, and under them the fixed stars and the planets." Aristarchus of Samos – *The ancient Copernicus* – A history of greek astronomy to Aristarcus together with Aristarcus treatise on the sizes and distances of the sun and moon. A new greek text with translation and notes by Sir Thomas Heath, Oxford, At the Clarendon press, 1913. Parte I, p. 28

dell'origine della pioggia e dei fulmini. "*I venti sono prodotti dai soffi leggerissimi che si staccano dall'aria e, raccoltisi, si mettono in movimento: le piogge dal vapore che sotto l'azione del sole si innalza dalla terra: i fulmini poi quando il vento, piombando sulle nuvole, le squarcia*".[12] A lui si devono alcuni strumenti, in particolare lo gnomone.[13] "*Anassimandro, figlio di Prassiade, milesio, filosofo, parente e discepolo e successore di Talete. Per primo trovò gli equinozi, i solstizi e gli orologi e che la terra sta perfettamente al centro. Introdusse anche lo gnomone e abbozzò in generale un'esposizione sommaria di geometria. Scrisse intorno alla natura, il giro della terra, intorno alle stelle fisse, la sfera e alcune altre opere*".[14] In questo studio, basato essenzialmente su quanto riportato dai dossografi, si deduce come Anassimandro fosse orientato a dare spiegazioni razionali sulle cose, considerandone l'origine in una sintesi naturalista. Ciò che si conosce di lui porta a ritenere che non abbia creato concetti matematici inerenti allo scopo della sua ricerca, come eventuali rilevamenti, misure e distanze tra gli astri, e non avendo sperimentato le sue tesi, non può essere annoverato tra coloro che hanno fatto scienza. Tuttavia, è pur vero che le sue idee hanno portato a concetti avanzati in campo fisico. Secondo le credenze degli antichi, la terra era considerata un oggetto solido, sorretto da esseri o colonne, e si credeva che sotto di essa non ci fosse altra terra. Anassimandro sfidò queste credenze affermando che la terra non era sorretta da alcunché, ma che galleggiasse nel vuoto. Questa semplice

---

[12] "*ἀνέμους δὲ γίνεσθαι τῶν λεπτοτάτων ἀτμῶν τοῦ ἀέρος ἀποκρινομένων καὶ ὅταν ἀθροισθῶσι κινουμένων, ὑετοὺς δὲ ἐκ τῆς ἀτμίδος τῆς ἐκ γῆς ὑφ' ἥλιον ἀναδιδομένης· ἀστραπὰς*". 12 A 11. HIPPOL. ref. I 6, 1-7 p. 10 sg. [Dox. 559], Diels-Kranz, *Presocratics Fragments*, Iliesi Digital Edition, 2009.

[13] Lo gnomone, termine derivante dal greco γνώμων, costituisce una componente fondamentale dell'orologio solare, chiamata stilo, il quale proietta la propria ombra su una superficie piana, detta quadrante, sul quale sono riportate le linee orarie. Questa configurazione consente di leggere l'ora in modo immediato e preciso.

[14] "*Ἀ. Πραξιάδου Μιλήσιος φιλόσοφος συγγενὴς καὶ μαθητὴς καὶ διάδοχος Θάλητος. πρῶτος δὲ ἰσημερίαν εὖρε καὶ τροπὰς καὶ ὡρολογεῖα, καὶ τὴν γῆν ἐν μεσαιτάτωι κεῖσθαι. γνώμονά τε εἰσήγαγε καὶ ὅλως γεωμετρίας ὑποτύπωσιν ἔδειξεν. ἔγραψε Περὶ φύσεως, Γῆς περίοδον καὶ Περὶ τῶν ἀπλανῶν καὶ Σφαῖραν καὶ ἄλλα τινά*". ivi, 12 A 2. SUID.s. v.

affermazione ha aperto nuove prospettive e ha contribuito allo sviluppo delle conoscenze scientifiche nel campo della fisica. Successivamente, figure come Copernico e Galileo hanno tracciato avanzate conoscenze sul sistema solare e sul movimento della terra, basandosi su principi simili di esplorazione e scoperta.

Anassimandro, pur non essendo annoverato tra i primi antichi scienziati nel senso moderno del termine, è sicuramente considerato uno dei più grandi pensatori di tutti i tempi. La sua opera ha contribuito a riesaminare l'immagine del mondo e a promuovere il pensiero scientifico. Le sue idee hanno tracciato la strada per lo sviluppo della fisica, della geografia e dello studio dei fenomeni meteorologici. È stato un pioniere nel suo approccio razionale e nella sua ricerca di spiegazioni naturali per i fenomeni che osservava, aprendo la strada a ulteriori progressi scientifici sia nell'antichità che nel futuro.

7. Anassimene

Anassimene[1] può essere considerato l'ultimo pensatore della Scuola di Mileto, in quanto fu l'ultimo filosofo che visse e operò in quella città e che si riconobbe espressamente come tale. Anche se molte delle sue opere sono andate perdute, i suoi pensieri sono stati tramandati attraverso testimonianze successive e frammenti di opere che sono giunti fino a noi. Anassimene sviluppò una teoria sull'origine del mondo, basata sulla presenza di un principio fondamentale, che egli identificò nell'aria. In questo modo, Anassimene si allontanò dalle teorie dei suoi predecessori, Talete e Anassimandro, che avevano individuato il principio fondamentale dell'universo rispettivamente nell'acqua e nell'apeiron.

La sua filosofia è strettamente legata a quella di Talete e Anassimandro, anche se il suo "*archè*" fu l'aria, che egli considerò anima del mondo. "*Egli affermò che il principio delle cose è l'aria, che l'aria è infinita e che le stelle si muovono non sotto la terra, ma intorno alla terra*".[2] Dall'analisi del passo citato, si evince che Anassimene valutò l'aria come infinita ma non indeterminata, il che suggerisce che la sua ricerca del principio originario fu caratterizzata da un'osservazione concreta, diversa dal valore astratto dell'apeiron di Anassimandro. Il suo concetto era basato sull'immissione di un principio idoneo a dare soluzioni alle dinamiche materiali del suo archè. "*Anch'egli dice che una è la sostanza che fa da sostrato e infinita, come l'altro, ma non indeterminata come quello, bensì determinata - la chiama aria*".[3]

---

[1] Anassimene (Mileto, circa 586 a.C. – 528 a.C.) rappresenta un importante filosofo greco, sebbene le informazioni su di lui siano scarse. È noto che fu allievo di Anassimandro e che guidò la sua stessa scuola. La sua sfera di interesse spaziava dalla filosofia all'astronomia e alla meteorologia. Egli propose l'aria come elemento fondamentale alla base di tutte le cose. L'originalità del suo pensiero risiede nella spiegazione del processo materiale attraverso cui l'aria diventa il principio generativo di tutte le realtà, tramite il fenomeno di rarefazione e condensazione.

[2] "*οὗτος ἀρχὴν ἀέρα εἶπεν καὶ τὸ ἄπειρον. κινεῖσθαι δὲ τὰ ἄστρα οὐχ ὑπὸ γῆν, ἀλλὰ περὶ γῆν*". 13 A 1. DIOG. II 3, Diels-Kranz, *Presocratics Fragments*, Iliesi Digital Edition, 2009

[3] "*...μίαν μὲν καὶ αὐτὸς τὴν ὑποκειμένην φύσιν καὶ ἄπειρόν φησιν ὥσπερ ἐκεῖνος, οὐκ ἀόριστον δὲ ὥσπερ ἐκεῖνος, ἀλλὰ ὡρισμένην, ἀέρα λέγων αὐτήν*" ivi, Anaximenes - 13 A 5. SIMPL. Phys. 24, 26, (THEOPHR. phys. opin. fr. 2; D.

Secondo Anassimene, la creazione è un effetto della condensazione e della dilatazione dell'aria, che, oltre ad essere mobile, è estesa e idonea a espandersi divenendo fuoco, a comprimersi divenendo acqua, terra, pietra e tutto ciò che in natura è percepibile. *"L'aria differisce nelle sostanze per rarefazione e condensazione. Attenuandosi diventa fuoco, condensandosi vento, e poi nuvola, e, crescendo la condensazione, ad acqua e poi terra e poi pietre e il resto, poi, da queste. Anch'egli suppone eterno il movimento mediante il quale si ha la trasformazione"*.[4]

Anassimene sviluppò la teoria dei suoi predecessori secondo cui tutte le cose derivano da un principio primordiale, ma introdusse l'aria come archè del mondo, intesa come il principio generativo di tutte le cose. Inoltre, egli anticipò il concetto di Aristotele[5] di causa efficiente totale, sostenendo che l'aria è il principio fondamentale dell'universo e la causa della sua generazione e distruzione.

Tale teoria fu enunciata osservando e analizzando la semplice respirazione. *"Dice, infatti, che la parte dell'aria che si contrae e si condensa è fredda, la parte invece che è dilatata e rilasciata (così in realtà si esprime, con questo termine) è calda. Donde non senza*

---

476)

[4] *"ἀλλὰ ὡρισμένην, ἀέρα λέγων αὐτήν· διαφέρειν δὲ μανότητι καὶ πυκνότητι κατὰ τὰς οὐσίας. καὶ ἀραιούμενον μὲν πῦρ γίνεσθαι, πυκνούμενον δὲ ἄνεμον, εἶτα νέφος, ἔτι δὲ μᾶλλον ὕδωρ, εἶτα γῆν, εἶτα λίθους, τὰ δὲ ἄλλα ἐκ τούτων. κίνησιν δὲ καὶ οὗτος ἀίδιον ποιεῖ, δι' ἣν καὶ τὴν μεταβολὴν γίνεσθαι".* 13 A 5. SIMPL. Phys. 24, 26, (THEOPHR. phys. opin. fr. 2; D. 476), *Presocratics Fragments*, Iliesi Digital Edition, 2009.

[5] Aristotele ha introdotto quattro cause per spiegare come l'uomo partecipi ai cambiamenti nel mondo naturale. Queste cause includono la causa materiale, che definisce la sostanza di un oggetto, la causa efficiente, che rappresenta ciò che dà inizio al movimento di un oggetto, la causa formale, che identifica la forma che un oggetto può assumere, e infine la causa finale, che indica lo scopo per cui l'oggetto è stato creato. Aristotele ha sostenuto che nel mondo naturale, il concetto di finalismo è intrinseco, mentre Platone ha argomentato che il fine esiste al di fuori delle cose stesse, risultando in un'imitazione delle idee. Secondo Aristotele, l'essenza di ogni cosa risiede in essa e si manifesta con un dinamismo distintivo, rendendo il mondo fisico il contenitore dell'essenza. In contrasto, nel mondo non naturale, queste cause sono separate e distinte. Ad esempio, nella creazione di un vaso, si considerano l'argilla come materia, l'artigiano come causa efficiente che plasma l'argilla, la forma del vaso come causa formale e lo scopo dell'utilità del vaso come causa finale. L'essenza, per Aristotele, non è solo ciò che un oggetto è, ma anche ciò che può diventare.

motivo si dice che il caldo e il freddo, l'uomo li emette dalla bocca: si raffredda in effetti il soffio d'aria stretto e compresso con le labbra, mentre quello che esce dalla bocca aperta diventa caldo per la rarefazione".[6]

Per Anassimene, l'aria era la forza costituente il mondo e tutto ciò che in esso viveva. *"Sostenne che l'aria è il principio delle cose: dall'aria tutto deriva e in essa poi tutto si risolve"*.[7] Fu un attento osservatore del cielo e s'interessò di cosmologia, le cui osservazioni, anche se primitive, rispecchiano il suo interesse speculativo nel trovare il perché e le cause di ciò che ci sovrasta.

Egli affermò; *"che il cielo fosse la circonferenza più esterna della terra"*[8] che il sole *"fosse piatto come una foglia"*[9] e che *"esso, la luna, le altre stelle avessero il principio della nascita dalla terra"*.[10] Affermò, al contrario di Anassimandro che sosteneva che il sole fosse una massa di metallo infuocata, che la materia del sole fosse terra che, per la rapidità del movimento, si era molto infocata ed era diventata incandescente.

Inoltre, affermò: *"che la terra fosse piatta e si sostenesse sull'aria: così pure il sole e la luna e le altre stelle tutte, che sono di natura ignea, vengono sostenuti dall'aria per la loro forma piatta"*.[11]

Anassimene pensò: *"che le stelle avessero origine dalla terra, a causa dell'umidità che da essa si leva e che, fattasi leggera,*

---

[6] *"τὸ γὰρ συστελλόμενον αὐτῆς καὶ πυκνούμενον ψυχρὸν εἶναί φησι, τὸ δ' ἀραιὸν καὶ τὸ χαλαρὸν (οὕτω πως ὀνομάσας καὶ τῶι ῥήματι) θερμόν. ὅθεν οὐκ ἀπεικότως λέγεσθαι τὸ καὶ θερμὰ τὸν ἄνθρωπον ἐκ τοῦ στόματος καὶ ψυχρὰ μεθιέναι· ψύχεται γὰρ ἡ πνοὴ πιεσθεῖσα καὶ πυκνωθεῖσα τοῖς χείλεσιν, ἀνειμένου δὲ τοῦ στόματος ἐκπίπτουσα γίγνεται θερμὸν ὑπὸ μανότητος"*. 13 B 1 - Plutarch - de prim. frig. 7 p. 947 F, Diels-Kranz, *Presocratics Fragments*, Iliesi Digital Edition, 2009.

[7] *"ἀρχὴν τῶν ὄντων ἀέρα ἀπεφήνατο· ἐκ γὰρ τούτου πάντα γίγνεσθαι καὶ εἰς αὐτὸν πάλιν ἀναλύεσθαι"*. ivi, 13 B 2 – AËT I 3,4 (D.278)

[8] *"...τὴν περιφορὰν τὴν ἐξωτάτω τῆς γῆς εἶναι τὸν οὐρανόν"* ivi, 13 A 13 AËT II 11,1 (D.339)

[9] *"πλατὺν ὡς πέταλον τὸν ἥλιον"* ivi, 13 B 2 a II 22 AËT (A 15),

[10] *"ἀέρι· καὶ τὸν ἥλιον καὶ τὴν σελήνην καὶ τὰ λοιπὰ ἄστρα τὴν ἀρχὴν τῆς γενέσεως ἔχειν ἐκ γῆς"*. ivi, 13 A 6. Plutarch strom. 3 [Dox. 579]

[11] *"τὴν δὲ γῆν πλατεῖαν εἶναι ἐπ' ἀέρος ὀχουμένην, ὁμοίως δὲ καὶ ἥλιον καὶ σελήνην καὶ τὰ ἄλλα ἄστρα πάντα πύρινα ὄντα ἐποχεῖσθαι τῶι ἀέρι διὰ πλάτος"*. ivi, 13 A 7 HIPPOL. ref. I 7 [Dox. 560 W 11]

diventasse fuoco e dal fuoco sollevato in alto si formassero le stelle. Nella zona delle stelle ci sono anche corpi di natura terrosa trasportati insieme ad esse".[12]

Riguardo al loro movimento, *"Sostenne che le stelle non si muovono sotto la terra, come altri aveva supposto, ma intorno alla terra, al modo che il berretto si avvolge intorno al nostro capo. Il sole si cela ai nostri occhi non perché sta sotto la terra, ma perché è riparato dai luoghi della terra molto alti e perché la sua distanza da noi è molto grande. Le stelle non riscaldano a causa della grande distanza".*[13]

Sostenne, *"…per primo, la tesi che la luna ricevesse la luce dal sole e in che modo si eclissasse"*[14] e che *"essa fosse di natura ignea".*[15] Fu anche un attento osservatore degli eventi naturali *"e asserì che i venti si producono quando l'aria condensata è spinta in movimento: quando si comprime e si condensa ancor più si formano le nuvole e così si trasforma in acqua. Si produce la grandine quando l'acqua, scendendo giù dalle nuvole, si gela, la neve, invece, quando questa stessa acqua che si gela contiene una forte dose di umidità. La folgore, quando le nuvole sono squarciate dalla violenza dei venti; squarciate queste, si forma un bagliore luminoso e infocato. L'iride, quando i raggi del sole cadono sull'aria condensata; il terremoto, quando la terra subisce una violenta alterazione in seguito a riscaldamento e a raffreddamento".*[16] Anassagora credeva che le stelle fossero fisse

---

[12] *"…γεγονέναι δὲ τὰ ἄστρα ἐκ γῆς διὰ τὸ τὴν ἰκμάδα ἐκ ταύτης ἀνίστασθαι, ἧς ἀραιουμένης τὸ πῦρ γίνεσθαι, ἐκ δὲ τοῦ πυρὸς μετεωριζομένου τοὺς ἀστέρας συνίστασθαι. εἶναι δὲ καὶ γεώδεις φύσεις ἐν τῶι τόπωι τῶν ἀστέρων συμπεριφερομένας ἐκείνοις".* ivi 13 A 7 HIPPOL .ref. I 7 [Dox. 560 W 11],

[13] *"οὐ κινεῖσθαι δὲ ὑπὸ γῆν τὰ ἄστρα λέγει, καθὼς ἕτεροι ὑπειλήφασιν, ἀλλὰ περὶ γῆν, ὡσπερεὶ περὶ τὴν ἡμετέραν κεφαλὴν στρέφεται τὸ πιλίον. κρύπτεσθαί τε τὸν ἥλιον οὐχ ὑπὸ γῆν γενόμενον, ἀλλ' ὑπὸ τῶν τῆς γῆς ὑψηλοτέρων μερῶν σκεπόμενον καὶ διὰ τὴν πλείονα ἡμῶν αὐτοῦ γενομένην ἀπόστασιν. τὰ δὲ ἄστρα· μὴ θερμαίνειν διὰ τὸ μῆκος τῆς ἀποστάσεως".* Ibidem

[14] *"…δὲ ὅτι ἡ σελήνη ἐκ τοῦ ἡλίου ἔχει τὸ φῶς καὶ τίνα ἐκλείπει τρόπον"* ivi, 13 A 16 Theo Smyrt. p. 198, 14 Hill. (aus Derkyllides)

[15] *"πυρίνην τὴν σελήνην"* ivi, 13 A 16 AËT II 25, 2 [Dox. 356]

[16] *"…ἀνέμους δὲ γεννᾶσθαι, ὅταν ἦι πεπυκνωμένος ὁ ἀὴρ καὶ ὠσθεὶς φέρηται συνελθόντα δὲ καὶ ἐπὶ πλεῖον παχυνθέντα νέφη γεννᾶσθαι καὶ οὕτως εἰς ὕδωρ μεταβάλλειν. χάλαζαν δὲ γίνεσθαι, ὅταν ἀπὸ τῶν νεφῶν τὸ ὕδωρ καταφερόμενον παγῆι· χιόνα δέ, ὅταν αὐτὰ ταῦτα ἐνυγρότερα ὄντα πῆξιν λάβηι. (8) ἀστραπὴν δ'*

nel cielo come chiodi, e che il cielo fosse simile a un blocco di ghiaccio. Inoltre, sosteneva che al tramonto il sole e le stelle non si muovessero sotto la terra, ma si nascondessero dietro la parte più alta del cielo a nord. *"Disse, ancora, che la terra, quand'è bagnata e disseccata si spacca e di conseguenza, poiché le falde che si staccano precipitano nelle crepe, è scossa dal terremoto. Perciò i terremoti avvengono nei periodi di siccità e anche in quelli di grandi piogge: infatti, nei periodi di siccità, come s'è detto, la terra disseccata si spacca e, quand'è saturata di acqua, si sgretola"*.[17]

La grandezza del pensiero di Anassimene sta nel fatto che egli abbia concepito l'aria come l'elemento primo che mantiene la vita di ogni essere vivente attraverso la respirazione e che avvolge la terra, operando non solo a livello umano, ma anche cosmico. Inoltre, non si limitò a dire che l'aria fosse il principio di tutto, ma si sforzò di spiegarne il processo.

Egli concepì, dunque, l'universo come un organismo vivo, immerso nell'elemento aria che lo determinava in un continuo divenire basato sul principio che tutto si dissolve per poi rigenerarsi.

Queste disintegrazioni e rigenerazioni erano cicliche e infinite, e l'aria era la vita di tutto, l'anima del tutto. Il suo pensiero innovativo sta nell'avere concepito che la qualità fosse determinata dalla quantità, ovvero che l'aria potesse, con le sue diverse variazioni di rarefazione e di condensazione, trasformarsi in altri elementi.

Anassimene, a nostro avviso, può essere considerato un precursore della concezione fisica, poiché fu il primo a riconoscere

---

ὅταν τὰ νέφη διιστῆται βίαι πνευμάτων· τούτων γὰρ διισταμένων λαμπρὰν καὶ πυρώδη γίνεσθαι τὴν αὐγήν. ἶριν δὲ γεννᾶσθαι τῶν ἡλιακῶν αὐγῶν εἰς ἀέρα συνεστῶτα πιπτουσῶν. σεισμὸν δὲ τῆς γῆς ἐπὶ πλεῖον ἀλλοιουμένης ὑπὸ θερμασίας καὶ ψύξεως". 13 A 7 HIPPOL ref. I 7 [Dox. 560 W 11], Diels-Kranz, *Presocratics Fragments*, Iliesi Digital Edition, 20.

[17] "...δέ φησι βρεχομένην τὴν γῆν καὶ ξηραινομένην ῥήγνυσθαι καὶ ὑπὸ τούτων τῶν ἀπορρηγνυμένων κολωνῶν ἐμπιπτόντων σείεσθαι· διὸ καὶ γίγνεσθαι τοὺς σεισμοὺς ἔν τε τοῖς αὐχμοῖς καὶ πάλιν ἐν ταῖς ὑπερομβρίαις· ἔν τε γὰρ τοῖς αὐχμοῖς, ὥσπερ εἴρηται, ξηραινομένην ῥήγνυσθαι καὶ ὑπὸ τῶν ὑδάτων ὑπερυγραινομένην διαπίπτειν". ivi, 13 A 21 ARISTOT. meteor. B 7. 365 b 6

che la terra è sorretta dall'aria, a differenza dell'affermazione del suo maestro Anassimandro, secondo cui la terra si trovava in equilibrio nello spazio. Inoltre, come il membro più brillante della Scuola di Mileto, è stato in grado di immaginare un concetto di "àpeiron" diverso e concreto.

8. Le scuole dell'antica Grecia

Nell'antica Grecia esistevano diverse scuole filosofiche che si occupavano della comprensione del mondo e della natura dell'uomo. Le scuole importanti erano la Scuola Italica, la Scuola Pitagorica, la Scuola Ionica e la Scuola Eleatica, ma c'erano anche altre scuole, come la Scuola Atomista e la Scuola Sofistica.

La Scuola Italica, i cui membri furono Alcmeone di Crotone e Archita di Taranto, si sviluppò nella Magna Grecia nel V secolo a.C. in una regione dell'Italia meridionale colonizzata dai Greci. Essa fu influenzata dalle scuole filosofiche greche e contribuì allo sviluppo della filosofia occidentale, ma non può essere considerata una scuola greca in senso stretto. La sua filosofia razionalista si concentrava sull'idea che la verità e l'ordine del mondo potessero essere compresi attraverso l'uso della ragione e della conoscenza matematica.

La Scuola Italica affermava che tutto ciò che esiste nella realtà è razionale, quindi l'intero universo poteva essere compreso attraverso la ragione e l'analisi logica. Questo pensiero si esprime nella celebre frase "*tutto è razionale*", anche se non era un concetto propriamente italico, ma una dottrina più ampia che era stata sviluppata da Eraclito, un filosofo della Scuola Ionica, nel VI secolo a.C., e che costituì il nucleo centrale della sua dottrina filosofica.

La Scuola Italica contribuì in modo significativo allo sviluppo della filosofia occidentale, anticipando molte delle idee che sarebbero state sviluppate successivamente dalla filosofia greca classica. In particolare, essa rappresentò un importante passo avanti nel processo di razionalizzazione del pensiero, aprendo la strada alla nascita della filosofia scientifica e della scienza moderna.

I filosofi della Scuola Italica credevano che il mondo fosse governato da principi matematici e geometrici e che questi principi fossero alla base di tutte le cose. In particolare, essi identificavano il numero come il principio fondamentale dell'universo, in quanto rappresentava l'essenza delle cose e costituiva la chiave per comprendere la verità in ogni ambito, compresa la teologia, la cosmologia e il regno umano.

La Scuola Italica e la Scuola Pitagorica sono due scuole filosofiche distinte dell'antica Grecia. La Scuola Italica si sviluppò in Magna Grecia (l'attuale Italia meridionale) e venne fondata da un gruppo di filosofi che si interessavano alla medicina, alla biologia e alla filosofia naturale.

Essa era caratterizzata da un approccio razionalista alla conoscenza. La sua dottrina non si limitava a sostenere che "*tutto è razionale*", ma affermava che la realtà fosse composta da opposizioni complementari, come caldo e freddo, secco e umido, che potevano essere comprese attraverso l'uso della ragione e della conoscenza matematica.

La Scuola Italica costituì una delle prime scuole filosofiche della Magna Grecia, che contribuì al dibattito filosofico dell'epoca.

La Scuola Pitagorica, d'altra parte, fu fondata dal filosofo Pitagora a Samo, un'isola greca nel Mar Egeo, ma il centro più importante della scuola fu a Crotone,[1] una città greca della Magna Grecia situata nella costa della Calabria. Pitagora visse per un certo periodo a Samo, ma fu a Crotone che la scuola raggiunse il suo massimo splendore e influenza. Lì, Pitagora e i suoi seguaci svilupparono la loro filosofia, matematica e scienza e formarono una comunità dedicata all'insegnamento e alla ricerca.

Questa scuola si concentrava sulla matematica e sull'idea che il numero fosse la chiave per comprendere il mondo. Anche se la Scuola Italica condivideva alcuni degli insegnamenti della Scuola Pitagorica, sviluppò anche concetti propri, come la teoria del fuoco come elemento essenziale dell'universo anche se tale concetto non era proprio della Scuola Italica, ma un'idea più antica che risaliva alla filosofia presocratica.

A Crotone emerse una filosofia razionalista che mirava a sviluppare profonde forme di pensiero in tutti i campi, compresa la teologia, la cosmologia e il regno umano. Tutto veniva compreso

---

[1] Crotone fu fondata da coloni greci provenienti dalla regione dell'Acaia nella seconda metà dell'VIII secolo a.C. e rappresentò uno dei centri più importanti della Magna Grecia. La città di Kroton fu celebre anche per i suoi medici, tra cui Democède (amico di Pitagora) e Alcmeone, che introdusse la sperimentazione trasformando la medicina, fino ad allora contaminata da magia e superstizione, in una scienza. Pitagora, nato a Samo nel 572 a.C., si trasferì intorno al 530 a.C. a Kroton presso l'amico Democède e creò una scuola di sapere, scienza, matematica e musica: la Scuola Pitagorica.

attraverso la lente del numero, che rappresentava l'essenza delle cose, compresa la vita umana, il mondo e la divinità. Il numero era quindi considerato come la chiave per comprendere la verità in ogni ambito.

I predecessori della Scuola Italica mancavano di molte certezze riguardo alle regole universali e al sapere scientifico, che invece si svilupparono nella Scuola Pitagorica sulla base del concetto che l'ordine del cosmo fosse governato da leggi matematiche. Anche la natura e il cosmo erano in movimento e subivano cambiamenti, ma non perivano, e tutto era dovuto a un unico principio: il numero.

La materia è stata vista da una prospettiva nuova, composta di una precisa fisicità tra costituenti differenziati e indefiniti delle proprietà dei corpi. Queste differenze furono legate per la prima volta al concetto di differenze quantitative, e la base costituita da questa nuova entità giocò un ruolo di grande importanza nella comprensione del mondo.

Il numero doveva essere conosciuto nelle sue proprietà più intrinseche, cercando relazioni tra esso e il mondo, anche se questa ricerca era velata da un valore quasi ascetico. Il cosmo non vive nel caos ma segue leggi basate su regole matematiche che caratterizzano un insieme ordinato, la cui complessa struttura può essere compresa con la ragione e l'analisi. Questa forma di pensiero va attribuita a Pitagora, che ha generato il modello della futura razionalità scientifica basata su un cosmo strutturato matematicamente.

La Scuola Ionica, nata in Asia Minore nel VI secolo a.C., si concentrava sulla comprensione della natura attraverso l'osservazione e l'indagine razionale. I suoi esponenti più famosi erano Talete, Anassimandro e Anassimene. *"Chiusa, dunque, nella sfera dell'esperienza non poté riconoscere il diritto dell'intelligenza e raggiungere l'unità armonica e completa"*. [2]

La Scuola Eleatica, nata nel V secolo a.C. nella città greca di Elea, guidata da Parmenide e Zenone, fu una delle scuole principali dell'antica Grecia e si concentrava sulla comprensione dell'essere e del divenire. La Scuola Eleatica sosteneva l'idea che il mondo non

---

[2] Guillaume Tiberghien, *Essai théorique et histoire sur la génération des connaissances humaines*, Première partie, Bruxelles, Imprimerie de Th. Lesigne, 1844, p. 169

fosse composto da molteplicità e cambiamento, ma fosse un'unità eterna e immutabile e che il mondo sensibile fosse illusorio.

La Scuola Atomista, fondata da Leucippo e Democrito nel V secolo a.C., fu una delle scuole filosofiche più importanti dell'antica Grecia e sostenne l'idea che il mondo fosse composto da atomi indivisibili e impercettibili, in continuo movimento nello spazio vuoto e che erano le unità fondamentali della materia

La Scuola Sofistica, fiorì nel V secolo a.C. nell'antica Grecia ed era incentrata sull'insegnamento della retorica e della persuasione e si occupava di questioni pratiche della vita quotidiana. Gorgia, Protagora e Prodico erano alcuni dei suoi esponenti più noti.

9. Pitagora

Si ritiene che Pitagora nella sua scuola desse maggiore importanza alla tradizione orale piuttosto che a quella scritta, il che spiega perché non esistono opere scritte a lui attribuite. La sua vita e il suo pensiero sono giunti fino a noi tramite testimonianze di terze persone. Secondo Diels, le fonti più affidabili su Pitagora provengono da Senofane,[1] Eraclito[2] ed Empedocle.[3] La tradizione,

---

[1] Senofane (570 a.C. - 475 a.C.), filosofo e poeta presocratico, è una figura la cui vita è stata delineata principalmente da Diogene Laerzio. La sua concezione della natura è giunta a noi attraverso pochi frammenti. Aezio riporta la sua convinzione che il mare sia la fonte di pioggia e vento, generando nubi, venti e fiumi. Ippolito, nel suo lavoro *Refutatio contra omnes haereses*, aggiunge che Senofane riteneva che conchiglie si trovassero anche sulla terraferma e sui monti, sostenendo che, in tempi antichi, tutto si trasformò in fango, poi essiccato per portare alla luce le conchiglie. Secondo Senofane, l'umanità scomparve quando la terra si immerse nel mare, divenendo fango e successivamente terra. Egli sottolineava come questa trasformazione fosse applicabile a tutti i mondi. In breve, la sua prospettiva sosteneva che tutti noi originiamo dalla terra e dall'acqua. Senofane, appartenente alla corrente ionica e influenzato dalla dottrina eleatica, fu un osservatore attento della natura e dei suoi fenomeni.

[2] Eraclito di Efeso (535 a.C. - 475 a.C.) è stato uno dei prominenti filosofi presocratici nell'antica Grecia. Anche se le dettagliate informazioni sulla sua vita sono scarse, possediamo aforismi oracolari in cui ha cercato di interpretare i responsi dell'oracolo di Apollo a Delfi. Eraclito ha presentato una filosofia che considerava inaccessibile alla moltitudine, come testimonia la celebre affermazione "Uno è per me diecimila, se è il migliore". Ha delineato un universo sia panteistico che in continuo mutamento. Tra gli aspetti più originali del suo pensiero filosofico emerge la dottrina dell'unità dei contrari. Secondo Eraclito, il segreto del mondo risiede nella relazione di interdipendenza tra opposti concetti (come pace-guerra, amore-odio, ecc.), che, pur lottando, sono indispensabili l'uno per l'altro, poiché la loro esistenza è strettamente intrecciata. Eraclito ha concepito il logos come un principio indiviso, formato dalle leggi universali della natura stessa. La sua concezione dei contrari ha dato origine a una logica degli opposti, contrastante con quella aristotelica e basata sulla legge del continuo mutamento della realtà.

[3] Empedocle, un filosofo e politico originario della Sicilia, visse ad Agrigento nel quinto secolo a.C. Secondo Diogene Laerzio, si unì alla Scuola Pitagorica e abbracciò la dieta pitagorica, rifiutando i sacrifici animali. Le sue opere principali sono Περί Φύσεως (Sulle Origini o Sulla Natura) e Καθαρμοί (Purificazioni). La sua filosofia si basava sulla visione dell'essere di Parmenide, che sosteneva l'eternità e l'immobilità dell'essere. Empedocle concordava con questa idea, affermando che nulla nasce e nulla muore, ma le origini, le

tuttavia, ha spesso sovrapposto elementi leggendari alla figura di Pitagora, rendendo difficile delineare in modo preciso la sua figura storica.

Secondo quanto riportato negli Stromati di Clemente Alessandrino, Pitagora sarebbe nato a Samo. *"Pitagora di Mnesarco era, secondo Ippoboto, di Samo"*.[4]

Si tramanda che egli acquisì parte del suo sapere presso gli Egizi: *"Tra questi è anche Pitagora di Samo, il quale, andato in Egitto e fattosi loro discepolo, portò in Grecia, per primo, lo studio d'ogni genere di filosofia, e più degli altri si prese cura dei sacrifici e delle cerimonie religiose, giudicando che, se anche non avesse ricevuto per questo alcun bene dagli dèi, avrebbe tuttavia conseguito gloria grandissima tra gli uomini"*.[5] Passò in Italia, da Samo, per mal sopportazione della tirannide di Policrate: *"Aristosseno [fr. 16 Wehrli] dice che a quarant'anni, vedendo che la tirannide di Policrate era troppo dura perché un uomo libero potesse sopportarne l'autorità e la signoria, lasciò Samo e andò in Italia"*.[6] Si stabilì a Crotone dove iniziò a diffondere il sapere

---

trasformazioni e le separazioni sono risultati di un mescolarsi di sostanze eterne e indistruttibili. Secondo lui, ci sono quattro di queste radici primordiali - fuoco, aria, terra e acqua - che sono alla base di tutto. Empedocle le associa a divinità e le chiama Zeus, Era, Adoneo e Nestis. Insieme a queste quattro radici, introduce due principi aggiuntivi: amore e odio. L'amore unisce, mentre l'odio separa. L'amore è personificato dal concetto di Sfero (Σφαῖρος) - sfairos -, che è immutabile e rappresenta una totalità. Empedocle lo identifica con una divinità e le quattro "radici" ne sono gli "arti". Quando l'odio (Νεῖκος) - neikos - agisce dalla periferia dello Sfero, le quattro "radici" si separano, dando origine all'universo e a tutte le forme di vita che lo popolano.

[4] *"Πυθαγόρας μὲν οὖν Μνησάρχου Σάμιος, ὥς φησιν Ἱππόβοτος"* 14 A 8. CLEM. ALEX. strom. I 62 [II 39, 17], Diels-Kranz, *Presocratics Fragments*, Iliesi Digital Edition, 2009

[5] ISOCR. Bus. (28) *"Πυθαγόρας ὁ Σάμιος...ἀφικόμενος εἰς Αἴγυπτον καὶμαθητὴς ἐκείνων γενόμενος τήν τ' ἄλλην φιλοσοφίαν πρῶτος εἰς τοὺς Ἕλληνας ἐκόμισε καὶ τὰ περὶ τὰς θυσίας καὶ τὰς ἁγιστείας τὰς ἐν τοῖς ἱεροῖς ἐπιφανέστερον τῶν ἄλλων ἐσπούδασεν ἡγούμενος, εἰ καὶ μηδὲν αὐτῶι διὰ ταῦτα πλέον γίγνοιτο παρὰ τῶν θεῶν, ἀλλ' οὖν παρά γε τοῖς ἀνθρώποις ἐκ τούτων μάλιστ' εὐδοκιμήσειν"* ivi, 14 A 4. ISOCR. 11, 27-29. G (27)

[6] *"γεγονότα δ' ἐτῶν τεσσαράκοντά φησιν ὁ Ἀριστόξενος καὶ ὁρῶντα τὴν τοῦ Πολυκράτους τυραννίδα συντονωτέραν οὖσαν, ὥστε καλῶς ἔχειν ἐλευθέρωι ἀνδρὶ τὴν ἐπιστασίαν τε καὶ δεσποτείαν [μὴ] ὑπομένειν, οὕτως δὴ τὴν εἰς Ἰταλίαν ἄπαρσιν ποιήσασθαι"* ivi, 14 A 8 PORPHYR. v.Pyth. 9

acquisito e fu da tutti indicato come uomo saggio e di natura nobile: *"Dicearco racconta che, come Pitagora giunse in Italia e si stabilì a Crotone, tanto i Crotoniati furono, attratti da lui ch'era uomo notevolissimo, e aveva molto viaggiato e aveva ottenuto dalla fortuna ottima natura, (come quello che aveva aspetto nobile e grande, e moltissima grazia, e grande decoro nel parlare e nel comportarsi e in ogni altra cosa), che, dopo che egli si fu cattivato il senato con molti e bei discorsi, i magistrati lo incaricarono di fare ai giovani dei discorsi suasori adatti alla loro età. Parlò anche ai fanciulli, raccoltisigli intorno appena tornati da scuola; e quindi alle donne. Istituì anzi anche un'assemblea delle donne".*[1]

Riguardo ai suoi insegnamenti si riporta che le scienze matematiche li apprese dagli Egizi, dai Caldei e dai Fenici: *"Quanto all'oggetto del suo insegnamento, i più dicono ch'egli apprese le cosiddette scienze matematiche dagli Egizi e dai Caldei e dai Fenici: ché già nei tempi più antichi gli Egizi si dedicarono allo studio della geometria, i Fenici allo studio dell'aritmetica e della logistica, i Caldei all'osservazione degli astri. I riti intorno agli dèi e quanto riguarda i costumi dicono che invece li apprese dai Magi".*[8]

Pitagora, come insegnante e leader religioso, lavorò a Crotone. Sostenne la dottrina della reincarnazione, e coloro che seguirono i suoi insegnamenti iniziarono a riflettere sulla natura delle cose e del mondo. *"Ma le sue opinioni più conosciute sono queste. Diceva*

---

[7] "ἐπεὶ δὲ τῆς Ἰταλίας ἐπέβη καὶ ἐν Κρότωνι ἐγένετο, φησὶν ὁ Δικαίαρχος, ὡς ἀνδρὸς ἀφικομένου πολυπλάνου τε καὶ περιττοῦ καὶ κατὰ τὴν ἰδίαν ψύσιν ὑπὸ τῆς τύχης εὖ κεχορηγημένου (τήν τε γὰρ ἰδέαν εἶναι ἐλευθέριον καὶ μέγαν χάριν τε πλείστην καὶ κόσμον ἐπί τε τῆς φωνῆς καὶ τοῦ ἤθους καὶ ἐπὶ τῶν ἄλλων ἁπάντων ἔχειν), οὕτως διαθεῖναι τὴν Κροτωνιατῶν πόλιν, ὥστ' ἐπεὶ τὸ τῶν γερόντων ἀρχεῖον ἐψυχαγώγησεν πολλὰ καὶ καλὰ διαλεχθείς, τοῖς νέοις πάλιν ἡβητικὰς ἐποιήσατο παραινέσεις ὑπὸ τῶν ἀρχόντων κελευσθείς· μετὰ δὲ ταῦτα τοῖς παισὶν ἐκ τῶν διδασκαλείων ἀθρόοις συνελθοῦσιν· εἶτα ταῖς γυναιξὶ καὶ γυναικῶν σύλλογος αὐτῶι κατεσκευάσθη."14 A 8 a. PORPHYR. v. Pyth. 18, Diels-Kranz, *Presocratics Fragments*, Iliesi Digital Edition, 2009

[8] "περὶ τῆς διδασκαλίας αὐτοῦ οἱ πλείους τὰ μὲν τῶν μαθηματικῶν καλουμένων ἐπιστημῶν παρ' Αἰγυπτίων τε καὶ Χαλδαίων καὶ Φοινίκων φασὶν ἐκμαθεῖν· γεωμετρίας μὲν γὰρ ἐκ παλαιῶν χρόνων ἐπιμεληθῆναι Αἰγυπτίους, τὰ δὲ περὶ ἀριθμούς τε καὶ λογισμοὺς Φοίνικας, Χαλδαίους δὲ τὰ περὶ τὸν οὐρανὸν θεωρήματα· περὶ τὰς τῶν θεῶν ἁγιστείας καὶ τὰ λοιπὰ τῶν περὶ τὸν βίον ἐπιτηδευμάτων παρὰ τῶν Μάγων" ivi, 14 A 9. PORPHYR. v. Pyth. 6

che l'anima è immortale, poi ch'essa passa anche in esseri animati d'altra specie, poi che quello ch'è stato si ripete a intervalli regolari e che nulla c'è che sia veramente nuovo, infine che bisogna considerare come appartenenti allo stesso genere tutti gli esseri animati. Fu, infatti, Pitagora colui che per primo portò queste opinioni in Grecia".[9]

Egli insegnò matematica ai suoi discepoli, che erano divisi in due categorie: i matematici, che avevano superato il periodo del silenzio e conoscevano la parte più importante e approfondita della sua dottrina, e gli acusmatici,[10] che ancora non avevano superato questo periodo e ricevevano solo regole sommarie senza accurate spiegazioni. "*Pitagora esponeva i suoi insegnamenti a chi lo frequentava o distesamente o per simboli. Ché il suo insegnamento era di due modi: e quelli che lo frequentavano si distinguevano in matematici e in acusmatici. Matematici erano quelli che conoscevano la parte più importante e più approfondita della sua dottrina, acusmatici quelli cui erano insegnate soltanto le regole sommarie senza accurate spiegazioni*".[11]

Non si sa molto della vita privata di Pitagora. Alcuni storici

---

[9] "*καὶ γὰρ οὐδ' ἡ τυχοῦσα ἦν παρ' αὐτοῖς σιωπή. μάλιστα μέντοι γνώριμα παρὰ πᾶσιν ἐγένετο πρῶτον μὲν ὡς ἀθάνατον εἶναί φησι τὴν ψυχήν, εἶτα μεταβάλλουσαν εἰς ἄλλα γένη ζώιων, πρὸς δὲ τούτοις ὅτι κατὰ περιόδους τινὰς τὰ γενόμενά ποτε πάλιν γίνεται, νέον δ' οὐδὲν ἁπλῶς ἔστι καὶ ὅτι πάντα τὰ γινόμενα ἔμψυχα ὁμογενῆ δεῖ νομίζειν. φαίνεται γὰρ εἰς τὴν Ἑλλάδα τὰ δόγματα πρῶτος κομίσαι ταῦτα Πυθαγόρας*" ivi, 14 A 8 a. PORPHYR. *v. Pyth.* 18

[10] L'acusmatica si riferisce infatti a un suono che si sente senza identificarne la fonte, e la sua origine è infatti fatta risalire a Pitagora, che si dice tenesse le sue lezioni nascoste dietro una tenda. Il termine "acusmatico" ha anche il significato aggiuntivo di essere privo di suono, che si riferisce al metodo che Pitagora usava per i suoi studenti, richiedendo loro di ascoltare per cinque anni senza parlare prima di diventare matematici. Nella scuola di Pitagora c'erano due tipi di discepoli: gli acusmatici ei matematici, e la parola "acusmatico" deriva da ακουσμα (akousma - parola), mentre "matematico" deriva da μαθημα (mathema - conoscenza).

[11] "*ὅσα γε μὴν τοῖς προσιοῦσι διελέγετο [Pythagoras], ἢ διεξοδικῶς ἢ συμβολικῶς παρήινει. διττὸν γὰρ ἦν αὐτοῦ τῆς διδασκαλίας τὸ σχῆμα. καὶ τῶν προσιόντων οἱ μὲν ἐκαλοῦντο μαθηματικοί, οἱ δ' ἀκουσματικοί. καὶ μαθηματικοὶ μὲν οἱ τὸν περιττότερον καὶ πρὸς ἀκρίβειαν διαπεπονημένον τῆς ἐπιστήμης λόγον ἐκμεμαθηκότες, ἀκουσματικοὶ δ' οἱ μόνας τὰς κεφαλαιώδεις ὑποθήκας τῶν γραμμάτων ἄνευ ἀκριβεστέρας διηγήσεως ἀκηκοότες*". 18 A 2. IAMBL. v. Pyth. 267, Diels-Kranz, *Presocratics Fragments*, Iliesi Digital Edition, 2009

riportano che ebbe un figlio di nome Arimnesto. *"Duride di Samo, nel secondo libro degli Annali, dice che ebbe un figlio, Arimnesto..."*,[12] altri asseriscono che ebbe più figli e che al momento della distruzione della scuola, riuscirono a salvare i suoi scritti: *"Altri dicono che ebbe un figlio da Teano di Pitonatte, di stirpe cretese, chiamato Telauge, e una figlia, Muia; altri aggiungono anche Arignota e affermano che si salvarono alcuni scritti pitagorici grazie a costoro"*[13].

Le preferenze personali di Pitagora sono sconosciute, ma alcuni autori sostengono che rifiutasse la carne di animali uccisi e si tenesse lontano sia dai cacciatori che dai macellai: *"i suoi costumi sono sconosciuti, tranne per quel che ne scrive nel settimo libro del suo "Giro della terra" Eudosso [fr. 36 Gisinger], il quale dice che tanto si guardava dal contaminarsi tenendosi lontano da uccisioni e da uccisori, che non solo non si cibava di animali ma neanche si avvicinava a macellai e a cacciatori"*.[14]

Altri autori invece suggeriscono che Pitagora praticasse soltanto sacrifici incruenti di animali e che rifiutasse di mangiare il bue aratore, il caprone e le fave. *"Faceva soltanto sacrifici incruenti; altri dicono che ne faceva anche con galli e capretti di latte e porcellini teneri: Aristosseno afferma invece che permetteva di cibarsi di carne d'animali, eccezion fatta per il bue aratore e il caprone"*.[15]

Per quanto riguarda la sua ricerca e i suoi studi, Proclo scrive che: *"Dopo Talete si ricorda come studioso della geometria Mamerco, fratello del poeta Stesicoro... Dopo costoro si dedicò allo studio della geometria e le diede forma di educazione liberale*

---

[12] "Δοῦρις δ' ὁ Σάμιος ἐν δευτέρῳ τῶν ὥρων παῖδά τ'αὐτοῦ ἀναγράφει Ἀρίμνηστον..." ivi, 14 A 13. PORPHYR. V. P. (3)

[13] "ἄλλοι δ' ἐκ Θεανοῦς τῆς Πυθώνακτος τὸ γένος Κρήσσης υἱὸν Τηλαυγῆ Πυθαγόρου ἀναγράφουσι καὶ θυγατέρα Μυῖαν, οἱ δὲ καὶ Ἀριγνώτην (ὧν καὶ συγγράμματα Πυθαγόρεια σώιζεσθαι)." Ibidem

[14] "...πλὴν τοσαύτηι γε ἁγνείαι φησὶν Εὔδοξος ἐν τῆι ἑβδόμηι τῆς Γῆς περιόδου κεχρῆσθαι καὶ τῆι περὶ τοὺς φόνους φυγῆι καὶ τῶν φονευόντων, ὡς μὴ μόνον τῶν ἐμψύχων ἀπέχεσθαι, ἀλλὰ καὶ μαγείροις καὶ θηράτορσι μηδέποτε πλησιάζειν". ivi, 14 A 9.

[15] "θυσίαις τε ἐχρῆτο ἀψύχοις, οἱ δέ φασιν, ὅτι ἀλέκτορσι μόνον καὶ ἐρίφοις γαλαθηνοῖς καὶ τοῖς λεγομένοις ἁπαλίαις, ἥκιστα δὲ ἀρνάσιν. ὅ γε μὴν Ἀριστόξενος πάντα μὲν τὰ ἄλλα συγχωρεῖν αὐτὸν ἐσθίειν ἔμψυχα, μόνον δ' ἀπέχεσθαι βοὸς ἀροτῆρος καὶ κριοῦ", ivi, 14 A 9. DIOG. LAERT. VIII 20

Pitagora, ricercandone i princìpi primi e investigandone i teoremi concettualmente e teoreticamente: per primo egli trattò poi dell'irrazionale e trovò la struttura delle figure cosmiche".[16]

Secondo Aezio, Pitagora fu il primo a dare a tutto il percepito la definizione di cosmo: "*Pitagora fu il primo a chiamare cosmo la sfera delle cose tutte, per l'ordine che esiste in essa*".[17]

Diogene Laerzio riporta che Pitagora scrisse tre libri: *Dell'educazione, Del governo delle città* e *Della natura*.[18]

Tutto ciò, non può essere preso come certo anche se viene riportato che i tre libri furono fatti conoscere da Filolao e furono acquistati da Dione per incarico di Platone: "*Alcuni negano che Pitagora abbia scritto altre opere oltre <ai tre libri>. S'ammira anche la cura che ebbero a tener segrete le loro dottrine. Perché in tante generazioni fino a Filolao nessuno conobbe memorie di Pitagorici: fu Filolao il primo a divulgare i tre libri fa mosi, di cui si dice che furono acquistati per cento mine da Dione siracusano per incarico di Platone, quando Filolao si trovò in dura e grave povertà. Filolao faceva parte della setta dei Pitagorici, e per questo aveva potuto avere i libri*".[19]

È importante sottolineare che ciò che è riportato potrebbe essere

---

[16] "μετὰ δὲ τοῦτον (Thales) Μάμερκος ὁ Στησιχόρου τοῦ ποιητοῦ ἀδελφὸς ὡς ἐφαψάμενος τῆς περὶ γεωμετρίαν σπουδῆς μνημονεύεται ... ἐπὶ δὲ τούτοις Π. τὴν περὶ αὐτὴν φιλοσοφίαν εἰς σχῆμα παιδείας ἐλευθέρου μετέστησεν ἄνωθεν τὰς ἀρχὰς αὐτῆς ἐπισκοπούμενος καὶ ἀύλως καὶ νοερῶς τὰ θεωρήματα διερευνώμενος, ὃς δὴ καὶ τὴν τῶν ἀνὰ λόγον πραγματείαν καὶ τὴν τῶν κοσμικῶν σχημάτων σύστασιν ἀνεῦρεν". 14 A 6 a. PROCL. in Eucl. 65, 11 [da Eudemo, fr. 84 Spengel; cfr. 11 A 11] - Diels - Kranz – *Presocratics Fragments* – Iliesi Digital Edition – 2009

[17] "πρῶτος ὠνόμασε τὴν τῶν ὅλων περιοχὴν [κόσμον ἐκ τῆς ἐν αὐτῶι τάξεως". Ivi, 14 A 21. AËT. II 1, 1 [Dox. 327]

[18] "γέγραπται δὲ τῶι Πυθαγόραι συγγράμματα τρία, Παιδευτικόν, Πολιτικόν, Φυσικόν'" ivi, 14 A 19. DIOG. LAERT. VIII 6.

[19] "Πυθαγόρου δ' αὐτοῦ γε οὐδέν φασί τινες εἶναι τῶν ἀναφερομένων παρὰ ⟨τὰ τρία ἐκεῖνα βίβλία?⟩ θαυμάζεται δὲ καὶ ἡ τῆς φυλακῆς ἀκρίβεια ˙ ἐν γὰρ τοσαύταις γενεαῖς ἐτῶν οὐθεὶς οὐδενὶ φαίνεται τῶν Πυθαγορείων ὑπομνημάτων περιτετευχὼς πρὸ τῆς Φιλολάου ἡλικίας, ἀλλ' οὗτος πρῶτος ἐξήνεγκε τὰ θρυλούμενα ταῦτα τρία βιβλία, ἃ λέγεται Δίων ὁ Συρακούσιος ἑκατὸν μνῶν πρίασθαι Πλάτωνος κελεύσαντος, εἰς πενίαν τινὰ μεγάλην τε καὶ ἰσχυρὰν ἀφικομένου τοῦ Φιλολάου, ἐπειδὴ καὶ αὐτὸς ἦν ἀπὸ συγγενείας τῶν Πυθαγορείων, καὶ διὰ τοῦτο μετέλαβε τῶν βιβλίων." ivi, 14 A 17. PHILOD. de piet. p. 66,4

alterato e che la figura di Pitagora, già in quei tempi, potrebbe essere stata inserita nella leggenda. Infatti, egli veniva considerato un profeta e un uomo che faceva miracoli, ed era ritenuto che queste facoltà fossero state trasmesse direttamente dal Dio Apollo attraverso la sacerdotessa di Delfi, Temistoclea."*Anche Aristosseno dice che Pitagora apprese la gran parte delle sue dottrine morali da Temistoclea, sacerdotessa di Delfi*".[20]

L'unica dottrina che possiamo assegnargli con certezza è quella di aver professato la sopravvivenza dell'anima dopo la morte e la sua trasmigrazione in altri corpi. Secondo questa dottrina, il corpo è visto come la prigione dell'anima e quest'ultima, per poter percepire, ha bisogno del corpo. Tuttavia, quando l'anima è fuori dal corpo, vive in una dimensione superiore. Se l'anima si è purificata durante la vita corporea, essa ritorna a questa vita, altrimenti inizia il processo di trasmigrazione.

Pitagora affermò di essere stato inizialmente Euforbo e successivamente, secondo quanto riportato da Aulo Gellio[21] in *Noctes Atticae*, altre persone "*È noto che Pitagora stesso soleva dire d'essere stato inizialmente Euforbo. Più tarde sono le notizie tramandate da Clearco e da Dicearco, che egli fu poi Pirandro, poi Etalide, poi una bella donna, meretrice, che aveva nome Alco*".[22]

È certo che Pitagora creò a Crotone la Scuola Pitagorica, che fu un'associazione filosofica, politica e religiosa.

Chi voleva partecipare doveva superare prove abbastanza severe e osservare il silenzio per cinque anni, astenersi dal consumare

---

[20] "φησὶ δὲ καὶ Ἀριστόξενος τὰ πλεῖστα τῶν ἠθικῶν δογμάτων λαβεῖν τὸν Πυθαγόραν παρὰ Θεμιστοκλείας τῆς ἐν Δελφοῖς". ivi 14 A 3. DIOG. LAERT. VIII 8

[21] Aulo Gellio (125 circa – 180 circa) fu uno scrittore e giurista romano noto principalmente come autore delle *Noctes Atticae* (Le notti attiche). Nel 159, furono pubblicati i *Noctes Atticae*, un'opera composta da venti libri, quasi completamente conservata ad eccezione del Libro ottavo. In questa opera, Gellio dimostrò una vasta conoscenza in vari campi, tra cui la retorica, la medicina, la filosofia, la critica letteraria, le scienze e il diritto. Il titolo dell'opera deriva dal suo soggiorno nell'Attica.

[22] "*Pythagoram vero ipsum sicuti celebre est Euphorbum primo fuisse dictasse, ita haec remotiora sunt his, quae Clearchus et Dicaearcus memoriae tradiderunt, fuisse eum postea Pyrrum, deinde Aethaliden, deinde feminam pulcra facie meretriciem, cui nomen fuerat Alco*". (*Noctes Atticae* IV 11, 14)

carni e fave e conservare il celibato. La scuola fiorì e durò per nove o dieci generazioni: *"Fiorì nella 60.a olimpiade, e la sua scuola durò per nove o dieci generazioni. Ultimi Pitagorici furono quelli conosciuti da Aristosseno, Senofilo calcidese della Tracia, e Fantone di Fliunte, ed Echecrate e Diocle e Polimnesto, anch'essi di Fliunte. Costoro furono discepoli di Filolao e di Eurito, tarentini".* [23]

Tuttavia, la scuola si interessò anche di politica, e questa fu la causa della sua tragica disgregazione.

Si narra di un movimento democratico che si oppose all'aristocrazia crotonese, alla quale appartenevano anche i membri della Acuola Pitagorica, e che causò conflitti e tumulti. A causa della loro appartenenza a questa scuola, furono perseguitati. Le loro scuole furono incendiate e molti adepti furono uccisi, mentre altri fuggirono. Si ritiene che Pitagora stesso sia fuggito e si sia rifugiato a Metaponto, anche se esistono altre teorie sulle cause della sua fuga. *"E più cause del complotto s'adducono. Tra le altre è questa, che il complotto sia stato fatto da Cilone per questa ragione. Cilone di Crotone era per nascita, per fama e per ricchezza, uno dei primi cittadini, ma era anche aspro e violento e sedizioso e d'animo tirannico. Costui era stato preso dal desiderio di entrare a far parte della comunità dei Pitagorici, e s'era rivolto allo stesso Pitagora, ma ne era stato respinto per le ragioni che ho dette. Aveva quindi, per questo fatto, intrapreso un'aspra guerra coi suoi amici contro Pitagora e i suoi amici: e così violenta fu la guerra di Cilone e dei suoi compagni, che durò fino a che ci furono Pitagorici. Pitagora fu costretto ad andarsene a Metaponto, dove, secondo che si tramanda, morì".* [24]

---

[23] "ἤκμαζε δὲ (Pythagoras) καὶ κατὰ τὴν ἑξηκοστὴν ὀλυμπιάδα, καὶ αὐτοῦ τὸ σύστημα διέμενε μέχρι γενεῶν ἐννέα ἢ καὶ δέκα. τελευταῖοι γὰρ ἐγένοντο τῶν Πυθαγορείων, οὓς καὶ Ἀριστόξενος, εἶδε, Ξενόφιλός τε ὁ Χαλκιδεὺς ἀπὸ Θράικης καὶ Φάντων ὁ Φλιάσιος καὶ Ἐχεκράτης καὶ Διοκλῆς καὶ Πολύμναστος Φλιάσιοι καὶ αὐτοί. ἦσαν δ' ἀκροαταὶ Φιλολάου καὶ Εὐρύτου τῶν Ταραντίνων" 14 A 10. DIOG. VIII 45, Diels-Kranz, *Presocratics Fragments*, Iliesi Digital Edition, 2009

[24] "αἱ δὲ αἴτίαι τῆς ἐπιβουλῆς πλείονες λέγονται, μία μὲν ὑπὸ τῶν Κυλωνείων λεγομένων ἀνδρῶν τοιάδε γενομένη. Κύλων ἀνὴρ Κροτωνιάτης γένει μὲν καὶ δόξηι καὶ πλούτωι πρωτεύων τῶν πολιτῶν, ἄλλως δὲ χαλεπός τις καὶ βίαιος καὶ θορυβώδης καὶ τυραννικὸς τὸ ἦθος πᾶσαν προθυμίαν παρασχόμενος πρὸς τὸ κοινωνῆσαι τοῦ Πυθαγορείου βίου καὶ προσελθὼν πρὸς αὐτὸν τὸν Πυθαγόραν

Dopo la disgregazione della Scuola Pitagorica, i filosofi che ne facevano parte si spostarono al di fuori della Magna Grecia. Tra i seguaci di Pitagora, i più importanti furono Archita, tiranno di Taranto, che fu di grande importanza per Platone nello sviluppo del suo pensiero. Platone infatti fece tesoro delle speculazioni pitagoriche per formulare la realtà del mondo in termini matematici e geometrici. Filolao, invece, fondò una scuola di matematica a Tebe.

ἤδη πρεσβύτην ὄντα ἀπεδοκιμάσθη διὰ τὰς προειρημένας αἰτίας. γενομένου δὲ τούτου πόλεμον ἰσχυρὸν ἤρατο καὶ αὐτὸς καὶ οἱ φίλοι αὐτοῦ πρὸς αὐτόν τε τὸν Πυθαγόραν καὶ τοὺς ἑταίρους, καὶ οὕτω σφοδρά τις ἐγένετο καὶ ἄκρατος ἡ φιλοτιμία αὐτοῦ τε τοῦ Κύλωνος καὶ τῶν μετ' ἐκείνου τεταγμένων, ὥστε διατεῖναι μέχρι τῶν τελευταίων Πυθαγορείων. ὁ μὲν οὖν Πυθαγόρας διὰ ταύτην τὴν αἰτίαν ἀπῆλθεν εἰς τὸ Μεταπόντιον κἀκεῖ λέγεται καταστρέψαι τὸν βίον." ivi, 14 A 16. IAMBL. v. Pyth. 248 – 51

10. La filosofia pitagorica

Le informazioni disponibili sulla Scuola Pitagorica sono limitate e frammentarie. Tuttavia, dalle poche fonti disponibili emergono la dottrina e le scoperte non solo del suo fondatore, ma anche dei suoi seguaci. La scuola promossa da Pitagora era di tipo mistico, simile alla setta degli Orfici.[1] Tuttavia, mentre l'orfismo aveva una natura essenzialmente religiosa, il pitagorismo aveva un carattere principalmente filosofico. Per entrare a far parte della comunità, era necessario sottoporsi a un rituale d'iniziazione, e all'interno della comunità si riscontravano elementi di religione, filosofia e politica. Pitagora fondò la sua scuola a Crotone, dove incontrò grande successo presso i ceti alti della città, acquisendo una grande influenza sulla vita politica non solo di Crotone, ma di quasi tutto il territorio metapontino.

All'interno della Scuola Pitagorica, il sapere veniva trasmesso esclusivamente per via orale e si pensa che le ricerche filosofiche e matematiche non venissero trascritte.

La maggior parte delle informazioni sul pitagorismo ci sono giunte attraverso i resoconti dei suoi discepoli e di altri autori antichi che hanno scritto su di lui e sulla Scuola Pitagorica. Tra gli autori antichi che ci hanno tramandato le informazioni sul pitagorismo ci sono Aristotele, Diogene Laerzio, Ippocrate, Euclide, Simplicio e Porfirio.

La vita all'interno della scuola era collettiva e caratterizzata da legami fortissimi. Le dottrine erano segrete e tutte le nuove scoperte riguardanti i campi di studio furono attribuite, dagli appartenenti alla scuola, al Maestro, anche dopo la sua morte.

Ma andiamo ad approfondire le loro dottrine. Aristotele attribuì loro, nel *Libro I della Metafisica*, la conoscenza del numero come essenza di tutte le cose e affermò che furono i primi a interpretare

---

[1] Il movimento religioso noto come Orfismo ebbe la sua origine in Grecia, verosimilmente nel VI secolo a.C., con il suo fondamento legato alla figura di Orfeo, un personaggio di rilevanza nella mitologia greca. Si ritiene che Orfeo abbracciò sia il ruolo di artista, simbolo dell'eternità dei valori artistici, sia quello di uno sciamano capace di compiere viaggi nel regno dei defunti. Secondo il mito, Orfeo promosse l'idea di una divinità e dell'immortalità dell'anima, sostenendo che questa potesse essere raggiunta attraverso una vita virtuosa.

la natura. I pitagorici credevano, infatti, che i numeri e le relazioni matematiche fossero fondamentali per la natura dell'universo e che tutto potesse essere compreso in termini di rapporti e proporzioni numeriche. *"Infine tutte le altre cose apparivano modellate sui numeri in tutta la loro natura e i numeri da parte loro sembravano come i termini assolutamente primi di tutta la natura. Per queste ragioni essi credettero che gli elementi dei numeri fossero gli elementi di tutti gli esseri, e che tutto l'universo fosse armonia e numero"*.[2]

In realtà, i pitagorici sostenevano che il numero costituisse le fondamenta dell'intera realtà e che ogni cosa fosse misurabile tramite numeri e relazioni matematiche. Questa visione si basava sulla loro intuizione che esistesse un ordine matematico sottostante all'universo, che potesse essere espresso attraverso i numeri.

Aristotele si espresse chiaramente su questo punto: *"Al tempo di costoro, e prima di costoro [Leucippo e Democrito], si dedicarono alle matematiche e per primi le fecero progredire quelli che son detti Pitagorici. Questi, dediti a tale studio, credettero che i princìpi delle matematiche fossero anche princìpi di tutte le cose che sono. Or poiché princìpi delle matematiche sono i numeri, e nei numeri essi credevano di trovare, più che nel fuoco e nella terra e nell'acqua, somiglianze con le cose che sono e divengono... e poiché inoltre vedevano espresse dai numeri le proprietà e i rapporti degli accordi armonici, poiché insomma ogni cosa nella natura appariva loro simile ai numeri, e i numeri apparivano primi tra tutto ciò ch'è nella natura, pensarono che gli elementi dei numeri fossero elementi di tutte le cose che sono, e che l'intero mondo fosse armonia e numero. E tutte le proprietà che potevano mostrare, nei numeri e negli accordi musicali, corrispondenti alle proprietà e alle parti del cielo, e in generale a tutto l'ordine cosmico, le raccoglievano e gliele adattavano"*.[3]

---

[2] Aristotele, *Metafisica* libro I 5, Carlo Agostino Viano, UTET, 1974, p. 197

[3] "ἐν δὲ τούτοις καὶ πρὸ τούτων [Leukippos und Demokritos] οἱ καλούμενοι Πυθαγόρειοι τῶν μαθημάτων ἁψάμενοι πρῶτοι ταῦτα προήγαγον, καὶ ἐντραφέντες ἐν αὐτοῖς τὰς τούτων ἀρχὰς τῶν ὄντων ἀρχὰς ᾠήθησαν εἶναι πάντων. ἐπεὶ δὲ τούτων οἱ ἀριθμοὶ φύσει πρῶτοι, ἐν δὲ τοῖς ἀριθμοῖς ἐδόκουν θεωρεῖν ὁμοιώματα πολλὰ τοῖς οὖσι καὶ γιγνομένοις, μᾶλλον ἢ ἐν πυρὶ καὶ γῇ καὶ ὕδατι, ὅτι τὸ μὲν τοιονδὶ τῶν ἀριθμῶν πάθος δικαιοσύνη, τὸ δὲ τοιονδὶ ψυχὴ καὶ νοῦς, ἕτερον δὲ καιρὸς καὶ τῶν ἄλλων ὡς εἰπεῖν ἕκαστον ὁμοίως, ἔτι δὲ τῶν

Tuttavia, questa intuizione non era supportata da strumenti adeguati per condurre indagini matematiche approfondite, quindi gli studiosi pitagorici tracciarono solo delle somiglianze tra i numeri e la realtà.

L'armonia può essere espressa attraverso il numero, e gli antichi pensavano che la varietà dei suoni prodotti dai martelli che battevano l'incudine dipendesse dal loro peso. Inoltre, la diversità di suono di uno strumento a corde dipendeva dalla lunghezza delle stesse, e grazie a questa osservazione furono determinati i rapporti armonici. Molti studiosi riferiscono che, mentre passeggiava a Crotone con i suoi discepoli, Pitagora udì il suono prodotto da un fabbro. Si fermò ad ascoltare e notò che alcune percussioni erano armoniche mentre altre erano disarmoniche. Entrò nella fucina e iniziò a sperimentare. Notò che due martelli di peso uguale battuti sull'incudine producevano lo stesso suono e stabilì che essi erano in rapporto 1 a 1. Poi prese due martelli, uno di peso doppio rispetto all'altro, e battendoli sentì che i suoni erano identici, ma con una doppia altezza. Stabilì che il loro rapporto di massa era di 2 a 1, ovvero producevano un suono di un'ottava superiore, cioè due note con lo stesso suono ma consecutive. Ascoltò poi il suono di due martelli, di cui uno era 1,5 volte più pesante dell'altro, e scoprì che i suoni, pur essendo in armonia, erano differenti, e stabilì che il loro rapporto era di 3 a 2, cioè l'intervallo di separazione era di una quinta. Fece quindi l'esperimento con martelli il cui rapporto era di 4 a 3 e sentì suoni diversi ma corrispondenti, deducendo che l'intervallo di separazione era di una quarta. Applicò poi questa esperienza a un monocordo e notò che ciò che era stato valido per i vari tipi di martello era valido anche per la lunghezza della corda dello strumento. Inserì due ponticelli

---

ἁρμονιῶν ἐν ἀριθμοῖς ὁρῶντες τὰ πάθη καὶ τοὺς λόγους, ἐπεὶ δὴ τὰ μὲν ἄλλα τοῖς ἀριθμοῖς ἐφαίνετο τὴν φύσιν ἀφωμοιῶσθαι πᾶσαν, οἱ δ' ἀριθμοὶ πάσης τῆς φύσεως πρῶτοι, τὰ τῶν ἀριθμῶν στοιχεῖα τῶν ὄντων στοιχεῖα πάντων ὑπέλαβον εἶναι, καὶ τὸν ὅλον οὐρανὸν ἁρμονίαν εἶναι καὶ ἀριθμόν· καὶ ὅσα εἶχον ὁμολογούμενα δεικνύναι ἔν τε τοῖς ἀριθμοῖς καὶ ταῖς ἁρμονίαις πρὸς τὰ τοῦ οὐρανοῦ πάθη καὶ μέρη καὶ πρὸς τὴν ὅλην διακόσμησιν, ταῦτα συνάγοντες ἐφήρμοττον. κἂν εἴ τί που διέλειπε, προσεγλίχοντο τοῦ συνειρομένην πᾶσαν αὐτοῖς εἶναι τὴν πραγματείαν." 58 B 4. ARISTOT. metaph. - A 5. 985 b 23, Diels-Kranz, *Presocratics Fragments*, Iliesi Digital Edition, 2009

sulla corda e, dimezzandone la lunghezza, ottenne una nota di un'ottava superiore, poi inserì un ulteriore ponticello a 2/3 e ottenne l'intervallo di quinta, e così facendo ottenne tutte le variazioni che oggi costituiscono la struttura della musica. Ma egli non si limitò a questo, perché andò più in profondità della semplice osservazione e dei risultati conseguiti da tale esperienza. Maturò l'idea che anche il mondo fisico fosse governato da quella susseguenza numerica che aveva riscontrato nell'evoluzione dei vari suoni caratterizzati dalla progressione e dal rapporto numerico. Capì che tutto era regolamentato dalla matematica. (ἡ μαθηματική)[4].

Le frazioni dei numeri interi, determinate dalla variazione dei pesi dei martelli, e le lunghezze determinate dalle variazioni esercitate sul monocordo, generarono i rapporti armonici musicali. Pitagora intuì dunque che la matematica fosse un codice universale e, su questa base, costruì le fondamenta del suo pensiero filosofico.

Secondo Pitagora, il mondo e tutto ciò che esisteva nell'universo poteva essere compreso attraverso i rapporti dei numeri naturali, noti come numeri razionali. Egli riconobbe armonie musicali nell'universo intero insieme ai suoi discepoli, collegando i movimenti dei corpi celesti ai suoni e creando così la cosiddetta "armonia delle sfere". Tale armonia, generata dal sole, dalla luna e dai pianeti, avrebbe prodotto un suono impercettibile all'orecchio umano e avrebbe avuto un'influenza, anche sulla vita terrestre. Questa concezione della natura ebbe un forte impatto sulla storia della scienza.

L'armonia matematica ha permesso di comprendere la struttura fondamentale dell'universo. Galileo Galilei sostenne che non si può capire l'universo se non si comprende la lingua in cui è scritto, ovvero la matematica, il cui linguaggio è fatto di figure geometriche.

Per Pitagora, tutto era numero e tutto era misurabile.

Questo concetto, secondo cui tutto poteva essere espresso in termini matematici, ha influenzato la filosofia platonica, che a sua volta sosteneva che le strutture del mondo fossero scritte in un

---

[4] ἡ μαθηματική" (e matematiké) è il sostantivo femminile di "Matematica" in greco antico, e "ἡ" (hē) è l'articolo nominativo singolare usato prima del sostantivo per indicare il genere femminile.

linguaggio puramente matematico e geometrico.

Nonostante non sia chiaro se Platone abbia effettivamente scritto la frase "*Non entri nessuno che non conosca la geometria*",[5] sull'ingresso della sua Accademia, tale iscrizione riflette pienamente il suo pensiero filosofico. I Pitagorici hanno studiato il cosmo e intuito l'importanza dei numeri per comprendere la natura. Hanno esaminato la natura e riconosciuto il significato dei numeri per comprendere la progressione del tempo, come ad esempio gli anni, i mesi, i giorni e le stagioni.

Gli studiosi pitagorici hanno analizzato l'uomo e scoperto le leggi numeriche che regolano il ciclo della vita e gli aspetti dell'esistenza. La scuola ha riconosciuto un grande valore simbolico ai numeri poiché erano in grado di rivelare somiglianze significative con la realtà.

Il numero uno rappresentava il principio primo e l'origine di tutti gli altri numeri, oltre a possedere la particolarità di essere "*parimpar*"perché se aggiunto a un dispari dava un pari e se aggiunto a un pari dava un dispari.

Il due, simbolo femminile, era geometricamente rappresentato dalla linea, mentre il tre, simbolo maschile, rappresentava il piano. Il quattro rappresentava il solido e il cinque l'esistenza. Il dieci, disposto nella progressione 1, 2, 3, 4, formava il sacro triangolo equilatero chiamato Tetraktys,[6] rappresentante i quattro numeri fondamentali e la raffigurazione matematica dell'universo intero. Inoltre, il dieci rappresentava la perfezione. Per comprendere la procedura di calcolo pitagorica, è importante conoscere il loro

---

[5] Ἀγεωμέτρητος μηδεὶς εἰσίτω (pron. Ageométretos medeìs eisìto), "Non entri nessuno che non conosca la geometria."

[6] Il concetto della "*tetraktýs*", derivante dal termine greco τετρακτύς o "numero quaternario", era considerato dai seguaci della scuola pitagorica come una sequenza aritmetica dei primi quattro numeri naturali. Questi quattro numeri, in forma geometrica, si disponevano a formare un triangolo equilatero con lati di lunghezza quattro, configurando così una piramide che riepilogava

l'importante legame tra i primi quattro numeri e la somma totale di 1+2+3+4, che corrisponde a 10..

strumento di discussione ed esposizione delle operazioni.

I Pitagorici utilizzavano dei sassolini, chiamati "Ψηφοι",[7] per rappresentare visivamente i numeri. Questo processo rappresentativo era sia matematico che geometrico: "*il numero veniva rappresentato come un insieme di sassolini, o disegnato come un insieme di punti, quindi veniva visto, anche come figura*".[8]

Per quanto riguarda l'evoluzione della geometria, ai Pitagorici si deve la struttura delle cinque figure poliedriche, grazie alla loro considerazione della relazione tra i numeri e le strutture che si potevano ottenere con essi. Ad esempio, con 25 sassolini disposti in cinque file di 5, si poteva ottenere il quadrato. Ma essi non si limitarono solo ai numeri quadrati, bensì considerarono anche i numeri triangolari, la cui progressione era 1, 3, 6, 10, 15, e così via, i numeri quadrati, la cui progressione era 1, 4, 9, 16, 25, e così via, i numeri pentagonali, la cui progressione era 1, 5, 12, 22, 35, e così via, e i numeri esagonali, la cui progressione era 1, 6, 15, 28, 45, e così via.[9]

---

[7] Ψηφοι (pron. psephoi - dal greco η ψηφος, sassolino, e psephos). Questi sassolini furono utilizzati dai Pitagorici per descrivere praticamente le relazioni aritmetiche. Ogni numero quadrato può essere rappresentato come la somma di numeri dispari consecutivi, a partire da 1.

$$n^2 = 1 + 3 + 5 + 7 + \dots$$

Si inizia con una pietra (bianca) e se ne aggiungono tre (rosse) per fare un quadrato. (La figura fu chiamata (γνώμων [-ονος, ό] pron. gnomon- gnomone, angolo). $4 = 1 + 3$. A questo 2x2 che è uguale a quattro si aggiunge uno gnomone costituito da 5 sassolini bianchi il cui risultato è il quadrato di 3x3 cioè 9. 9, dunque, è il risultato di $1 + 3 + 5$. Il quadrato di 4 cioè 4 x 4 viene ottenuto aggiungendo 7 sassolini rossi, per cui si ha $16 = 1 + 3 + 5 + 7$ e via dicendo.

[8] Giovanni Reale, *Storia della filosofia antica*, La Feltrinelli, Brescia, 1987, p. 96

[9] Numeri triangolari e forme geometriche.

Con i numeri figurati era possibile costruire la serie dei numeri di cui sopra e le figure a cui corrispondevano. Da questo processo si deduce che i Pitagorici non conoscevano lo zero. Infatti, con il sistema utilizzato, era impossibile rappresentare lo zero.

Il valore dell'uno era già conferito dai Pitagorici come il principio primo e l'origine di tutti gli altri numeri, indipendentemente dalla presenza o meno dello zero.

Il numero era interpretato da loro come l'essenza di ogni cosa, ovvero la cosa stessa inserita in un contesto armonico, un'essenza che aveva in sé stessa una ragione, una monade, *"Che principio di tutte le cose è la monade, che dalla monade nasce la diade infinita, soggiacente come materia alla monade ch'è causa, che dalla monade e dalla diade infinita vengono i numeri, e dai numeri i punti, e da questi le linee, e da queste le figure piane, e da queste le figure solide, e da queste i corpi percepibili, i cui elementi sono quattro, fuoco, acqua, terra, aria, che mutano e si muovono attraverso il tutto"*[10], un principio che unisce i concetti numerici e

Numeri quadrati e forme geometriche.

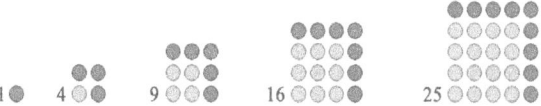

Numeri pentagonali e forme geometriche.

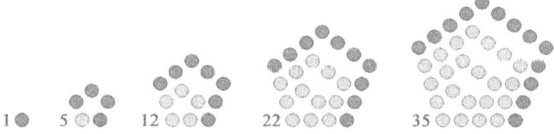

Numeri esagonali e forme geometriche.

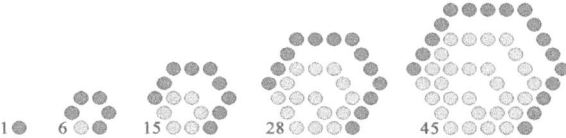

[10] *"ἀρχὴν μὲν τῶν ἁπάντων μονάδα, ἐκ δὲ τῆς μονάδος ἀόριστον δυάδα ὡς ἂν ὕλην τῆι μονάδι αἰτίωι ὄντι ὑποστῆναι, ἐκ δὲ τῆς μονάδος καὶ τῆς ἀορίστου δυάδος τοὺς ἀριθμούς, ἐκ δὲ τῶν ἀριθμῶν τὰ σημεῖα, ἐκ δὲ τούτων τὰς γραμμάς, ἐξ ὧν τὰ ἐπίπεδα σχήματα, ἐκ δὲ τῶν ἐπιπέδων τὰ στερεὰ σχήματα, ἐκ δὲ τούτων*

geometrici, in cui l'unità è separata dal vuoto che, sebbene non sia equiparabile al nulla, costituisce un'entità che si manifesta tra i numeri, *"Anche i Pitagorici dicevano che c'è il vuoto; dicevano che esso giunge nel cielo stesso dall'infinito perché il cielo respira il respiro e il vuoto che distingue le nature, come quello che è in certo modo separazione e distinzione delle cose che si susseguono. E che si trova anzitutto nei numeri, perché è il vuoto che distingue la natura loro".*[11] Inoltre, ogni cosa conteneva in sé il concetto di limite e di illimitatezza, che costituivano la diade. La monade e la diade, con le loro opposte forze, costituivano i principi della realtà e mettevano in evidenza le forze opposte del mondo. Tali forze erano articolate in concetti come pari e dispari, finito e infinito, unità e pluralità, destra e sinistra, maschile e femminile, immobilità e movimento, diritto e curvo, luce e oscurità, bene e male, quadrilatero quadrato e disuguale. Filolao riteneva che: *"… le parti più divine governassero quelle più imperfette, creando così un cosmo armoniosamente costituito da elementi opposti, limitati e illimitati".*[12]

La monade, o *"l'uno"*, - *"Archita e Filolao chiamano indifferentemente la stessa cosa monade e la monade uno"*[13] era il primo punto e il propulsore della varietà degli opposti. Come accennato in precedenza, l'aggiunta della monade a un numero pari produceva un numero dispari, mentre l'aggiunta della monade a un numero dispari produceva un numero pari. Per i pitagorici, i numeri rivestivano un'importanza fondamentale anche per la comprensione dei movimenti celesti, i quali venivano ritenuti caratterizzati dalle stesse relazioni armoniche della musica.

τὰ αἰσθητὰ σώματα, ὧν καὶ τὰ στοιχεῖα εἶναι τέτταρα, πῦρ, ὕδωρ, γῆν, ἀέρα, ἃ μεταβάλλειν καὶ τρέπεσθαι δι' ὅλων.", 58 B 1 a. DIOG. VIII 24, Diels-Kranz, *Presocratics Fragments*, Iliesi Digital Edition, 2009

[11] "εἶναι δ' ἔφασαν καὶ οἱ Πυθαγόρειοι κενόν, καὶ ἐπεισιέναι αὐτῶι τῶι οὐρανῶι ἐκ τοῦ ἀπείρου πνεῦμά τε ὡς ἀναπνέοντι καὶ τὸ κενόν, ὃ διορίζει τὰς φύσεις, ὡς ὄντος τοῦ κενοῦ χωρισμοῦ τινος τῶν ἐφεξῆς καὶ τῆς διορίσεως· καὶ τοῦτ' εἶναι πρῶτον ἐν τοῖς ἀριθμοῖς· τὸ γὰρ κενὸν διορίζειν τὴν φύσιν αὐτῶν". 58 B 30 ARISTOT. Phys. Δ 6. 213 b 22

[12] PROCL.in Tim. I 76, 27, Diels-Kranz, *Presocratics Fragments*, Iliesi Digital Edition, 2009

[13] "Ἀρχύτας δὲ καὶ Φ. ἀδιαφόρως τὸ ἓν καὶ μονάδα καλοῦσι καὶ τὴν μονάδα ἕν." 44 A 10. THEO SMYRN. p. 20, 19,

Vedevano il cosmo,[14] come un sistema regolare e ordinato che fu nominato dallo stesso Pitagora. Aezio dice, "*fu il primo a chiamare la sfera di tutte le cose cosmo, a causa dell'ordine che esiste in esso*".[15]

Il cosmo era composto da un fuoco centrale, attorno al quale ruotavano tutti i pianeti conosciuti, e da un elemento aggiuntivo, l'antitesi, invisibile agli umani e impercettibile ai sensi. I Pitagorici credevano che il numero 10 rappresentasse la perfezione. Filolao[16], di cui sono sopravvissuti pochi frammenti, riteneva che il cosmo fosse costituito da un fuoco centrale, l'antitesi, la Terra, la Luna, il Sole, Saturno, Giove, Marte, Venere e Mercurio, il tutto circondato dal cielo delle stelle fisse in una meravigliosa armonia impercettibile a causa della sua continuità.

Sebbene esistano varie asserzioni antiche riguardanti chi sia stato il primo a intuire che la Terra fosse sferica, riportiamo ciò che viene scritto da Aezio: "*...attribuisce la conoscenza della forma sferica della terra a Pitagora*".[17] Egli asserì che il mondo fosse composto da quattro elementi: terra, acqua, aria e fuoco, e che fosse dotato di vita. Inoltre, sosteneva l'esistenza degli antipodi: "*...Che ci sono anche degli antipodi, e che quello che per noi è sotto è sopra per quelli che sono ai nostri antipodi...*".[18] Riguardo ai corpi celesti egli fu il primo ad affermare che Lucifero[19] ed

---

[14] Cosmo (greco κόσμος - kósmos). Cosmo è un termine che indica, in filosofia, un sistema celeste ordinato e armonico.

[15] "πρῶτος ὠνόμασε τὴν τῶν ὅλων περιοχὴν κόσμον ἐκ τῆς ". 14 A 21. AЁT. II 1, 1 [Dox. 327]

[16] Filoláo (greco Φιλόλαος – Filolaos), nato a Crotone nel 470 a.C. e morto a Tebe nel 390 a.C., fu un filosofo, astronomo e matematico che fece parte della Scuola Pitagorica. Viene identificato come pitagorico. Fu il primo a contribuire a esportare il pensiero della Scuola Pitagorica al di fuori dei confini ellenici. Inoltre, fu il maestro di Archita e contemporaneo di Socrate.

[17] da J. L. Drayer, *Storia dell'astronomia da Talete a Keplero*, Feltrinelli Editore Milano, 1977, p. 34

[18] "...διαδοχαῖς εἶναι δὲ καὶ ἀντίποδας καὶ τὰ ἡμῖν κάτω ἐκείνοις ἄνω. ἰσόμοιρά τε εἶναι ἐν τῶι κόσμωι φῶς καὶ σκότος καὶ θερμὸν καὶ ψυχρὸν καὶ ξηρὸν καὶ ὑγρόν". 58 B 1 a. DIOG. VIII 24, Diels-Kranz, *Presocratics Fragments*, Iliesi Digital Edition, 2009

[19] "Lucifero" proviene dal termine latino "lucĭfer", che si traduce: "portatore di luce". Questo a sua volta costituisce una traduzione etimologica del vocabolo greco "φωσφόρος" (phōsphóros). Il latino "lucĭfer" è composto da "lux, lucis",

Espero (la stella che nasce prima delle altre e muore per ultima) fossero lo stesso astro e, *"Teone di Smirne afferma che egli fu il primo a osservare che i pianeti si muovono in orbite distinte, inclinate rispetto all'equatore celeste"*[20] che la terra e il cielo avessero la stessa forma e che i pianeti percorressero la loro orbita da ovest verso est, in direzione opposta a quella delle stelle fisse.

Pitagora, osservatore acuto del mondo, è stato anche l'ideatore del teorema che porta il suo nome: *"in ogni triangolo rettangolo, l'area del quadrato costruito sull'ipotenusa è uguale alla somma delle aree dei quadrati costruiti sui cateti"*. Si pensa che babilonesi ed egiziani fossero già consapevoli di questo teorema, ma ciò non invalida l'importanza del pensiero di Pitagora e della sua opera. Il profondo pensiero pitagorico secondo cui il mondo può essere conosciuto attraverso il numero, è stato ripreso da Platone, il quale ha compreso l'importanza della matematica per la comprensione e la lettura dell'universo, facendone un pilastro per la scoperta della verità. Platone ha espresso questo pensiero in profili matematico-geometrici.

Anche Galileo, riferendosi al pensiero di Pitagora, ha affermato che *"la natura è un libro scritto in caratteri matematici"*, mentre Keplero ha immaginato un'armonia dell'universo, espressa nel suo libro: *L'armonia del mondo*.

Newton, grande filosofo della natura, ha ripreso gli studi di Pitagora e, pensando alla relazione tra l'altezza del suono emesso dalla corda di uno strumento, la sua lunghezza e la tensione a cui essa era sottoposta, ha applicato l'armonia musicale alle dinamiche dei corpi celesti, scoprendo che la frequenza di un suono è direttamente proporzionale alla radice quadrata della tensione e inversamente proporzionale alla sua lunghezza. Newton ha concluso che la tensione della corda è la forza che unisce il sole ai pianeti, ovvero che la forza di attrazione è inversamente proporzionale al quadrato della distanza di ogni pianeta dal sole.

Considerando la scienza odierna, tale armonia può essere

---

ovvero "luce", e "fer", che deriva dal verbo latino "ferre" con il significato di "portare". Nell'antichità, il termine "Lucifero" veniva utilizzato per riferirsi al pianeta Venere solo quando si manifestava prima dell'alba, mentre quando appariva dopo il tramonto veniva chiamato "Espero".

[20] J. L. E. Dreyer, ibidem

paragonata alla nota infinitesimale vibrante delle stringhe che ci fa comprendere che tutto nell'universo è vibrazione, sinfonia, armonia, proprio come concepito da Pitagora nel suo tempo. Questa teoria trova oggi una risposta concreta nella fisica moderna.

11. La Scuola di Elea

Elea, antica città situata nell'attuale regione della Campania, nelle vicinanze di Salerno, è oggi conosciuta come Velia. In questo luogo, nel IV e V secolo a.C., nacque una scuola di pensiero fondata da Parmenide. La Scuola di Elea aveva come obiettivo la ricerca del principio fondamentale della natura, la comprensione della realtà fisica e la ricerca della verità attraverso il pensiero razionale. Tale intento mirava a superare il concetto di divenire, favorendo invece l'individuazione di un unico principio, l'essere stesso, inteso come entità metafisica al di sopra dell'esperienza sensibile. Questa ricerca approfondiva l'essenza dell'essere in modo meticoloso.

La verità, intesa come pensiero e linguaggio logico, assumeva un valore superiore rispetto alla realtà sensibile, poiché consentiva di penetrare nell'essenza delle cose al di là delle semplici apparenze. Pertanto, la verità poteva essere raggiunta non privilegiando il valore dei sensi, ma solo attraverso il ragionamento razionale, che permetteva di percepire verità al di là dell'esperienza sensoriale.

La Scuola Eleatica si caratterizzò per una visione del mondo fortemente razionale, basata sulla concezione di un principio unico, noto come "*monismo eleatico*", che postulava l'immobilità dell'essere. Questa prospettiva si contrapponeva al dualismo platonico tra idee e realtà e al realismo metafisico aristotelico. Sebbene tutte le cose esistenti fossero diverse tra loro, ciò che le univa fondamentalmente era l'esistenza stessa. Fino a quel momento, i filosofi si erano principalmente concentrati sull'origine dell'universo, avviando un movimento di pensiero cosmogonico.

Con Parmenide, tutto cambia, perché l'ontologia è alla base della sua scuola, anche se si possono scorgere elementi comuni con la concezione eraclitea appartenente alla Scuola Ionica, consistente nel superamento delle apparenze e l'aspetto elitario del sapere.

Per quest'ultimo, infatti, la conoscenza della verità ($\dot{\alpha}\lambda\dot{\eta}\theta\varepsilon\iota\alpha$)[1] era dominio di pochi, perché tale certezza era dovuta alla razionalità

---

[1] Aletheia è una parola greca che può essere tradotta come "rivelazione", "verità" o "stato dell'essere evidente". Nella filosofia greca antica, il concetto di aletheia era spesso associato alla ricerca della verità e alla comprensione della realtà autentica.

che era caratteristica unica del pensiero che non poteva adattarsi all'opinione comune, (δόξα)[2] supportata da errore e falsa visione della realtà dominata dalla sensazione di carattere incerto e mutevole.

Questi due concetti differenti di sostanza rappresentavano una visione contrastante del mondo. La concezione eleatica, basata sull'idea che l'essere costituisce l'essenza dell'esistenza e del pensiero, come affermato da Parmenide, sosteneva che "Pensare ed essere sono la stessa *cosa*".[3] Di conseguenza, tutto ciò di cui parliamo, tutto ciò che esiste e ogni realtà trova le sue radici nell'essere, mentre il nulla, che non ha esistenza, non può essere pensato o discusso, impedendo ogni dialogo significativo su di esso.

L'essere assume alcune caratteristiche particolari: è unico, immobile, necessario, omogeneo ed eterno. Non nasce e non muore, non ha dimensione temporale, né ha presente né futuro, poiché, se così fosse, sarebbe un non essere. Inoltre, non si muove né si modifica, ed è sostanza unica e omogenea che costituisce anche il cosmo.

Secondo il pensiero di Parmenide, il cosmo non è composto da entità differenti come stelle, pianeti, uomini, animali ecc., evidenti ai nostri sensi, ma dall'essere con le sue qualità e la sua continuità.

Per lui, lo spazio cosmico non è illimitato, ma è rappresentato da un'enorme sfera piena di un'unica essenza, che costituisce una sostanza unica e omogenea. Egli sosteneva che al di là di questa essenza non esisteva il non essere, e all'interno di essa non si manifestavano aspetti come il vuoto, il mutamento di forma, la nascita e la morte.

La sua cosmologia si basò sulla rivalutazione dell'intelletto e sul discredito del senso, che dava l'illusione del divenire e del movimento.

---

[2] Doxa (δόξα). è un termine greco che indica l'opinione soggettiva o la credenza. Si riferisce a una forma di conoscenza che si basa sull'opinione personale e che non gode della certezza oggettiva della verità. Nella filosofia greca, la doxa era spesso contrastata con l'episteme, che rappresentava una conoscenza basata sulla ragione e sulla verità oggettiva.

[3] "... τὸ γὰρ αὐτὸ νοεῖν ἐστίν τε καὶ εἶναι". Parmenide, *Il poema sulla natura*, Frammento III

Gli atomisti negavano il concetto di mutamento e lo interpretavano come il fondamentale movimento delle particelle indivisibili. Contrariamente a quanto sostenuto da Parmenide, gli atomisti affermavano che non esisteva il vuoto come non-essere e che l'essere stesso doveva mantenere la coesione nella sua essenza, caratterizzata dall'indivisibilità e dall'immutabilità. Secondo gli atomisti, i mutamenti percepiti attraverso i sensi non corrispondevano a una vera assenza di mutamento nella realtà. Questa evidenza sensoriale era considerata illusoria, mentre i movimenti che avvenivano tra le particelle erano semplicemente movimenti nello spazio. Di conseguenza, il pensiero di Parmenide influenzò Leucippo e Democrito, i quali sostennero che le particelle elementari non erano percepite dai sensi, ma potevano essere comprese solo attraverso il processo razionale. Secondo loro, la materia non poteva essere frammentata all'infinito. Infatti, se il non-essere potesse espandersi, l'essere sarebbe diventato infinitamente divisibile e avrebbe perso la sua consistenza. Pertanto, per gli atomisti, l'atomo rappresentava una realtà rigorosa derivata dal pensiero parmenideo, e corrispondeva alla pienezza dell'essere.

La dottrina della Scuola Eleatica sostenne che la conoscenza della verità cosmica fosse ottenibile solo attraverso l'intelletto e non i sensi. Essi consideravano il cosmo come un'entità compatta e il suo movimento come la disposizione di particelle permanenti. Questa dottrina ebbe un ruolo fondamentale nello sviluppo del pensiero scientifico sia antico che moderno. Se niente ha principio e niente ha fine nell'universo, allora esso deve essere considerato eterno. Se ci fosse un mutamento nel principio del cosmo che non si limitasse alla disposizione delle sue parti inalterabili, ma che coinvolgesse un mutamento interno, allora esso si logorerebbe. In alternativa, se la natura dell'universo fosse entropica,[4] il sistema

---

[4] L'entropia è un concetto fisico che descrive la tendenza naturale dei sistemi a disperdere l'energia e ad aumentare il caos e il disordine nel tempo. Si tratta di un fenomeno che si manifesta come la graduale degradazione della materia ed energia, fino a raggiungere la morte termica dell'universo. In altre parole, l'entropia rappresenta una sorta di deterioramento dell'organizzazione e della struttura del sistema, che può essere visualizzato come un aumento della sua casuale distribuzione e una diminuzione della sua energia utilizzabile. Tale processo, che può essere rappresentato matematicamente tramite la seconda

universo dovrebbe giungere alla fine della sua esistenza.

Parmenide ha sostenuto l'importanza della ragione e dell'esame critico come strumenti per acquisire una conoscenza autentica e veritiera, piuttosto che basarsi esclusivamente sull'osservazione empirica. Sebbene la sua indagine non fosse specificamente rivolta all'astronomia, ha riconosciuto che la comprensione delle leggi naturali richiedeva un approccio metodico e razionale all'analisi degli eventi naturali, sviluppando così un metodo di valutazione critica basato sull'analisi logica e deduttiva.

---

legge della termodinamica, ha importanti implicazioni per la comprensione della vita e dell'universo, poiché suggerisce che ogni sistema, a meno che non sia sostenuto da una fonte di energia esterna, tende a raggiungere uno stato di equilibrio termico e morte termica. Questo concetto ha importanti applicazioni in diversi campi della scienza, dall'astronomia alla biologia, dalla chimica all'ingegneria.

12. Gli atomisti: Leucippo e Democrito.

L'atomismo è stata una corrente filosofica che risale all'antica Grecia e che ha considerato gli atomi, cioè le particelle indivisibili in movimento nel vuoto, come i costituenti della natura. L'atomismo ha dato un importante contributo alla filosofia naturalistica, poiché ha fornito una spiegazione scientifica del mondo fisico.

Leucippo e Democrito sono stati i principali esponenti dell'atomismo. Democrito, in particolare, è noto per aver elaborato l'idea che tutto ciò che esiste sia composto di atomi, che differiscono tra loro per forma e dimensione e che si combinano in modo diverso per formare gli oggetti che osserviamo. Questa teoria ha avuto un grande impatto sulla filosofia, sulla scienza e sulla cultura in generale, e ha aperto la strada alla nascita della fisica moderna.

Sebbene si sappia poco del pensiero di Leucippo, Diogene Laerzio fornisce alcune indicazioni in merito: "Leucippo nacque ad Elea; secondo certuni, ad Abdera; secondo altri, a Mileto. Fu scolaro di Zenone".[1]

Ma queste affermazioni vengono contraddette fino al punto che qualcuno affermò che Leucippo non fosse mai esistito come filosofo: "*Inoltre tanto lui quanto Ermarco affermano che non è mai esistito un Leucippo filosofo, che alcuni - e tra questi anche Apollodoro l'epicureo - dicono essere stato maestro di Democrito*".[2] Prendiamo buona quest'ultima affermazione riportata, che egli sia stato maestro di Democrito, per parlare dei due in maniera unitaria e stabilire le differenze del loro pensiero.

Democrito scrisse opere come: *La piccola cosmologia, Sulla natura, Sulle parole* e *Sulla forma degli atomi*, e sebbene siano giunti fino a noi solo frammenti di queste opere, la sua figura è a noi più chiara. Dai resoconti dei dossografi, sembra che Leucippo

---

[1] "Λεύκιππος Ἐλεάτης, ὡς δέ τινες, Ἀβδηρίτης, κατ' ἐνίους δὲ Μήλιος· οὗτος ἤκουσε Ζήνωνος." 67 A 1. DIOG. LAERT. IX, Diels-Kranz, *Presocratics Fragments*, Iliesi Digital Edition, 2009

[2] "ἀλλ' οὐδὲ Λεύκιππόν τινα γεγενῆσθαί φησι φιλόσοφον οὔτε αὐτὸς οὔτε Ἔρμαρχος, ὃν ἔνιοί φασι (καὶ Ἀπολλόδωρος ὁ Ἐπικούρειος) διδάσκαλον Δημοκρίτου γεγενῆσθαι." ivi 67 A 2. DIOG. LAERT. X 13

sia stato il fondatore delle teorie atomistiche, mentre Democrito le ha acquisite e sviluppate successivamente. Leucippo ha cercato di trovare una spiegazione unificata dei fenomeni del mondo fisico ed è stato il primo a definire i caratteri della fisica. La Scuola Eleatica, invece, si occupava dell'essenza e ridusse il concetto di essenza alla teoria del pieno e del vuoto, dove il pieno corrispondeva all'essere e il vuoto al non essere: "*Inoltre egli non ammise che l'essere esistesse a maggior ragione che il non essere, e considerò l'uno e l'altro egualmente come cause delle cose che si generano. Infatti, poiché supponeva che la sostanza degli atomi fosse solida e piena, la chiamò essere e disse che si muove nel vuoto, al quale diede appunto il nome di non essere, dicendo ch'esso esiste non meno dell'essere. Analogamente anche il suo discepolo Democrito di Abdera pose come princìpi il pieno e il vuoto, ecc.*".[3] Quindi, secondo Leucippo, se il movimento e il vuoto esistevano, la sostanza non poteva essere una sola e immutabile, come sostenuto dalle altre scuole filosofiche. Esisteva, dunque, una soluzione di continuità tra l'essere e le cose del mondo e il concetto di molteplicità costituiva la realtà, confermando il valore dei sensi. Il pieno, per Leucippo, non era un tutt'uno coeso e indivisibile, ma era composto da un numero infinito di particelle di dimensioni finite, invisibili al senso della vista, da cui erano costituite tutte le cose: "*Democrito e Leucippo affermano che per mezzo di corpi indivisibili sono composte tutte le altre cose, che questi indivisibili sono infiniti sia per il numero sia per le forme, che le cose differiscono tra loro per gli elementi di cui sono costituite e per la posizione e l'ordine di essi*".[4]

Una di queste particelle indivisibili venne chiamata "*atomo*" (dal

---

[3] " ἔτι δὲ οὐδὲν μᾶλλον τὸ ὂν ἢ τὸ μὴ ὂν ὑπάρχειν, καὶ αἴτια ὁμοίως εἶναι τοῖς γινομένοις ἄμφω. τὴν γὰρ τῶν ἀτόμων οὐσίαν ναστὴν καὶ πλήρη ὑποτιθέμενος ὂν ἔλεγεν εἶναι καὶ ἐν τῶι κενῶι φέρεσθαι, ὅπερ μὴ ὂν ἐκάλει καὶ οὐκ ἔλαττον τοῦ ὄντος εἶναί φησι. παραπλησίως δὲ καὶ ὁ ἑταῖρος αὐτοῦ Δημόκριτος ὁ Ἀβδηρίτης ἀρχὰς ἔθετο τὸ πλῆρες καὶ τὸ κενόν κτλ." 67 A 8. SIMPLIC. phys. 28, 4, Diels-Kranz, *Presocratics Fragments*, Iliesi Digital Edition, 2009

[4] "Δημόκριτος δὲ καὶ Λ. ἐκ σωμάτων ἀδιαιρέτων τἆλλα συγκεῖσθαί φασι, ταῦτα δ' ἄπειρα καὶ τὸ πλῆθος εἶναι καὶ τὰς μορφάς, αὐτὰ δὲ πρὸς αὐτὰ διαφέρειν τούτοις ἐξ ὧν εἰσι καὶ θέσει καὶ τάξει τούτων" ivi, 67 A 9. ARISTOT. de gen. et corr. A 1. 314 a 21

greco "ἄτομος", che significa indivisibile). Gli atomi avevano alcune caratteristiche peculiari, come la compattezza, l'indivisibilità, l'inalterabilità e l'eternità. In altre parole, l'atomo incorporava tutte le caratteristiche del concetto parmenideo dell'essere, che esisteva sempre e sarebbe esistito per sempre. Per quanto riguarda il concetto di vuoto, anche esso era infinito come il pieno ed era il contenitore di tutto ciò che era determinato dagli atomi e quindi dell'essere. Pieno e vuoto caratterizzavano non solo la realtà, ma anche gli elementi della natura e il principio di tutto: "*Leucippo di Mileto considera il pieno e il vuoto come principi ed elementi*".[5] Ma gli atomi non erano tutti identici; differivano per forma e dimensioni, ma avevano la stessa natura. La nascita e la morte dei mondi e di tutto ciò che esisteva in natura dipendevano dalla loro aggregazione o disgregazione e dalla diversità o dal mutamento del loro ordine, ma tutto ciò avveniva secondo necessità, non per caso: "*afferma che gli elementi sono infiniti e in eterno movimento e che vi è ininterrottamente generazione e cangiamento; e pone come elementi il pieno e il vuoto. Dice che i mondi si formano in questo modo: quando numerosi elementi, staccandosi dall'infinito contenente, si ammassano e confluiscono in un grande vuoto, avviene che, nel reciproco urtarsi, s'intrecciano insieme quelli di forma simile o almeno analoga e, quando [alcuni di essi] s'incendiano nel movimento, si formano gli astri, e [i corpi così composti] crescono e diminuiscono, sempre in forza della necessità*".[6] Gli atomi, componenti fondamentali della natura, si muovevano all'interno di uno spazio vuoto e infinito.

Questo movimento eterno e privo di una direzione precisa era essenziale, poiché solo attraverso di esso potevano verificarsi la distruzione e la generazione, processi naturali indispensabili per la sopravvivenza dell'universo. "*Quelli che sostennero che i mondi sono infiniti di numero, come i seguaci di Anassimandro e*

---

[5] "Λ. Μιλήσιος ἀρχὰς καὶ στοιχεῖα τὸ πλῆρες καὶ τὸ κενόν".67 A 12. AËT. I 3, 15, Diels-Kranz, *Presocratics Fragments*, Iliesi Digital Edition, 2009

[6] "ἀλλά φησιν ἄπειρα εἶναι καὶ ἀεὶ κινούμενα καὶ γένεσιν καὶ μεταβολὴν συνεχῶς οὖσαν. στοιχεῖα δὲ λέγει τὸ πλῆρες καὶ (τὸ) κενόν. κόσμους δὲ (ὧδε) γίνεσθαι λέγει· ὅταν εἰς μέγα κενὸν ἐκ τοῦ περιέχοντος ἀθροισθῆι πολλὰ σώματα καὶ συρρυῆι, προσκρούοντα ἀλλήλοις συμπλέκεσθαι τὰ ὁμοιοσχήμονα καὶ παραπλήσια τὰς μορφάς, καὶ περιπλεχθέντων ἄστρα γίνεσθαι, αὔξειν δὲ καὶ φθίνειν διὰ τὴν ἀνάγκην". ivi, 67 A 10. HIPPOL. *ref.* I 12 p. 16, 6.

Leucippo e Democrito e più tardi la scuola di Epicuro, affermarono che essi nascono e si dissolvono all'infinito, poiché ne nascono e se ne dissolvono incessantemente; e dicevano che il movimento è eterno: infatti, senza movimento non è possibile generazione e distruzione".[7]

Democrito non parlò mai della causa del movimento degli atomi perché per lui la causa era insita nel concetto atomistico stesso. Il movimento, come l'atomo, non aveva mai avuto inizio e ciò che non ha inizio e non ha fine non può derivare da altro. Gli atomisti furono meccanicisti perché convinti che tutto accadesse secondo leggi precise; infatti, come riportato, Leucippo affermò che nulla accadeva per caso ma tutto seguiva una ragione e una necessità: *"Nulla si produce senza ragione, ma tutto avviene con una ragione e necessariamente"*.[8]

C'è una sottile differenza tra il pensiero di Leucippo e quello di Democrito, che consiste nel fatto che quest'ultimo sviluppò l'atomismo e lo mise in relazione con l'intelletto umano. Lo sviluppo del suo pensiero si basò su tre principi importanti: l'atomo, il vuoto e il movimento. L'atomo, secondo Democrito, era un'unità materiale esistente da sempre nello spazio, la cui caratteristica era l'indivisibilità e l'infinitesimo. Ma gli atomi non erano soltanto questo: erano mobili, diversi nella loro struttura, pesanti, impenetrabili, immutabili ed eterni. Per questo motivo, il mondo tangibile e percepibile, caratterizzato e strutturato da queste minuscole particelle, dimostrava che il tutto non poteva provenire dal nulla. Il vuoto, altra caratteristica dell'atomo, secondo Democrito, era lo spazio intercorrente tra un atomo e l'altro, spazio che divideva e separava gli atomi di diverse specie, anche se i vari atomi venivano messi in contatto tra loro dal loro stesso movimento, che caratterizzava l'inizio e la fine delle cose riscontrabili in natura e percepibili dai nostri sensi. In natura, ogni

---

[7] *"οἱ μὲν γὰρ ἀπείρους τῷ πλήθει τοὺς κόσμους ὑποθέμενοι, ὡς οἱ περὶ Ἀναξίμανδρον καὶ Λεύκιππον καὶ Δημόκριτον καὶ ὕστερον οἱ περὶ Ἐπίκουρον γινομένους αὐτοὺς καὶ φθειρομένους ὑπέθεντο ἐπ' ἄπειρον ἄλλων μὲν ἀεὶ γινομένων ἄλλων δὲ φθειρομένων, καὶ τὴν κίνησιν ἀίδιον ἔλεγον· ἄνευ γὰρ κινήσεως οὐκ ἔστι γένεσις ἢ φθορά"* ivi, SIMPLIC. phys. 1121, 5
[8] *"οὐδὲν χρῆμα μάτην γίνεται, ἀλλὰ πάντα ἐκ λόγου τε καὶ ὑπ' ἀνάγκης"* ivi, 67 B 2. AËT. I 25, 4

cosa è movimento di atomi, che si aggregano tra loro per formare masse simili, le quali, nella loro molteplicità, si differenziano e ciò che esiste nel mondo e nell'universo viene percepito dai nostri sensi. Ma Democrito non si limitò a ragionare sul valore dell'atomo e delle cose tangibili, bensì anche su ciò che il senso non avrebbe percepito. Partendo dal presupposto che solo ciò che è simile può agire sul simile, egli concluse che l'anima dell'uomo, appartenente alla sfera dell'incorporeo, era simile agli atomi che la costituivano, i quali erano atomi di fuoco, leggeri, sottili e sferici. L'anima esisteva in tutti gli esseri viventi e possedeva due facoltà cognitive: la ragione e la sensazione. Tutti gli esseri viventi giungevano alla conoscenza grazie alle sottili emanazioni delle cose, ovvero gli involucri materiali che avvolgevano i corpi e che avevano un'interazione con l'anima, trasmettendole le qualità dei diversi corpi esistenti in natura, generando così la conoscenza. Democrito considerava la sensazione una "*conoscenza oscura*", in quanto rivelava solo il valore superficiale delle cose, mentre la verità era unica, univoca e immutabile, parte integrante dell'atomo e del vuoto che caratterizzava gli impercettibili principi assoluti e il mondo delle idee. Tuttavia, nell'anima esisteva una forza capace di comprendere alcuni principi astratti: la ragione.

Il pensiero di Democrito negava l'esistenza di Dio, l'immortalità dell'anima e la provvidenza divina, e attribuiva grande importanza solo all'esistenza umana. La coscienza, dunque, era per questa concezione prettamente materialistica, una qualità umana emergente dalla materia. L'uomo e tutto ciò che gli apparteneva erano un semplice aggregato di atomi destinato alla disgregazione.

Dalla dottrina filosofica materialista si è giunti, in progressione temporale, alla concezione idealistica dell'universo e di tutto ciò che in esso interagisce, attraverso il pensiero di Platone. Riguardo invece a periodi più vicini a noi, la teoria atomistica fu ripresa agli inizi del XIX secolo da John Dalton,[9] che descrisse l'atomo

---

[9] John Dalton è stato un chimico e fisico inglese noto per la sua descrizione dell'atomo basata sulle leggi fondamentali della chimica dell'epoca. La legge di conservazione della massa di Lavoisier stabilisce che gli atomi rimangono immutati in numero e massa durante una reazione chimica. Dalton, basandosi sui suoi esperimenti, formulò la legge delle proporzioni multiple, che stabilisce che quando un elemento si combina con la stessa massa di un altro elemento per formare composti diversi, le masse del primo elemento sono in rapporti

basandosi sulle leggi della chimica e giungendo alla stessa conclusione dei due filosofi antichi, cioè che tutta la materia era fatta di particelle infinitesimali e indivisibili e che esse non potevano essere create e che gli atomi di uno stesso elemento avevano una massa uguale e non trasformabile.

Anche questa concezione, più avanti, fu superata dagli studi condotti da Thomson[10] e Rutherford,[11] che dimostrarono che quella particella poteva essere divisa in due parti: nucleo ed elettroni, e che tutto intorno, tra nucleo ed elettroni, c'era il vuoto, poiché la materia era tutta concentrata nel nucleo. Più avanti, Avogadro[12] considerò le particelle composte da molecole,[13] e quest'ultime

semplici, esprimibili mediante numeri interi e piccoli.

[10] Sir Joseph John Thomson è stato un fisico britannico noto per la sua scoperta dell'elettrone, una particella subatomica di carica negativa considerata fondamentale. Ha insegnato fisica all'Università di Cambridge e ha seguito gli studi di James Clerk Maxwell, il quale ha scoperto i raggi X. Thomson ha compreso che i raggi catodici erano costituiti da particelle di carica negativa, che ha chiamato corpuscoli e che oggi sono noti come elettroni. Grazie a questa scoperta, Thomson ha vinto il Premio Nobel per la fisica nel 1906. Inoltre, ha sviluppato il primo spettrometro di massa, un dispositivo che consente di determinare il rapporto tra la massa chimica e la carica degli ioni. Prima della prima guerra mondiale, negli anni 1915-1918, Thomson ha effettuato un'altra importante scoperta: quella degli isotopi. Gli isotopi sono atomi dello stesso elemento chimico che hanno lo stesso numero atomico ma si differenziano per la massa atomica. Questa differenza di massa è dovuta alla presenza di un diverso numero di neutroni nel nucleo atomico.

[11] Ernest Rutherford è stato un fisico e chimico britannico di origine neozelandese, conosciuto come il padre della fisica nucleare. Ha proposto il modello nucleare dell'atomo e ha vinto il Premio Nobel per la chimica nel 1908 per i suoi studi sulla disintegrazione degli elementi e la chimica delle sostanze radioattive. Rutherford ha condotto ricerche sulla radioattività e ha identificato le particelle alfa e beta emesse dalle sostanze radioattive. Ha dimostrato che la radioattività era il risultato della disintegrazione degli atomi. È stato professore di fisica all'Università di Manchester, dove ha condotto il famoso esperimento della lamina d'oro, che ha portato alla scoperta del nucleo atomico. Inoltre, ha dimostrato che un elemento può essere trasformato in un altro mediante reazioni nucleari, come nel caso del bombardamento di atomi di azoto con particelle alfa per produrre isotopi di ossigeno. Rutherford ha collaborato con Niels Bohr nella scoperta del neutrone, che ha contribuito a spiegare la stabilità dei nuclei atomici.

[12] Lorenzo Romano Amedeo Carlo Avogadro, (Torino, 1776 – 1856) fu un chimico e fisico italiano.

[13] La molecola è la più piccola unità di una sostanza che conserva le sue

composte da atomi, che chiamò molecole elementari.

Oggi, l'antico concetto di atomo può essere rappresentato sia graficamente che fotograficamente. Tutto ciò ci porta a capire che gli atomisti, pur non disponendo degli strumenti sperimentali necessari per verificare appieno le loro idee, arrivarono alle verità scientifiche utilizzando solo la logica razionale.

---

proprietà chimiche. È costituita da un insieme di atomi legati tra loro attraverso legami chimici che possono essere di diversi tipi, come legami covalenti, ionici o metallici.

π

13. Il pensiero greco dell'età classica

Platone

Platone, conscio dell'incorruttibilità, dell'eternità e dell'immutabilità delle idee universali, si pose una domanda fondamentale: "Qual è la vera natura della scienza? È possibile giungere a una definizione completa?" (Teeteto-7). Nell'effettuare tale definizione, siamo costretti a utilizzare termini che già incorporano l'idea di scienza, il che rende complesso definire la scienza se non in termini della stessa scienza. Essa si radica nella conoscenza e nella comprensione, le quali costituiscono l'essenza stessa della scienza.

Per Platone, dunque, essa è un'idea pura che non ha bisogno di definizione per essere compresa. Tuttavia, la scienza si diversifica poiché esplora diversi sistemi di conoscenza come la certezza di ciò che esiste e di ciò che cambia. Questa diversificazione rende tali conoscenze incomplete e isolate, per cui sorge la necessità di un particolare tipo di scienza che possa stabilire un'unione. Essa deve essere unica come la verità e deve dominare tutte le altre scienze apportando unità e verità eterna e immutabile. Ma come scoprire le verità universali e immutabili che costituiscono la filosofia? Soltanto esaminando le diverse forme di conoscenza e la loro natura, costituite dalle sensazioni, dalle nozioni astratte e dalle idee.

La sensazione scaturisce dalla sensibilità degli organi di senso e dalla natura ed è caratterizzata dalla simultaneità di due azioni: l'oggettiva proveniente dall'esterno e la soggettiva proveniente dall'interno. Tali azioni, a loro volta, convergenti rispetto all'organo sensitivo, attuano una modificazione che viene trasmessa all'anima. Tale modificazione è la sensazione propriamente detta, e tale tipo di trasmissione è la percezione sensibile. Quest'ultima dipende da una duplice causa, dall'oggetto che la genera e dal soggetto che la percepisce, cause, queste, fisiche e relative. Comunque, nella sensazione c'è qualcosa di vero, e tale verità è caratterizzata dalla stessa sensazione. Ogni impressione sensibile, dunque, è una verità soggettiva incontestabile, ovvero la sensazione è soggettivamente vera e individuale e non può avere il carattere immutabile e assoluto della scienza. Inoltre, la sensazione non è persistente e duratura, per cui su di essa non è possibile fondare la scienza. I nostri sensi sono incostanti e tendono a percepire cose passeggere in continua trasformazione, e degli oggetti, causa delle sensazioni, si può percepire solo la situazione unica e momentanea caratterizzata dal rapporto che l'oggetto ha con noi nell'istante in cui cade sotto i nostri sensi.

Tutto nella percezione sensibile è limitato e finito, e ciò non porta alla verità scientifica e generale poiché la limitatezza del senso non conduce a un'osservazione completa e alla profonda conoscenza della natura delle cose.

L'uomo deve possedere facoltà più elevate della percezione sensibile per poter penetrare i principi universali. In questa constatazione filosofica, Platone critica il sofista Protagora che sosteneva che il sentire è conoscere e che la verità dipende da ciò che si sente. Le percezioni sensibili sono il risultato dell'interazione tra gli oggetti e gli organi sensoriali, ma è importante che tutte le percezioni si uniscano in un centro e che questo passaggio costituisca l'atto di coscienza che ha origine nell'anima, dove avviene il processo di riflessione.

Nel momento della percezione dell'oggetto, non si rilevano le varie qualità che gli appartengono, come il peso, la grandezza e altre, poiché questa valutazione richiede un giudizio che si definisce nell'anima e nella possibilità di astrarre. L'intendimento crea la nozione che è caratterizzata da considerazioni generiche e da comparazioni di tutte le particolarità dell'oggetto, giungendo così a nozioni astratte senza le quali non vi è chiarezza percettiva. Tali nozioni si interpongono tra la qualità dell'oggetto e la facoltà di pensare, per cui il senso presenta ciò che è peculiare, mentre l'intendimento presenta ciò che è generale. Il senso offre percezioni confuse nella concretezza, mentre l'intendimento offre percezioni chiare in uno stato astratto.

Queste nozioni, che derivano dalle sensazioni, hanno carattere parziale e relativo e l'opinione che si genera da tali nozioni ha carattere di probabilità e non di certezza. L'opinione non può quindi essere assoluta e immutabile, né conforme alla verità e, conseguentemente, alla scienza. La nozione astratta costituisce il passaggio tra la conoscenza sensibile e l'idea pura, ma non può essere rapportata all'essenza delle cose e tanto meno considerata come termine di scienza assoluta. È importante considerare che nella mente umana esistono nozioni di carattere elevato rispetto all'esperienza sensibile e all'astrazione, e che sono superiori all'esperienza che le determina. Queste nozioni sono applicabili alla realtà totale perché hanno carattere di universalità e risiedono nel profondo della mente. Platone le definisce come idee, che rappresentano l'immagine della perfezione, il modello ideale delle cose e dell'essere, il principio e la causa intima dell'essenza e del divenire di tutto ciò che esiste in natura. L'insieme di tutte le idee costituisce il mondo intelligibile, frutto dell'assoluto, che non può essere confuso con il mondo sensibile.

Le idee rappresentano ciò che è eterno e immutabile e, secondo Platone, la natura stessa è una debole imitazione dell'idea. Le idee sono l'unica realtà vera e autentica, non nate e non periture, perché sono in e per loro stesse. Tutto ciò che sembra esistere nel mondo fisico non esiste realmente rispetto al mondo delle idee. Tutto è perituro e contingente, ma le idee, oltre ad essere eterne e assolute, sono anche indipendenti dal tempo e dallo spazio perché costituiscono l'unità e l'indivisibilità, e sono identiche a sé stesse in modo indefesso.

Le idee sono suddivise in due generi: il primo si riferisce espressamente all'esperienza, mentre il secondo è indipendente dal mondo sensibile. Al primo genere appartengono i principi matematici, come la grandezza, l'estensione, il tempo e lo spazio, la cui esperienza mostra la finitezza dei corpi, i numeri, la mobilità e la variabilità, ma anche qualcosa che supera la percezione del senso, come l'infinità dello spazio, del numero e del tempo.

Al secondo genere appartengono le idee del bene generale e del suo contrario, e non hanno nulla in comune con il mondo sensibile. Infatti, il piacere o il dispiacere fisico non trovano rispondenza alcuna nell'idea assoluta di giusto e ingiusto, di bene e male, di bello e brutto, di vero e falso. Le idee, in rapporto al mondo sensibile, sono il principio e la causa di tutto ciò che è, e permangono reali e immutabili, realizzando e costituendo l'infinita realtà. Esse non sono distaccate dalla realtà sensibile, ma la costituiscono senza perdere la loro unità. Tutta la natura è un riflesso del mondo intelligibile, e tutto ciò che la costituisce contribuisce alla conoscenza.

Platone sviluppa la sua visione del mondo attraverso la sua filosofia delle forme, che esprime nelle sue opere *Teeteto* e *Timeo*. In *Teeteto*, inizia a definire la conoscenza attraverso un approccio dialettico, arrivando gradualmente a una definizione della conoscenza. Inizialmente, il pensiero di Teeteto, sotto l'influsso del personaggio Socrate, arriva a una definizione di conoscenza: *"Penso che chi sa qualcosa abbia una percezione della cosa che sa, e per quanto posso vedere, la conoscenza è percezione"*.[1]

A questa risposta, Socrate aggiunge: *"Hai appena detto qualcosa di importante sulla conoscenza, ed è quello che ha detto anche Protagora"*.[2]

Il riferimento a Protagora che fa Teeteto afferma che se la percezione che una persona ha di un oggetto cambia, anche il suo pensiero su quell'oggetto cambierà nel tempo. Così, ciò che sembra essere vero rappresenta il soggettivo, mentre ciò che è veramente costituisce la verità oggettiva. *"Pertanto, ciò che mi colpisce è mio e non di qualcun altro, e quello che provo a riguardo, qualcun altro non può provare"*.[3] Poiché la sensazione è soggettiva, non può essere equiparata alla realtà. Bisogna quindi cercare qualcosa di diverso dalle sensazioni per comprendere le trasformazioni che gli oggetti subiscono. Se tutto fosse dovuto alla sensazione, l'uomo sarebbe la misura di tutte le cose, ma non è così. Ci deve essere un altro elemento che permetta all'uomo di percepire il presente e il divenire delle cose, per stabilire la completezza della percezione sensoriale.

In sostanza, l'essere umano valuta la quantità di sensazioni che percepisce attraverso la sua anima e i suoi pensieri. Questi mettono in relazione i vari oggetti di indagine, stabiliscono comunanze e colgono gli aspetti profondi del mondo sensibile caratterizzati da essenza, diversità e somiglianza.

Platone sostiene che la vera conoscenza sia strettamente legata al

---

[1] Platone, *Teeteto*, Edizione Acrobat a cura di Patrizio Sanasi, p. 6

[2] Protagora fu un filosofo greco. È considerato il padre della sofistica. La filosofia di Protagora è riassumibile in una sua famosa asserzione: *"L'uomo, è la misura di tutte le cose, di quelle che sono in quanto sono e di quelle che non sono in quanto non sono"*. Platone, Teeteto, Edizione Acrobat a cura di Patrizio Sanasi, p. 7

[3] Platone, *Teeteto*, op.cit. p. 11

pensiero umano e non possa essere separata dall'atto di riflettere sulle cose percepite dai sensi, che si sintetizza nell'opinione. Tale opinione può essere strettamente aderente alla realtà di ciò che si percepisce, poiché l'opinione non può essere falsa. Essa si basa sulla conoscenza dell'oggetto di indagine e non sull'assenza di conoscenza relativa all'oggetto stesso.

Non è possibile formarsi false opinioni su cose che non esistono o che non si sono vissute direttamente. In altre parole, l'opinione non può essere falsa se si riferisce a un oggetto che esiste realmente, e l'errore può essere commesso solo nell'attribuire all'oggetto un'essenza che in realtà non gli appartiene. Tuttavia, la conoscenza vera e propria va oltre l'opinione, perché implica una comprensione della natura dell'oggetto indagato, che non può essere raggiunta attraverso l'esperienza sensoriale. In questo senso, Platone sostiene che la vera conoscenza sia una forma di reminiscenza, che richiede un processo di ragionamento logico e di accesso alla dimensione trascendente dell'essere.

"Ma nessuno ha mai fatto in modo che qualcuno che aveva un'opinione falsa concepisse poi opinioni vere. Perché non è possibile pensare opinioni che non esistono, né altro che ciò che si sperimenta: solo queste sono sempre vere".[4]

L'anima quando pensa ragiona con se stessa e davanti all'oggetto dell'indagine pretende un'opinione: *"...è un ragionamento che l'anima compie con se stessa intorno a ciò che prende in esame. Io cerco di renderti chiara la cosa come uno che non sa. Infatti, questo a me appare l'anima quando pensa e nessun'altra cosa se non dialogare con se stessa, interrogandosi e rispondendosi, facendo affermazioni e anche il loro contrario. E quando essa fissa un concetto sia alquanto lentamente, sia alquanto velocemente, come facendo un salto e ormai afferma una cosa e non è più in dubbio, noi stabiliamo che questa è la sua opinione. Tanto che io dico che l'opinione è una forma di ragionamento che avviene internamente, senza la necessità di conversazioni o discorsi esterni"*.[5] L'errore, dunque, non può coesistere nell'anima quando è in relazione stretta con gli oggetti di indagine, presenti al pensiero. *"SOCRATE: Dici bene. Ma attraverso che cosa agisce la*

---

[4] Platone, *Teeteto*, op. cit. p. 14
[5] ivi, p. 26

potenzialità che ti rende chiaro quel che è in comune a tutte le cose e quel che è comune a queste in special modo, quella attraverso cui affermi questo «è» e questo «non è» e tutte le cose che su di esse ora chiediamo? Quali organi attribuirai a tutte queste condizioni attraverso cui la parte sensitiva di noi le avverta a una a una?" - *"TEETETO: Tu dici dunque l'essere e il non essere, la somiglianza e la dissimiglianza, ciò che è identico a se stesso e ciò che è altro, e ancora l'unità e l'altra numerazione su di esse. è evidente che tu domandi anche l'eguale e il dispari e tutte le altre particolarità che fanno seguito a queste, e attraverso quale organo del corpo noi riusciamo a percepirle, con l'anima".*[6]
L'anima deve tenere a mente entrambi i valori opposti per comprendere pienamente un oggetto e se un valore non risiede in essa ma nella memoria, può indurre a errore, dunque tale rischio è reale. *"SOCRATE: Non resta dunque che l'opinare falso consista in questo dal momento che io conosco te e Teodoro e ne conservo i segni in quella materia cerosa come di due sigilli, vi scorgo e non bene da lontano, desidero attribuire il segno congeniale di ciascuno, mettendomi ad armonizzarle ciascuna nella propria orma perché avvenga il riconoscimento ma mancando in questi obiettivi, e come quelli che sbagliano il piede nel calzarsi, facendo uno scambio, metto indosso all'immagine di uno dei due il segno dell'altro, o anche quello che avviene dell'immagine negli specchi, che quello che si trova a destra fluisce sempre verso la sinistra, mi accade di compiere lo stesso errore. Questo tipo di errore porta a una falsa opinione, in cui si attribuiscono qualità di una cosa a un'altra. TEETETO: "La cosa sta in questi termini: tu tratteggi in modo stupendo questa evenienza dell'opinione".*[7]
Secondo Platone, l'opinione per essere vera deve essere supportata dalla ragione (*logos*), che consente di acquisire una conoscenza complessiva dell'oggetto di ricerca. Tuttavia, la ragione da sola non è sufficiente per determinare la scienza, in quanto non può trasformare l'opinione in sapere. In questo senso, Platone nel Teeteto presenta alcune contraddizioni e problemi non risolti nel determinare la conoscenza. Da un lato, fa riferimento alla conoscenza del metodo matematico per avere un concetto

---

[6] ivi, pp. 23-24
[7] Platone, *Teeteto*, op. cit. p. 28

unitario di scienza, mentre dall'altro afferma che la percezione è alla base della conoscenza scientifica, sostenendo così il *"fenomenismo"*[8] di Protagora. Secondo questa dottrina, tutto ciò che appare a un uomo è vero per lui, e quindi opinione e verità sono un tutt'uno, senza possibilità di distinguere il vero dal falso.

Questa visione nega la filosofia come scienza idonea al raggiungimento del sapere, come sosteneva anche la teoria eraclitea del divenire universale, che si realizza tramite la valenza dei contrari, sia sotto il profilo materiale che ideale. In questo continuo divenire, ogni cosa tende a trasformarsi nel suo contrario, compresa la vita umana.

Nel Teeteto si fa riferimento anche alla Scuola Eleatica di Parmenide[9] con la teoria dell'essere: unico, immutabile, e con un mondo fisico prettamente illusorio in cui esiste soltanto una realtà caratterizzata da un'essenza unica, immobile, immortale, indivisibile, finita ed eterna. Ciò perché se esistesse qualcosa di diverso dall'essere, ci sarebbe il non-essere, cosa impossibile

---

[8] Il fenomenismo è una concezione filosofica che sostiene la non esistenza degli oggetti fisici come entità separate dal loro aspetto fenomenico. Secondo il fenomenismo, gli oggetti fisici esistono solo come fenomeni percettivi che generano stimoli sensoriali, i quali sono collocati nel tempo e nello spazio. Questa prospettiva minimizza il valore degli oggetti fisici del mondo tangibile, considerandoli come un insieme di dati sensoriali o strumentali. Il fenomenismo è una dottrina filosofica che si basa sulla teoria della conoscenza (gnoseologia) e sull'ontologia, l'ambito della filosofia che si occupa dell'essere e dell'esistenza degli enti.

[9] Parmenide, antico filosofo greco, dedicò la sua riflessione al concetto dell'Uno. Inizialmente esplorato da Pitagora, l'Uno fu identificato da quest'ultimo come principio fondamentale e unificante della realtà. Secondo Pitagora, essendo un numero dispari, l'Uno possedeva la qualità del limite, che rappresentava la perfezione. La Scuola Eleatica, guidata da Parmenide, sviluppò ulteriormente questa idea, sostenendo che l'intera realtà potesse essere ridotta all'Uno. Parmenide stesso affermò che tutte le manifestazioni fisiche del mondo erano illusorie, lasciando spazio solo a una realtà: quella dell'Essere. L'Essere, secondo Parmenide, era caratterizzato dall'immobilità, dall'immortalità, dall'omogeneità e dall'eternità. Egli argomentò che una realtà opposta all'Essere non potesse coesistere, poiché ciò avrebbe implicato una diversità. Pertanto, qualcosa che è diverso dall'Essere non può esistere, poiché sarebbe un non-essere e il non-essere, di per sé, non può esistere. Parmenide giunse a queste affermazioni utilizzando la logica formale.

perché l'uno non ha separazione. Rimane fermo in Teeteto il concetto che l'opinione vera è conoscenza reale, anche se si considera la possibilità della falsa opinione che può portare alla deduzione della potenzialità conoscitiva e attuale. Inoltre, l'impressione può portare alla conoscenza che è caratterizzata dall'opinione vera, unita alla razionalità.

Il dialogo del Teeteto di Platone si concentra sull'analisi della conoscenza e della possibilità dell'errore scientifico, cercando di comprendere le sfide legate al cambiamento del mondo sensibile e alla stabilità oggettiva del mondo delle idee. Sostiene che la conoscenza vera richiede il supporto della ragione (*logos*), che permette di ottenere una comprensione completa dell'oggetto di ricerca. Tuttavia, la ragione da sola non è sufficiente per raggiungere la scienza, in quanto non può trasformare l'opinione in sapere. Il dialogo esplora le tematiche della sensazione e dell'opinione, mettendo sullo stesso piano la conoscenza e il suo contrario, la verità e l'errore, in un processo dialettico che mira a unificare le diverse idee nell'idea assoluta.

Nel dialogo *Teeteto* di Platone, non viene trattata in modo esplicito la matematica e la geometria, ma Platone riconosce loro un ruolo fondamentale nella sua filosofia. Tuttavia, è possibile fare una sottile connessione con Teodoro Cirene, [10] un matematico e geomentra che potrebbe aver subito l'influenza del pensiero platonico.

Egli afferma, in questa opera, che lo studio della matematica è fondamentale per comprendere gli elementi fisici che costituiscono

---

[10] Teodoro di Cirene, matematico greco del tardo V secolo a.C., è noto per il suo contributo fondamentale alla teoria dei numeri. Appartenente alla Scuola Pitagorica, fu un maestro di illustri pensatori come Platone e giovani ateniesi. Teodoro si distinse per la dimostrazione dell'irrazionalità di numeri noti, come la radice quadrata di tre e di altri non quadrati fino al diciassette. In alcuni studi, si attribuisce a lui, anziché a Pitagora, l'introduzione del concetto di irrazionalità. Un'importante creazione geometrica di Teodoro fu la "*Spirale di Teodoro*", un metodo per costruire la radice quadrata di qualsiasi numero. Questo processo implica la costruzione di una sequenza infinita di triangoli rettangoli, in cui l'ipotenusa del triangolo successivo rappresenta la radice quadrata di un numero. Tra i vari metodi geometrici per costruire le radici quadrate, uno dei più antichi è quello della "*Spirale di Teodoro*", ideato da lui, anche se altri metodi sono stati proposti da Archimede, che si basava sulla sezione aurea, e da Euclide, che applicava il teorema delle proporzioni.

il mondo. Tuttavia, le menzioni degli astronomi Tolomeo[11] e Ipparco[12] come prodotti della tradizione generata dal pensiero di Platone e della tradizione matematica dei Pitagorici richiederebbero ulteriori dettagli e precisazioni.

L'armonia nelle connessioni matematiche e l'idea dell'interconnessione di tutte le cose che unifica la molteplicità nell'unità rappresentano concetti filosofici generali presenti nelle sue idee.

Tutto il divenire, tangibile o cosmologico, fa parte di un ricettacolo informe e invisibile che Platone definisce "*la nutrice di tutto il divenire*". Nell'analizzare la natura della natura, egli si concentra su questo ricettacolo poiché tutto ciò che accade è correlato ad esso. Il ricettacolo può essere percepito come un luogo indeterminato in cui tutta l'evoluzione si colloca a diversi livelli senza alcuna particolarità.

Se consideriamo le moderne teorie fisiche sulla dimensione spazio-temporale, come ad esempio la teoria della relatività generale di Einstein e la meccanica quantistica, emergono concetti che mostrano una mancanza di certezza e una natura sfuggente alla forma.

Queste teorie sono elaborate utilizzando strumenti matematici avanzati e spesso si confrontano con situazioni paradossali e

---

[11] Claudio Tolomeo, noto anche come Tolomeo o Ptolemeo, è stato un astrologo, astronomo e geografo che ha vissuto e lavorato ad Alessandria d'Egitto. È considerato uno dei padri della geografia. Ha scritto diverse opere scientifiche di grande importanza, tra cui l'Almagesto. Questo trattato astronomico descrive un modello geocentrico dell'universo, in cui il Sole, la Luna e i pianeti si muovono su epicicli, che sono cerchi centrati su punti che a loro volta si muovono attorno a un cerchio più grande, centrato direttamente sulla Terra. L'*Almagesto* ha avuto un'influenza significativa sulla concezione del sistema solare e dell'universo per molti secoli.

[12] Ipparco di Nicea è stato un astronomo e geografo greco vissuto tra il 190 e il 120 a.C. È noto soprattutto per aver scoperto la precessione degli equinozi. La precessione degli equinozi è un fenomeno astronomico in cui l'asse di rotazione terrestre compie un movimento circolare che causa un lento spostamento dell'orientamento dell'asse rispetto alle stelle fisse nel corso del tempo. Questo movimento è il risultato dell'interazione tra la forma non sferica della Terra e le forze gravitazionali esercitate dalla Luna e dal Sole. Ipparco fu uno dei primi astronomi a studiare e comprendere questo fenomeno, che ha importanti implicazioni nella misurazione del tempo e nella posizione delle stelle nel corso delle ere.

fenomeni non intuitivi. Questa mancanza di certezza e di forma intrinseca alla dimensione spazio-temporale avvalora il concetto astratto di Platone espresso tramite il suo concetto di "ricettacolo". Secondo lui, il ricettacolo rappresenta uno stato primordiale in cui la materia e la dimensione spazio-temporale stesse sono prive di una forma definita. È uno stato di potenzialità, un luogo indeterminato in cui le forme si manifestano e si dissolvono.

Nel suo Timeo, attribuisce grande importanza cosmologica all'universo. Egli presenta una visione demiurgica in cui il demiurgo, un'entità divina o un'intelligenza superiore, crea l'universo seguendo un modello incorruttibile, eterno e perfetto del mondo delle idee. Questo modello ideale rappresenta l'essenza di ogni cosa, comprese le leggi fondamentali che governano il nostro universo. L'origine dell'universo viene descritta come una medietà tra l'aspetto demiurgico, rappresentato dalla causa intelligente e ordinatrice, e il Dio sensibile, che incarna il mondo fisico e materiale.

Nel contesto del Timeo, Platone espone la sua concezione del divenire, che è il processo di trasformazione e cambiamento che caratterizza l'universo materiale. L'essere, inteso come l'idea immutabile e perfetta, costituisce la base stabile e oggettiva su cui si sviluppa il divenire. Quest'ultimo è il risultato dell'interazione tra l'essere e la materia, che è soggetta a mutamenti e imperfezioni.

"A mio avviso si devono innanzitutto distinguere queste cose: che cos'è ciò che sempre è e non ha nascita, e che cos'è ciò che sempre si genera, e che mai non è? L'uno si apprende con l'intelligenza e mediante il ragionamento, poiché è sempre allo stesso modo, l'altro si congettura con l'opinione mediante la sensazione irrazionale, poiché si genera e muore, e in realtà non è mai. Tutto ciò che è generato si genera necessariamente per una causa: infatti, per ogni cosa è impossibile generarsi senza una causa. Quando l'artefice, rivolgendo il suo sguardo verso ciò che è sempre allo stesso modo e servendosi di una tale entità come di un modello, realizza la forma e la proprietà di qualche cosa, è necessariamente bello tutto quello che in questo modo realizza".[13]

Con questo ragionamento, Timeo propone una netta distinzione concettuale, la prima, ciò che sempre è ed è stato e non ha origine e

---

[13] Platone, *Timeo*, Edizione Acrobat a cura di Patrizio Sanasi, p. 6

la seconda, ciò che si trasforma e non è mai. *"Se questo mondo è bello e l'artefice è buono è chiaro che guardò al modello eterno: altrimenti, ma non è neppure lecito dirlo, a quello generato, è chiaro ad ognuno che rivolse il suo sguardo al modello eterno, poiché è il più bello fra i mondi generati, e l'artefice, fra le cause, quella migliore. Generato in questo modo, il mondo è stato realizzato sulla base di quel modello che può essere appreso con la ragione e l'intelletto e che è sempre allo stesso modo: stando così le cose, vi è assoluta necessità che questo mondo sia ad immagine di qualcosa"*.[14]

La prima realtà può essere compresa attraverso la presentazione di un concetto tramite la facoltà intellettiva, mentre la seconda si può cogliere grazie alla sensazione senza l'ausilio dell'intelletto.

Da un lato, vi è la verità stabile, ciò che è costante nel tempo, mentre dall'altro c'è il mondo contingente, soggetto al continuo divenire.

Secondo Platone, la matematica, considerata una scienza esatta, fa parte della verità stabile, mentre tutto ciò che appartiene alla scienza della natura, soggetto al divenire, è provvisorio.

Timeo aggiunge che tutto ciò che nasce è causato da una causa, perché nulla può generarsi senza una causa.

Il Demiurgo[15] considera ciò che è come un modello che genera forma e potenza per manifestare la bellezza intrinseca. Se, invece, considera il divenire come modello, genera transitorietà e il contrario del bello.

D'altra parte, il mondo che percepiamo attraverso i sensi, sebbene fisico, è concepito in modo che possa essere compreso anche grazie alla ragione.

Tuttavia, è anche una rappresentazione degradata di una verità esistente nel mondo delle idee, pur essendo uguale a se stesso e

---

[14] Platone, *Timeo*, op. cit. p. 6

[15] Il termine "*Demiurgo*" è una figura filosofica e mitologica che si riferisce a un'entità creatrice o a un artigiano divino. Questo concetto è stato introdotto da Platone nel dialogo filosofico chiamato *Timeo*. Nel *Timeo*, Platone descrive il demiurgo come un essere divino che plasma e ordina il cosmo sulla base di un modello intelligibile. Il termine "*demiurgo*" è stato successivamente adottato e sviluppato da altre tradizioni filosofiche e teologiche per indicare un'entità creatrice o un principio ordinatore del mondo.

uno. Per questo motivo, esso è immagine di qualcosa che è immutabile in sé.

Per comprendere la verità, è necessario risalire alla causa generatrice facendo una distinzione tra il valore dell'immagine che percepiamo attraverso i sensi e il modello ideale presente nel mondo delle idee.

Tale comprensione richiede l'uso di un'adeguata dialettica affinché il discorso conoscitivo sia altamente adeguato all'interpretazione reale dell'oggetto di studio. Il ragionamento sui temi unici deve essere espresso con parole inconfutabili, mentre sui temi riguardanti l'immagine, le parole rispetto al modello, possono avere valore analogico, perché siamo esseri umani e non dèi.

La causa non deve essere intesa in modo aristotelico come "*efficiente*", ma come la "*ragione d'essere di tutte le cose*", ovvero come la mera verità del mondo delle idee da cui tutte le cose tangibili divengono, spogliate dal caos originario.

Dunque, il modello a cui il Demiurgo si ispira è il concetto di "*Bene*", che rappresenta la verità caratteristica del mondo ideale, la sua ragione d'essere e il suo fine, da cui si sono generate tutte le cose manifeste e sensibili, incluso l'uomo.

Secondo Platone, dopo un periodo di esperienza sensibile, l'anima umana si innalza al piano dell'indistruttibile e dell'eterno, come affermato nel dialogo *Fedone*[16]: "*Ma, ora, tornando all'immortale, se siamo d'accordo che esso è indistruttibile, l'anima oltre ad essere immortale sarà anche indistruttibile*".[17] Tutto questo non può essere concepito senza intelligenza e non può essere fatto senza l'anima; a dimostrazione di questa asserzione il Demiurgo dotò l'anima di intelligenza e la inserì nei corpi fabbricando l'universo. "*Non era lecito e non è possibile all'essere*

---

[16] *Il Fedone* è uno dei dialoghi più celebri di Platone, in cui vengono affrontati temi legati all'immortalità dell'anima e alla filosofia della morte. I personaggi principali presenti nel dialogo sono: Fedone di Elide, un allievo di Socrate che è il narratore principale; Echecrate di Fliunte, un filosofo pitagorico che ascolta il racconto di Fedone; Socrate stesso, il famoso filosofo ateniese e maestro di Platone; Simmia di Tebe, un filosofo tebano e allievo di Filolao; Cebete di Tebe, un altro allievo di Filolao; e Critone, un facoltoso cittadino ateniese e amico di Socrate. Questi personaggi partecipano al dialogo e contribuiscono alla discussione sul tema della morte e dell'immortalità dell'anima.

[17] Platone, *Fedone*, Edizione Acrobat a cura di Patrizio Sanasi, LV, p. 31

ottimo fare altro se non ciò che è più bello: ragionando dunque trovò che dalle cose che sono naturalmente visibili non si sarebbe potuto trarre un tutto che non avesse intelligenza e che fosse più bello di un tutto provvisto di intelligenza, e che inoltre era impossibile che qualcosa avesse intelligenza ma fosse separato dall'anima. In virtù di questo ragionamento, ordinando insieme l'intelligenza nell'anima e l'anima nel corpo realizzò l'universo, in modo che l'opera da lui realizzata fosse la più bella e la migliore per natura. Così dunque, secondo un ragionamento verosimile dobbiamo dire che questo mondo è un essere vivente dotato di anima, di intelligenza, e in verità generato grazie alla provvidenza del dio".[18]

Il cosmo, dunque, è un essere animato e intelligente generato da Dio. È una manifestazione del mondo delle idee resa visibile e tangibile attraverso un velo. Per renderlo visibile e luminoso, il fuoco fu creato come elemento primordiale, mentre per renderlo tangibile e solido, fu creata la terra. Inoltre, il Demiurgo accostò anche elementi intermedi come l'aria e l'acqua per renderlo più saldo. Se ci fossero stati soltanto i due primi elementi senza i medi proporzionali, la terra sarebbe risultata senza profondità. Poiché il mondo è costituito anche da questa qualità, la proporzione si è dovuta arricchire dei due elementi intermedi. Con questi quattro elementi, già evidenziati da Empedocle, il Demiurgo costituì un mondo immune dalla disgregazione. La forma che gli attribuì fu quella sferica, perché più vicina alla forma del suo creatore e, di conseguenza, perfetta.

Il cosmo non possiede occhi per osservare, bocca per nutrirsi, mani per toccare, piedi per spostarsi o orecchie per ascoltare, poiché non ha bisogno di queste facoltà sensoriali.

Tuttavia, il Demiurgo gli conferì un movimento circolare, ritenuto più armonico, stabile e in linea con la perfezione del suo creatore, oltre a essere simbolico della continuità e dell'eternità. *"Di qui, cominciando a realizzare il corpo dell'universo, lo fece di fuoco e di terra. Tuttavia non è possibile unire due soli elementi senza disporre di un terzo: dunque in mezzo vi dev'essere un legame che li unisca entrambi. Fra i legami il più bello è quello che faccia, per quanto è possibile, un'unica cosa di sé e dei termini*

---

[18] Platone, *Timeo*, op. cit. p. 6

legati insieme; ed è la proporzione che realizza ciò nel modo migliore. Perché quando di tre numeri, o masse, o potenze che siano, il medio sta all'ultimo come il primo sta al medio, e d'altra parte il medio sta al primo come l'ultimo sta al medio, allora il medio, divenendo primo e ultimo, e l'ultimo e il primo divenendo medi, così accadrà che tutti diventino necessariamente la stessa cosa, e diventando la stessa cosa fra loro, saranno tutti un'unità".[19] Qui Platone entra nella proporzione geometrica spiegando che il prodotto del primo e dell'ultimo termine è uguale al prodotto dei medi che, pur essendo invertiti, mantengono sempre la loro proporzione. "*Quanto all'anima, il dio non la fabbricò più giovane del corpo, così come adesso facciamo noi, cominciando a parlarne dopo: non permise, infatti, che nell'atto di unirsi insieme, il più vecchio fosse comandato dal più giovane. Ma noi che prendiamo parte in larga misura della sorte anche a caso parliamo. Il dio prima del corpo formò l'anima e la generò più vecchia per generazione e per virtù, in modo che fosse padrona del corpo e questi obbedisse. La generò formata di tali elementi e in base a tale criterio. Dell'essenza indivisibile e che è sempre allo stesso modo e di quella divisibile che si genera nei corpi, da tutte e due, dopo averle mescolate, formò una terza specie di essenza intermedia, che prende parte della natura del medesimo e dell'altro, e così la pose in mezzo tra l'essenza indivisibile e quella divisibile secondo i corpi: e dopo averle prese tutte e tre, le mescolò in una sola specie collegando a forza la natura dell'altro, che rifiutava di mescolarsi, con quella del medesimo. Mescolando queste due nature con l'essenza, e di tre facendone una sola, divise di nuovo questa totalità in quante parti conveniva, risultando ciascuna dalla mescolanza del medesimo, dell'altro e dell'essenza. Cominciò a dividere così: prima tolse dal tutto una parte, dopo di questa tolse una doppia della prima, quindi una terza, una volta e mezzo più grande della seconda e il triplo della prima, poi una quarta doppia della seconda, una quinta tripla della terza, una sesta che era otto volte la prima, una settima ventisette volte più grande della prima*".[20]

---

[19] Platone, *Timeo*, op. cit. p. 7
[20] Platone, *Timeo*, op. cit. p. 7

Platone, in questo contesto, affronta la questione della composizione dell'anima del mondo e cerca di fornire una spiegazione seguendo il metodo pitagorico, nel quale la progressione numerica rappresenta le parti dell'anima del mondo: 1, 2, 3, 4, 8, 9, 27. Questi numeri sono associati agli astri conosciuti fino a quel momento: la Luna, il Sole, Venere, Mercurio, Marte, Giove e Saturno, che corrispondono rispettivamente ai numeri 1, 2, 3, 4, 8, 9 e 27. L'intero universo segue un movimento circolare regolato da una progressione geometrica.

Successivamente, Platone passa a considerare la costruzione dell'anima del mondo utilizzando il modello delle leggi armoniche della scala musicale, che era conosciuta al suo tempo e caratterizzata dall'ottacordo diatonico dorico. L'anima del mondo, quindi, è stata creata secondo le leggi dell'armonia musicale e, in quanto ragione e armonia allo stesso tempo, rappresenta la perfezione tra tutte le cose create. *Dopo di ciò, riempì gli intervalli doppi e tripli, tagliando ancora dal tutto altre parti e ponendole in mezzo a questi intervalli, sicché in ciascun intervallo vi fossero due medi, e uno superasse gli estremi e fosse superato della stessa frazione di ciascuno di essi, mentre l'altro superasse e fosse superato dallo stesso numero. Originandosi da questi legami nei precedenti intervalli nuovi intervalli di uno e mezzo, di uno e un terzo, e di uno e un ottavo, riempì tutti gli intervalli di uno e un terzo con l'intervallo di uno e un ottavo, lasciando una piccola parte di ciascuno di essi, in modo che l'intervallo lasciato di questa piccola parte fosse definito dai valori di un rapporto numerico, come duecentocinquantasei sta a duecentoquarantatré". Affronta il discorso nella sua totalità parlando delle qualità del cosmo e del suo ordine espressamente caratterizzato di unità e da un'immagine eterna che procede secondo il numero, chiamato tempo. "E i giorni e le notti, e i mesi e gli anni, che non esistevano prima che il cielo fosse generato, fece allora in modo che essi nascessero nel momento in cui componeva il cielo".*[21]

Per dare origine al concetto di tempo, il Demiurgo crea il sole, la luna e gli altri astri, comunemente conosciuti come pianeti. Questi astri sono associati al concetto di tempo in quanto rappresentano le

---

[21] ivi, p. 8

sue misurazioni. Infatti, all'interno di un'unità di tempo o, per meglio dire, in un frammento infinitesimale contenuto all'interno dell'unità, si genera l'istante. *"Non infatti dall'essere in quiete, che persiste ancora nella sua condizione di immobilità, ha origine il mutamento, né dal moto ancora in movimento: ma questa singolare natura dell'istante risiede in un punto mediano, fra il moto e la quiete, e non è in alcun tempo, e nell'istante e dall'istante ciò che è in moto si muta verso l'essere in quiete, e ciò che è in quiete si muta verso l'essere in moto".*[22]

Il sole risplende in tutto il cielo, offrendo la sua luce a tutti gli esseri viventi che desiderano acquisire la conoscenza dei numeri. Attraverso l'osservazione del movimento del sole stesso, gli individui possono comprendere e distinguere la differenza tra ciò che è identico e ciò che è simile. *"Ora le osservazioni del giorno e della notte, dei mesi e dei periodi degli anni, degli equinozi e dei solstizi hanno procurato il numero, e hanno fornito la riflessione sul tempo e la ricerca sulla natura dell'universo: da queste cose abbiamo ottenuto il genere della filosofia, di cui nessun bene più grande giunse, né giungerà mai alla stirpe mortale come dono degli dèi".*[23]

Platone inizia la sua discussione sull'astronomia, trattando delle distanze dei pianeti e delle continue trasformazioni degli elementi che possono essere difficili da comprendere per gli osservatori. Infatti, gli elementi sono soggetti a un perpetuo cambiamento, poiché sono e non sono allo stesso tempo, e quindi divengono. Platone afferma che: *"in primo luogo, ciò che abbiamo appena chiamato acqua, condensandosi, sembra diventare pietra e terra".*[24]

Per ottenere una comprensione chiara della costituzione degli elementi e fornire una risposta adeguata al loro mutamento, è essenziale comprendere approfonditamente la loro struttura. Questa risposta si trova nella precisione della geometria, che ci aiuta a conoscere i componenti dei vari elementi attraverso la varietà dei triangoli.

---

[22] Platone, *Parmenide*, Edizione Acrobat a cura di Patrizio Sanasi, p. 19
[23] Platone, *Timeo*, op. cit. p. 12
[24] Ibidem

Nel contesto spaziale, le forme si manifestano in una dimensione condivisa con lo spazio, contribuendo alle basi concettuali di concetti attuali come luogo e posizione. Platone afferma che prima dell'esistenza del cielo, esistevano i tre principi dell'essere, dello spazio e del divenire. Il recipiente idoneo a ospitare tutte le forme era costituito da un movimento caotico in cui gli elementi leggeri tendevano verso l'alto e quelli pesanti verso il basso. I movimenti primordiali erano due: quello caratteristico degli elementi e il movimento della matrice che, attratto dal simile e respinto dal dissimile, era caratterizzato dal caos. L'intervento del Demiurgo organizza il caos attraverso l'utilizzo dei numeri, creando un ordine che incarna il bello e il buono.

I corpi elementari possiedono piani e profondità, e quindi sono composti da triangoli. Tra i vari tipi di triangoli, si trovano il triangolo rettangolo isoscele, con angoli di 90°, 45°, 45°, e il triangolo rettangolo scaleno, con angoli di 90°, 60°, 30°. Dei due, il triangolo scaleno si avvicina maggiormente alla bellezza per la proporzione dei suoi angoli. Inoltre, la sua bellezza risiede nel fatto che se ripetuto sei volte, genera un triangolo equilatero.

I quattro elementi principali del mondo, terra, aria, acqua e fuoco, sono generati dalla combinazione di questi due tipi di triangoli. Oltre a occupare il piano, i quattro elementi occupano anche lo spazio, quindi è necessario fare riferimento anche a solidi come il cubo, il tetraedro, l'ottaedro, l'icosaedro e il dodecaedro.

La terra assume la forma di un cubo, che è il risultato dell'unione di ventiquattro triangoli rettangoli isosceli, quattro triangoli per ogni faccia. Il fuoco, invece, ha forma di tetraedro, ottenuto dall'unione di ventiquattro triangoli rettangoli scaleni, sei per ogni faccia. L'aria ha forma di ottaedro, formato dall'unione di quarantotto triangoli rettangoli scaleni, sei per ogni faccia. L'acqua si manifesta come un icosaedro, composto da centoventi triangoli rettangoli scaleni, sei per ogni faccia. Il dodecaedro, infine, rappresenta la base della creazione divina.

Nel caso di singoli elementi, occorre considerare le diverse tipologie di ciascun elemento. Nella rappresentazione geometrica di un singolo elemento, possono manifestarsi diverse combinazioni di triangoli isosceli in base a una specifica potenza: il due. Ad esempio, possono esserci tre diverse combinazioni di due, quattro o otto triangoli isosceli, formando quadrati di dimensioni diverse e rappresentando i vari gradi dell'elemento terra.

Anche le parti più minute degli elementi dissolti possono stabilirsi nei triangoli che li compongono, mantenendo la loro struttura di appartenenza. Ad esempio, le strutture appartenenti al triangolo isoscele non possono mescolarsi con le strutture appartenenti al triangolo scaleno. Questo principio si applica principalmente all'elemento terra, poiché i triangoli elementari derivanti dalla dissoluzione degli altri elementi possono ricombinarsi in modo variabile, essendo tutti dello stesso tipo. Ad esempio, una particella infinitesimale di acqua può far parte di una particella di fuoco e la stessa particella può trasformarsi in due particelle di aria e una di fuoco.

Il principio dominante sottostà all'idea armonica di cui abbiamo già discusso, ma è importante considerare anche la qualità degli elementi nella loro struttura particellare. La qualità degli elementi dipende dalla loro stabilità o instabilità. L'elemento terra, composto da particelle a forma di cubo che derivano da triangoli rettangoli isosceli, rappresenta la massima immobilità e stabilità. Infatti, i solidi basati sui triangoli rettangoli isosceli sono tra i più stabili. Gli altri elementi, invece, presentano diversi gradi di mobilità.

L'acqua, con la forma di un icosaedro, è meno mobile rispetto al fuoco, che ha la forma di un tetraedro. L'aria, invece, con la forma di un ottaedro, ha una mobilità intermedia tra il fuoco e l'acqua. L'icosaedro è meno mobile del tetraedro, mentre l'ottaedro si posiziona a metà strada tra l'icosaedro e il tetraedro in termini di mobilità. Il tetraedro risulta essere la particella più mobile poiché ha meno facce di base ed è la più leggera tra gli elementi.

È importante notare che tutti gli elementi dell'universo sono in continuo movimento e non conoscono la quiete.

L'universo platonico, come descritto da Platone nel dialogo *Timeo*, non include il concetto di vuoto. Inoltre, Platone non riconosce un elemento specifico chiamato "*Quintessenza*"[25] o

---

[25] Nella fisica aristotelica, la quintessenza (anche nota come etere) era considerata l'elemento costitutivo dell'universo, aggiunto ai quattro elementi della fisica di Empedocle (terra, acqua, aria, fuoco). Secondo Aristotele, l'etere o la quintessenza era un elemento celeste e incorruttibile, che costituiva le sfere celesti e il moto dei corpi celesti. Era ritenuto diverso dai quattro elementi terreni e considerato come il principio dell'eternità e della perfezione.

"*etere*" nel senso aristotelico. "*Allo stesso modo per quanto riguarda l'aria, la parte più luminosa viene chiamata etere, la parte più torbida viene detta nebbia e tenebra, e vi sono altre specie che non hanno nome...*".[26] Sebbene nel *Timeo* Platone menzioni l'aria e descriva diverse sue caratteristiche, come la parte più luminosa chiamata "*etere*" e la parte più torbida chiamata "*nebbia*" o "*tenebra*", non fa riferimento a un quinto elemento all'interno di una teoria degli elementi.

Nell'Epinomide, si sottolinea l'importanza della conoscenza matematica e si afferma che il disordine regna dove manca una consapevolezza matematica. Guardando il cielo e osservando il movimento degli astri che determina le stagioni, si può apprezzare l'ordine e la conoscenza derivante dai numeri. L'Epinomide introduce anche una discussione sulla teoria degli elementi che costituiscono il mondo. Oltre ai quattro elementi trattati nel Timeo (terra, acqua, aria e fuoco), viene introdotto un quinto elemento, spesso chiamato "*etere*". Questo elemento è considerato di natura superiore agli altri e rappresenta l'essenza dell'armonia e dell'intelligenza cosmica. *"Ed è proprio a questa specie e a nessun'altra che spetta il compito di plasmare e di dare forma, mentre al corpo, come dicevamo, spetta d'essere plasmato, generato e percepito dalla vista; all'altra specie - ripetiamo, ché non è cosa da dirsi una volta sola - spetta di essere invisibile, intelligente, intelligibile, dotato di memoria e di capacità di riconoscere, per via dì calcolo, l'alternarsi del pari e del dispari. Se dunque i corpi sono cinque, bisogna dire che essi sono: il fuoco, l'acqua, terza l'aria, quarta la terra, quinto l'etere. A seconda che prevalga l'uno o l'altro si formano, numerosi e d'ogni specie, i singoli esseri viventi"*.[27]

La scienza dei numeri, secondo Platone, è considerata una scienza che si rivolge esclusivamente al bene. I numeri sono fondamentali per molte attività umane, come l'arte, la misurazione del tempo (passaggio della luna, conteggio degli anni, dei mesi e dei giorni) e la connessione con la terra, che fornisce gli alimenti essenziali per la vita. L'utilizzo dei numeri permette di comprendere e interagire con il mondo circostante.

---

[26] Platone, *Timeo*, op. cit. p. 16
[27] Platone, *Epinomide*, Edizione Acrobat a cura di Patrizio Sanasi, p. 5

L'introduzione dell'"*etere*" come quinto elemento completa l'argomento riguardo agli elementi costitutivi del mondo. Questo concetto viene discusso nell'Epinomide, dialogo attribuito a Platone. L'etere è considerato un elemento superiore e rappresenta l'essenza dell'armonia e dell'intelligenza cosmica.

Platone parla anche degli esseri viventi e dei loro movimenti, sostenendo che tali movimenti possono essere influenzati dalla predominanza di uno dei cinque elementi (terra, acqua, aria, fuoco ed etere). Questo implica che le diverse combinazioni e proporzioni degli elementi possono influenzare le caratteristiche e i comportamenti degli esseri viventi.

Per comprendere appieno la regolazione di questa diversità, Platone sostiene che sia importante avere conoscenze astronomiche. L'astronomia, come scienza, studia i movimenti degli astri e può fornire una comprensione più profonda della struttura e del funzionamento dell'universo. *"...il vero astronomo è, per necessità, anche un grandissimo sapiente: il riferimento non è a chi pratica l'astronomia alla maniera di Esiodo e dei suoi successori, i quali si limitano ad osservare il sorgere e il tramontare delle stelle, ma a chi delle otto orbite ne ha individuato almeno sette, ciascuna con il proprio moto di rivoluzione"*.[28]

Per studiare e comprendere il movimento dei pianeti, Platone sostiene che sia necessario possedere molte competenze ed esperienze. In particolare, si deve avere una padronanza delle scienze matematiche e dei numeri, sia concreti che astratti, per comprendere appieno la loro influenza sulla natura delle cose.

Dopo la matematica, Platone colloca la geometria come una disciplina importante per comprendere la commensurabilità delle superfici piane. *"dato che i numeri, per natura, non sono fra loro commensurabili, con la geometria, la commensurabilità, riferita alla categoria delle superfici piane, diventa evidente"*.[29]

La musica, con la sua armonia, occupa un ruolo significativo nel sistema di Platone. Egli sostiene che l'armonia musicale permea tutto il mondo e ha una connessione profonda con le altre

---

[28] Platone in Epinomide, Brano da *Il grande racconto* di Biagio Catalano, Ed. Lulu, 2010, p. 70
[29] Platone, *Timeo*, op. cit. p. 8

discipline. Le conoscenze in matematica, geometria e musica conducono a una comprensione più elevata e possono portare a un rapporto con il divino.

Platone considera la sua filosofia di grande importanza poiché il concetto di unità, che permea tutto il suo sistema di pensiero, forma le basi per la formazione e l'evoluzione della scienza.

Egli viene considerato un razionalista in quanto basa la sua ragione su qualcosa di impersonale, assoluto e divino. Inoltre, Platone è un idealista che considera la ragione come il luogo e la sostanza delle idee in un universo intellegibile dotato di realtà e veridicità.

Platone può essere considerato un filosofo trascendentale con una tendenza verso l'idealismo. Egli non si limita a considerare solo la conoscenza dell'infinito e dell'essenza delle cose in sé e per sé, ma esprime una concezione unitaria che non permette di separare completamente la diversità delle cose. Tuttavia, Platone riconosce la varietà delle cose nella sua forma di pensiero, poiché questa varietà fa parte del suo concetto di contingenza.

Platone, pur riconoscendo i limiti della cosmologia e delle scienze naturali del suo tempo, non adotta un approccio critico scientifico simile a quello contemporaneo. La sua filosofia si concentra sulla ricerca della verità attraverso la ragione e l'intuizione, piuttosto che sulla necessità di ridefinire costantemente i concetti in base all'esperienza empirica, come avviene nel criticismo scientifico moderno.

14. Aristotele ed Eudosso

Platone affrontò tutti i problemi della conoscenza nella sua teoria, distinguendo tra sensazioni e nozioni astratte. Focalizzò la sua meditazione sulle idee e ogni volta che esplorò le sensazioni e le nozioni dell'intelletto, fece sempre riferimento al mondo delle idee per dimostrarne la rilevanza. Esaminò a fondo la sensazione in relazione alle idee, per dimostrarne l'inadeguatezza, e interruppe l'indagine del mondo sensibile per considerare il mondo ideale. Rimase indefinitamente generale riguardo al rapporto logico con la nozione comune.

Se Platone fu il padre della dottrina delle idee, Aristotele fu il creatore delle nozioni astratte che si collocano tra il concetto platonico di ideale e realtà. Platone e Aristotele avevano concezioni diverse della struttura della conoscenza. Il primo assegnava lo scopo di ogni sforzo intellettuale all'ideale che identificava con Dio, ragione prima di tutte le scienze, attraverso la quale l'uomo poteva cogliere il valore dell'unità. Il secondo, invece, esaminò la natura dell'uomo e concepì una filosofia caratterizzata dalla ragione ultima di tutto ciò che esiste.

Platone vedeva il mondo come una realtà materiale e frammentata che rifletteva un mondo superiore, intangibile ed eterno: l'iperuranio.[1] La vera conoscenza (epistème)[2] poteva essere raggiunta solo attraverso la comprensione del mondo ideale, perché il mondo materiale era caratterizzato dall'opinione (dòxa).[3]

---

[1] Nella filosofia di Platone, l'iperuranio è un concetto espresso nel dialogo del Fedro, ma la sua teoria delle idee, ad essa collegata, era stata precedentemente esposta nella *Repubblica*. Secondo Platone, l'iperuranio è la regione al di là del cielo, dove risiedono le idee. Rappresenta un mondo eterno, immutabile e spirituale, accessibile solo attraverso l'intelletto e non accessibile a ciò che è considerato corruttibile o materiale. L'iperuranio rappresenta quindi una dimensione metafisica, atemporale e trascendente rispetto allo spazio fisico.

[2] "*Episteme*" è un termine di origine greca che indica la "*conoscenza scientifica*" o la "*conoscenza basata su principi razionali e dimostrabili*". Platone ha contrapposto l'episteme alla "*dòxa*", che indica l'"*opinione*" o la "*credenza*" non basata su una conoscenza rigorosa. Secondo Platone, l'episteme rappresenta un grado superiore di conoscenza rispetto alla dòxa, poiché è fondata su principi e ragionamenti logici, mentre la dòxa può essere influenzata da opinioni soggettive e percezioni errate.

[3] "*Dòxa*" (δόξα) è un termine greco che indica l'"*opinione*" o la "*credenza*"

Il mondo materiale era determinato dall'ambiguità e mancava di autonomia poiché era una copia imperfetta del mondo delle idee. Secondo Aristotele, non esisteva il mondo delle idee, ma solo quello sensibile che non dipendeva da altro. Ogni conoscenza, per quanto riguardava il contenuto, aveva origine dall'esperienza sensibile, anche se la natura dell'esperienza non poteva essere considerata la natura della scienza. I sensi permettono di cogliere ciò che è particolare per noi e in noi, nonché ciò che è attuale, mentre la scienza rivela ciò che è generale e universale, indipendentemente dal tempo e dallo spazio, e fa percepire la causa di tutte le cose. Secondo Aristotele, la sensazione interpreta la trasformazione a cui l'anima va incontro quando percepisce un oggetto per mezzo degli organi fisici. I sensi permettono di percepire la parte esterna delle cose, ovvero la loro contingenza come forma e apparenza, mentre il pensiero conduce alla deduzione della loro parte stabile e perenne. La sensazione, quindi, non porta mai in errore poiché esprime sempre uno stato concreto dell'anima. È importante distinguere tra tre tipi di sensazione: quella che permette di percepire ciò che l'oggetto è, quella che permette di percepire ciò che l'oggetto è in generale, inserito nella dimensione spazio-temporale, e quella che permette di percepire ciò che l'oggetto è individualmente. L'oggetto può essere percepito anche senza l'ausilio diretto degli organi di senso, per mezzo del senso comune che unisce e confronta le percezioni.

Attraverso questo procedimento, si raggiunge una percezione complessiva degli oggetti che appartengono alla stessa categoria. Tale procedimento è coadiuvato principalmente dall'immaginazione, che riproduce i cambiamenti sensoriali ed è attiva anche in assenza dell'oggetto, e dalla memoria, che conserva la percezione dell'oggetto rilevato e ne costituisce l'esperienza. Questa esperienza rappresenta la base della scienza, la quale conduce alla conoscenza dei principi e delle cause.

I sensi, l'immaginazione e la memoria non risiedono

---

soggettiva e non necessariamente basata su una certezza obiettiva della verità. Nella filosofia greca, la dòxa rappresenta un tipo di conoscenza che può essere influenzato da percezioni individuali, opinioni personali, convinzioni culturali o tradizioni, e non necessariamente segue un metodo di verifica rigoroso o una base razionale. È spesso contrapposta all'"*episteme*", che rappresenta una forma di conoscenza fondata su principi razionali e dimostrabili.

nell'intuizione generale, ma nell'anima. Quindi, il sensibile si trova nella parte indifferente dell'anima, mentre la ragione appartiene alla sua parte attiva. Grazie all'intelletto, si formano nozioni astratte che collegano gli oggetti all'esperienza per definire i principi e le cause che si riconducono alla ragione universale di tutte le cose e alla comprensione dell'essere nella sua concretezza. Queste cause non hanno bisogno di dimostrazione, poiché sono certe e immediate. Pertanto, il pensiero razionale non dipende dai sensi, che possono essere mutevoli, individuali e momentanei (ragione particolare), ma è attivo, eterno, immutabile e divino (ragione universale).

Nella sua *"filosofia prima"*, [4] Aristotele indaga sulle cause prime e sui principi primi e supremi, ovvero le cause che determinano ogni cosa esistente nel mondo e la loro composizione. Per comprendere la realtà e spiegare le cose nel loro divenire, è importante comprendere la ragione di queste cause.

Esistono quattro cause: la formale, la materiale, la causa efficiente e la finale. Le prime due realizzano la forma e la materia, che bastano già a spiegare la realtà sotto il profilo statico. Se invece consideriamo la realtà sotto il profilo dinamico, cioè nel suo divenire e nel suo alterarsi, allora le prime due cause, quella formale e materiale, non sono da sole idonee a darci il concetto della realtà. Per conoscere un vaso, ad esempio, dobbiamo sapere di cosa è fatto. Se è fatto di terracotta, la terra cotta rappresenta la causa materiale dell'oggetto. La sua forma lo rende unico e diverso da un altro vaso, e rappresenta la causa formale. Il vasaio che lo ha modellato rappresenta la causa efficiente. Se è stato modellato per essere messo in un museo, la collocazione ultima rappresenta la causa finale. Ma le cause possono anche essere determinate da un essere naturale o da un oggetto materiale.

Per quanto riguarda l'essere naturale, ad esempio tutto il processo che porta alla nascita, dalla fase dell'unione fino alla somiglianza del nascituro, è necessario esaminare il merito della causa interna

---

[4] Aristotele considerava la filosofia prima o teologia come la scienza che si occupa della realtà al di sopra della scienza fisica. La teologia aristotelica indaga sulle cause e sui principi primi e supremi, come l'essere in quanto essere, la sostanza, Dio e la sostanza soprasensibile. Per Aristotele, la teologia rappresenta la più alta forma di conoscenza, che si occupa degli aspetti metafisici e trascendenti della realtà.

ed esterna, che in prima analisi possono sembrare similari ma che mostrano differenze sostanziali nel loro valore. Nel caso del vaso, il processo non va dalla forma interna alla materia. Il vasaio avrebbe potuto produrre il vaso anche con il legno o il ferro, mentre per il processo naturale la forma è interna alla materia e la causa efficiente agisce solo all'inizio del processo.

In questo caso, il legame tra materia e forma è molto più stretto, per cui la causalità naturale determina l'ordine della natura e risiede in essa stessa. Questa fase dinamica razionale è di una verità incontestabile basata su un divenire semplice. Nella funzione razionale c'è una doppia operazione da considerare: una che si adatta alle nozioni semplici e l'altra che si adatta agli oggetti composti, nell'intento di formare un tutto. La verità si definisce mediante l'uso di affermazioni o negazioni che non possono essere espresse e avvalorate nello stesso momento su un unico soggetto di conoscenza, per cui sul piano della verità è impossibile che una cosa sia e nello stesso tempo non sia. Pertanto, la sostanza è l'equivalente ontologico del principio di non contraddizione.

Aristotele rielabora l'ontologia[5] eleatica e supera il concetto parmenideo secondo cui l'essere è unico e statico, argomentando che tutte le espressioni relative all'essere contengono in sé un riferimento comune unitario, strutturato dalla sostanza.

Quest'ultima rappresenta la prima e più basilare delle caratteristiche organiche dell'essere e Aristotele la raccoglie nelle categorie, che sono le idee più semplici e generali con cui si manifesta l'esistenza. Queste categorie sono considerate elementi formali del pensiero presenti nell'intelligenza e nelle cose, superiori alla scienza e elaborate dall'intuizione. Per quanto riguarda la sostanza, che è il primo valore della categoria, essa ha una vita indipendente, diversamente dalle altre categorie (qualità, quantità, azione, passione, luogo, tempo, avere, giacere) che vengono definite "*accidenti*" in quanto dipendenti dalla sostanza.

---

[5] L'ontologia è la branca della filosofia che si occupa dello studio dell'essere in quanto tale, indagando gli aspetti comuni e basilari dell'intera realtà. L'ontologia si concentra sulle domande fondamentali riguardanti l'esistenza, l'essenza, le categorie dell'essere e la natura dell'essere stesso, senza analizzare le particolarità specifiche degli enti individuali. L'obiettivo dell'ontologia è comprendere le caratteristiche generali dell'essere e della sua struttura ontologica.

Ma cosa si intende per sostanza? Essa è il soggetto che non ha alcun predicato. La sostanza, infatti, può riferirsi a un singolo individuo come "*l'uomo*", ma può anche riferirsi al genere "*uomo*". Quest'ultimo, pur essendo anche una sostanza perché non è predicato di altro, è solo un'astrazione concettuale, mentre l'individuo "*uomo*" esiste nella realtà. Pertanto, la definizione "*uomo*", che rappresenta la realtà individuale ed esistente, deve essere considerata "*sostanza prima*", a differenza della sostanza sommaria, che esiste solo a livello teorico-speculativo.

Anche Aristotele considera il concetto di essere in atto e in potenza, difendendo la sua tesi contro le idee filosofiche dei Megaresi e dell'assolutismo di Parmenide, il quale affermava la natura ingannevole della percezione sensoriale in favore della sola ragione. La ricerca dell'archè[6] si basava essenzialmente sulla ragione e sul principio di non-contraddizione: "*L'essere è ed è impossibile che non sia*". Pertanto, la realtà, secondo Parmenide, è unica, immobile ed eterna. Per dimostrare questa tesi, egli utilizzava la prova per assurdo.[7] La realtà non può essere molteplice, perché ciò porterebbe all'idea di due termini A = è e B = non è. Se A è A, non può essere anche B, quindi non si può accettare che A, che è, sia uguale a B, che non è. Pertanto, ciò che è A non può essere ciò che è B. È quindi irrazionale ammettere la duplicità della realtà. Questa duplicità è un'illusione supportata da ciò che i sensi percepiscono, quindi solo la ragione può darci la certezza della verità che non può essere molteplice ma unica nella

---

[6] "*Archè*" è un termine di origine greca che significa "*principio*" o "*origine*". Nei primi filosofi greci, come Talete, Eraclito e Democrito, l'archè indicava la forza primigenia o l'elemento fondamentale da cui tutto aveva origine e a cui tutto ritornava. Talete identificava l'acqua come archè, Eraclito vedeva nel fuoco l'origine di tutto e Democrito attribuiva l'archè all'atomo. Queste concezioni rappresentavano i tentativi dei filosofi di individuare e spiegare l'elemento primordiale o la forza primigenia che costituiva la base del mondo.

[7] La dimostrazione per assurdo è un metodo utilizzato nella logica e nella filosofia per dimostrare la validità di una tesi o argomento. Si parte dall'ammissione dell'antitesi, che sostiene gli aspetti contrari o negativi della tesi iniziale, e si dimostra che questa conduca a conclusioni assurde o impossibili. In questo modo, si dimostra indirettamente la validità della tesi originale. La dimostrazione per assurdo è un importante strumento logico utilizzato per mettere in evidenza contraddizioni o incoerenze nelle argomentazioni e per stabilire la verità o la validità di un'affermazione.

sua essenza. L'essere è considerato un puro predicato dell'esistenza "è" senza riferimento a "cosa è". Aristotele risolve l'aporia[8] affermando che il concetto di essere include sia il predicato dell'esistenza "è" che la determinazione "cosa è". Con questa soluzione, il concetto di divenire non comporta incoerenza. Dire, infatti, che l'argilla diventa un vaso non significa che sia un vaso e non argilla (essere e non essere), ma significa che passa dalla determinazione di essere argilla a quella di essere un vaso senza generare contraddizione.

I Megaresi e Parmenide affermavano solo l'esistenza dell'essere in atto. Aristotele, invece, fa una chiara distinzione tra essere in atto ed essere in potenza. Il divenire è una realtà certa e può essere pensato come efficiente se tra il non-essere assoluto e l'essere in atto c'è l'essere in potenza.

Se un pezzo di argilla diventa un vaso grazie all'opera del vasaio, è perché quella materia lo può divenire, dunque il pezzo di argilla potenzialmente può essere un vaso, quindi il pezzo di argilla possiede un essere in potenza. Parmenide concepisce l'essere come predicato di esistenza senza determinazione e Aristotele aggiunge all'esistenza la determinazione. Pone anche la distinzione fra ciò che ha l'inizio della sua generazione fuori dal sé e ciò che lo ha insito.

Questo principio è sostanziale nella definizione del movimento e del divenire perché considera, dell'oggetto della conoscenza, la sua caratteristica nel presente: l'argilla che ho in mano in questo istante è, in atto, il vaso. Ma questo vaso prima della trasformazione era qualcosa di diverso che in ogni caso poteva diventare un vaso, dunque era argilla in potenza. Nel momento in cui si indica qualcosa di definito nel momento presente, si spiega l'atto e il

---

[8] Il termine "*aporia*" in filosofia indica un blocco o l'impossibilità di trovare una soluzione definitiva e precisa a un problema o a un tema razionale. Rappresenta una situazione in cui si pongono valide soluzioni opposte e divergenti, rendendo difficile o impossibile giungere a una risposta veritiera. Tuttavia, l'aporia non viene vista come un ostacolo insormontabile, ma piuttosto come un motore di progresso filosofico. Spinge i filosofi a rivedere e a sviluppare il pensiero, a superare le contraddizioni e a chiarire le premesse su cui si basano le loro argomentazioni. L'aporia stimola il pensiero critico e l'evoluzione della filosofia nel suo tentativo di trovare risposte più complete e coerenti ai problemi filosofici.

requisito dell'entelècheia.[9] C'è un momento, quello della lavorazione, in cui l'argilla viene trasformata in vaso, che deve essere considerato anch'esso atto, spiegando così il termine aristotelico di enérgheia.[10] Nella variazione, nel movimento e nel divenire di ogni cosa esistente, si possono individuare tre momenti fondamentali: il primo, quando il mutamento dell'ente è possibile ma non si è ancora verificato (ad esempio, l'argilla nella cava); il secondo, quando il mutamento dell'ente è in corso (come nel caso della lavorazione dell'argilla); e il terzo, quando il mutamento è già avvenuto (come nella trasformazione dell'argilla in un vaso). Il primo momento è caratterizzato dalla potenza, mentre il secondo e il terzo momento sono caratterizzati dall'atto. Nel secondo momento si parla di enérgheia, mentre nel terzo momento si parla di entélécheia.

Dunque, Aristotele afferma che l'essere non nasce dal nulla assoluto, ma dall'essere in potenza. Quando quest'ultimo si realizza, diventa atto, come nel caso del vaso finito rispetto all'argilla. C'è una completa correlazione tra la potenza e l'atto di uno stesso ente, ma deve trattarsi dello stesso ente, poiché l'argilla non può diventare una scrivania anziché un vaso.

Dall'analisi condotta, si evince che l'atto è sempre anteriore alla potenza, poiché solo connettendoci all'atto possiamo elaborare la potenza, e ogni potenza si basa su un atto anteriore. Tale pensiero,

---

[9] "*Entelècheia*" è un termine filosofico introdotto da Aristotele per indicare il compimento o la realizzazione finale di un essere o di una cosa, quando ha raggiunto il suo massimo sviluppo o la sua perfezione. Può essere tradotto come "*realizzazione*" o "*compimento interiore*". Aristotele considerava l'entelècheia come l'obiettivo o la finalità di un essere, in cui le sue potenzialità sono pienamente espresse. Quindi, l'entelècheia rappresenta la realtà nel suo stato di massima realizzazione o perfezione.

[10] "*Enérgheia*" è un termine aristotelico che può essere tradotto come "*atto*" o "*operazione*". Indica l'attività o l'espressione attiva di un essere, in contrapposizione alla potenzialità o alla capacità non ancora realizzata. Aristotele distingue tra potenza (*dýnamis*) ed enérgheia, sostenendo che la potenza è il principio del divenire, mentre l'enérgheia rappresenta lo stato di realizzazione o compimento di un essere. Nell'esempio dell'argilla che diventa un vaso, l'enérgheia corrisponde al momento in cui l'argilla è trasformata in vaso, mentre l'entélécheia rappresenta il vaso finito, la sua perfezione o compimento. L'enérgheia è quindi connessa all'azione e al processo di realizzazione di un'entità o di una sua potenzialità.

caratterizzato dalla potenza e dall'atto, costituisce la base di una progressione di fenomeni del mondo fisico.

L'ente, ciò che è, può assumere, nell'atto del pensare, un duplice valore: essere vero o falso. La comprensione del concetto di verità o falsità è importante per stabilire la realtà dell'essere, o meglio, l'essere come vero. In questo modo, possiamo abbracciare il significato di verità e di falsità e proporre una definizione.

Durante l'evoluzione filosofica, si è giunti a stabilire la nozione di verità attraverso equivoci interpretativi e opinioni dissimili. Uno dei primi a porsi tale problema fu Platone, nel suo *Sofista*.[11] Egli cercò nella critica ai sofisti di stabilire il confine tra il filosofo che dice il vero e quello che enuncia il falso, chiarificando che il logos rappresenta il legame tra il nome che indica l'oggetto di cui si parla e il verbo che indica ciò che si dice dell'oggetto. Platone così si esprime nel suo *Sofista* – "*TEETETO: Infatti. OSPITE: E non dovrà anche essere di una determinata natura? TEETETO: Come no? OSPITE: Volgiamo la mente a noi stessi. TEETETO: Ce n'è bisogno. OSPITE: Ti dirò un discorso ponendo insieme oggetto ad azione tramite il nome e il verbo. Tu dovrai dirmi su cosa verta il discorso. TEETETO: Sarà così secondo le mie possibilità. OSPITE: Teeteto siede, è forse un discorso lungo? TEETETO: No, è misurato. OSPITE: è tuo compito dire intorno a cosa riguarda e a chi. TEETETO: è chiaro intorno a me e su me. OSPITE: E cosa dire su quest'altro? TEETETO: Quale? OSPITE: Teeteto, con il quale ora parlo, vola. TEETETO: Anche su questo non si può dire altro eccetto che riguarda me ed è su me. OSPITE: E possiamo dire che ciascun discorso, necessariamente, ha una sua qualità? TEETETO: Sì. OSPITE: E di queste quale bisogna dire che ha ognuno di essi? TEETETO: Che l'una in qualche modo è vera, l'altra invece falsa*". La caratteristica evidenziata nel dialogo ha una qualità la cui natura risiede nel concetto di vero e di falso per cui giunge a una conclusione: "*OSPITE: E quello fra essi che è vero dice a tuo proposito quello che è come è. TEETETO: E che*

---

[11] *Il Sofista* è un'opera di Platone che si distingue per l'approfondimento sul concetto di sofista e per l'utilizzo del metodo dialettico. In questa opera, il protagonista non è Socrate, ma lo Straniero di Elea, che intraprende un dialogo con Teeteto per definire il sofista, il politico e il filosofo. Durante il dialogo, vengono esplorate diverse descrizioni del sofista, ponendo al centro il problema dell'essere e del non essere in relazione al pensiero di Parmenide.

cosa se no? OSPITE: E il falso dice cose diverse da quelle che sono? TEETETO: Sì OSPITE: Dice dunque le cose che non sono come se fossero. TEETETO: Un presso a poco. OSPITE: Dice cose che sono diverse da quelle che sono a tuo riguardo. Dicevamo, infatti, che su ciascun oggetto ci sono molte cose che sono e molte che non sono".[12]

La verità si manifesta come una caratteristica discorsiva che consiste nel rappresentare le cose di cui si parla come realmente sono, ovvero nella consonanza tra l'anima e la realtà. Questo concetto platonico di "*vero*" include la veridicità delle tematiche scientifiche, le quali sono più vere delle cose stesse, poiché contengono la pura verità che appartiene all'idea e alla scienza (*epistème*). Le cose sensibili, invece, sono meno vere della mera verità, poiché un discorso su un determinato oggetto può essere a volte vero e a volte falso, a seconda dell'opinione o della credenza di chi lo esprime.

Aristotele condivide questa idea platonica, ma precisa che bisogna fare una distinzione tra i tipi di discorsi. Ci sono quelli enunciativi, che descrivono e rendono noto come sono le cose, e ci sono altri che, pur essendo congrui e riferibili a cose, non sono né veri né falsi. La verità e il falso sono circoscritti alla qualità del pensiero e alla sua relazione con la realtà, non all'essenza delle cose che, invece, Aristotele valuta come "*realtà in atto*". L'essere come vero, dunque, appartiene alla mente che pensa le cose e che è in grado di unirle come sono unite o anche di scomporle, come lo sono nella realtà. L'unione delle proprietà delle cose può essere necessaria quando risponde all'essere per sé, ma quando l'essere di fatto sopraggiunge e qualcosa potrebbe accadere o non accadere, allora ci si trova dinanzi all'essere accidentale che non è legato alle strutture intelligibili del reale. L'essere accidentale può soltanto attestare una proprietà casuale che è unita all'ente, ma che non può risalire all'ente. Sono accidentali la realtà particolare e l'evento tangibile, mentre le nature specifiche, le cose intelligibili e le leggi universali sono necessarie.

Dunque, il vasaio che lavora l'argilla e l'osservatore esistono in modo accidentale, poiché tutto ciò che avviene è considerato accidentale e non fornisce una conoscenza essenziale della cosa a

---

[12] Platone, *Sofista*, Edizione Acrobat a cura di Patrizio Sanasi, p. 28

cui è associato. Di conseguenza, è privo di una propria causa, pertanto l'essere per accidente non è un'espressione fondamentale dell'essere, per cui il particolare, in quanto tale, non ha senso e deve essere escluso dalla metafisica. Solo il concetto di universale trova giusta collocazione nel rapporto unitario dell'essere caratterizzato dalla sostanza, che è sostrato[13] primario dell'essere che non ha alcuna attinenza con le altre categorie perché è il soggetto ultimo di ogni altra cosa e sinolo[14] di materia e forma. La materia, infatti, non può essere considerata sostanza poiché non esiste una materia pura, priva di forma, quindi, in quanto tale, non esiste liberamente in sé e per sé.

Solo la forma delle cose è sostanza poiché determina la materia e crea la realtà. Inoltre, le forme delle cose non sono separate dalle cose stesse poiché esistono in esse e ne caratterizzano il valore ontologico e gnoseologico.[15] Il sinolo è dotato anche di atto e potenza, quindi tutte le cose fisiche, tangibili e visibili sono fornite di una realtà che coincide con la loro forma e con la capacità di trasformarsi. Tutte le sostanze costituite da forma e materia si trasformano e addivengono, ed è in questo loro addivenire che sono connesse al movimento. Il divenire è costituito da essere e nulla, e tale mutamento può muoversi dall'essere al nulla o viceversa, ma è anche assoluto e relativo. L'assoluto si confà alle sole sostanze e il relativo a quelle cose che hanno bisogno di un soggetto per addivenire. - "*Il divenire si dice in più sensi: accanto a ciò che diviene assolutamente, c'è ciò che diviene questa o quell'altra cosa. Il divenire assoluto è proprio delle sole sostanze: le altre cose che divengono hanno necessariamente bisogno di un soggetto, poiché la quantità, lo spazio, il tempo e il luogo divengono in riferimento ad un qualche soggetto; mentre la*

---

[13] Secondo Aristotele, il sostrato è ciò di cui le altre cose sono predicati, ma che non è mai predicato esso stesso. In altre parole, il sostrato rappresenta il fondamento o l'essenza immutabile di una cosa.

[14] Sinolo. Aristotele definisce sinolo, l'unione di materia, forma e sostanza. Un'intero unito e indivisibile.

[15] La gnoseologia, anche conosciuta come teoria della conoscenza, è una branca della filosofia che si occupa dell'indagine sul valore oggettivo della conoscenza umana. Si concentra sullo studio della natura, delle origini, dei limiti e della validità della conoscenza, nonché sulle modalità attraverso le quali gli esseri umani acquisiscono e giustificano le loro credenze.

sostanza non si può attribuire a nessun'altra cosa, ogni altra cosa può attribuirsi come predicato a una sostanza".[16]

Aristotele concepisce ogni cosa come un'entità che possiede in sé il sistema che la fa diventare ciò che è. Come già visto, egli identifica quattro cause che considera responsabili dei cambiamenti naturali. Questo concetto porta Aristotele a considerare la scienza dal punto di vista qualitativo nella valutazione degli eventi naturali ed è alla base della sua cosmologia. La natura è parte caratterizzante del mondo fisico, per cui ciò che è terrestre o sublunare è composto da quattro elementi: terra, aria, fuoco e acqua ed è corruttibile, mentre ciò che appartiene al mondo celeste o sopralunare è costituito da una sola materia: l'etere, che è incorruttibile. Tutti gli elementi appartenenti alla terra tendono ad assumere una posizione propria e diversa a seconda della costituzione dell'elemento. Il fuoco tende verso l'alto in direzione della circonferenza della sfera terrestre, la terra tende verso il basso dirigendosi al centro dell'universo, l'acqua e l'aria assumono posizioni mediane e tutti sono soggetti a quattro tipi di cambiamenti: riguardo alla loro sostanza, essi vanno incontro alla corruzione (nascita e morte); riguardo alla loro qualità, vanno incontro all'alterazione (cambiamenti di colore); riguardo alla quantità, vanno incontro all'aumento e alla diminuzione; e, riguardo al luogo, alla traslazione. Esistono, quindi, corpi pesanti e leggeri per cui ciò che sta o tende verso l'alto è considerato più perfetto rispetto a ciò che sta o tende verso il basso: "*... alto la periferia estrema del Tutto, che non solo è in alto per la posizione che occupa, ma è altresì prima in ordine di natura*".[17] Il movimento è una conseguenza della struttura naturale dei corpi, poiché ognuno di essi tende a portarsi "*alla propria forma*"[18] per realizzare la potenzialità che è insita e perpetuare il fine che la pervade in tutte le sue prospettive.

Secondo lo Stagirita,[19] la conoscenza della natura significa comprenderla intimamente per capire le forze che governano i suoi

---

[16] Aristotele, *Fisica*, I, 7, 190 a 30.

[17] *De caelo* – op. cit. IV, 1, 303a 20.

[18] Ivi, IV, 3, 310b 1.

[19] Aristotele venne chiamato Stagirita perché nativo di Stagira. "Σταγειρίτης" (pron. Stagherìtes), antica città greca della Calcidia.

movimenti, dei quali il più importante è quello di traslazione: "*il moto locale, se esiste un movimento che è primo e uno che è secondo, sarà il primo*".[20] Aristotele suddivide il movimento di traslazione in naturale e violento. Le cose che si muovono autonomamente lo fanno naturalmente, mentre le cose che non hanno movimento autonomo lo fanno in modo innaturale. Tuttavia, per entrambi i tipi di movimento, vale il principio che tutto ciò che si muove è mosso da qualcos'altro: "*Ciò che è in movimento deriva il suo movimento da altro*".[21] Il mondo fisico è caratterizzato dalla terra, in cui tutti i cambiamenti che vi avvengono possono essere percepiti perché costituiscono il suo movimento caratteristico, che è rettilineo. Il cielo, al contrario, è caratterizzato da un movimento unico e particolare, quello circolare, che deriva dall'esistenza dell'etere incorruttibile.

Il valore teorico di *De caelo* di Aristotele risiede nella sua esplorazione della struttura e del funzionamento dell'intero universo, basata su una serie di assiomi speculativi riguardanti tutti gli elementi della percezione. "*Questo mondo è formato da tutta la materia esistente*"[22], dichiara. In quest'opera vengono trattati temi cosmologici che sono stati precedentemente esplorati nella *Metafisica* e nella *Fisica*. L'opera solleva interrogativi riguardanti i mondi celesti e sublunari, che sono caratterizzati da due tipi di sostanze: una sensibile ed eterna, rappresentata dall'etere incorruttibile, e un'altra sensibile ma corruttibile, composta dai quattro elementi e dalla forza dei contrari.

Il concetto cosmico di Aristotele vede la terra come statica e al centro dell'universo, da cui si profila un asse su cui ruota il cielo con moto circolare uniforme. Egli sostiene che la terra debba essere logicamente al centro dell'universo per ragioni puramente razionali, poiché la sua pesantezza intrinseca non potrebbe essere localizzata altrove se non nella regione in cui risiedono tutti gli altri oggetti pesanti. La terra non può ruotare attorno a un asse, poiché il moto circolare è incompatibile con qualsiasi elemento sublunare (terra, acqua, aria e fuoco), ma appartiene esclusivamente alla natura dell'etere.

---

[20] Aristotele - *Fisica* – op. cit. VIII, 7, 260 b 6-7.
[21] Ivi, VIII, 4, 254 b 25
[22] *De caelo* – op. cit. I, 9, 278a 25

Secondo Aristotele, tutto si compie nel tutto, poiché per lui il tutto è il luogo dove sono situate tutte le cose, e oltre il tutto sarebbe irrazionale chiedersi dove qualcosa possa esistere.

L'universo eterno concepito da Aristotele è caratterizzato dal mondo celeste, che presenta un ordine perfetto rispetto al caos del mondo sublunare. Questo universo si presenta composto al centro da una terra sferica, dalla quale discendono le stelle fisse nel cielo delle sfere concentriche di Saturno, Giove, Venere, Mercurio e altre sfere, come analizzato da Eudosso di Cnido[23] seguendo gli insegnamenti di Platone.

Per Aristotele, l'influenza della dottrina di Eudosso fu di grande importanza. Quest'ultimo rappresentò matematicamente il moto apparente dei pianeti attraverso un sistema di sfere conosciuto come le sfere omocentriche di Eudosso. I poli di ciascuna sfera erano mobili, perché trasportati da una sfera concentrica di raggio maggiore che ruotava con velocità diversa attorno a due poli diversi da quelli della prima sfera.

Eudosso immaginò una terza sfera perché il sistema, da solo, non era sufficiente a rappresentare i moti dei pianeti. Aggiunse quindi una terza sfera concentrica alle altre due, descritta anch'essa con poli e velocità diverse, fino ad arrivare a un sistema di sfere composto da tre per il sole, tre per la luna, quattro per i cinque pianeti allora conosciuti e una per le stelle fisse. Egli diede una particolare rappresentazione del moto planetare che fu ritenuta insuperabile da Aristotele stesso, il quale la considerò utile per la sua teoria cosmologica.

Questo sistema astronomico geocentrico fu ritenuto estremamente apprezzabile, tanto da invalidare le intuizioni eliocentriche che si erano sviluppate nelle scuole pitagoriche.

Secondo Eudosso, l'universo aveva una forma sferica e si muoveva con un moto circolare. Il centro del tutto era rappresentato dalla terra, che era immobile. Sia la terra che il cielo dovevano avere una forma circolare, come era deducibile dalla

---

[23] Eudosso di Cnido (408-355 a.C.) fu un rinomato astronomo e matematico dell'antica Grecia. Egli studiò presso l'Accademia di Platone e fondò una scuola scientifica nella città di Cnido, situata nell'Anatolia. A Eudosso viene attribuita l'introduzione del metodo di esaustione, che consente di approssimare l'area di una figura riempiendola con altre figure geometriche. Questo metodo è utilizzato per dimostrare l'equivalenza di due grandezze omogenee.

posizione della terra durante l'eclissi, quando si trovava interposta tra il sole e la luna.

Eudosso spiegò che la terra non era molto estesa, e questa realtà era deducibile dal cambiamento di prospettiva che si verificava quando si osservava il cielo a settentrione o a mezzogiorno. Egli quantificò l'estensione terrestre calcolandone la circonferenza.[24]

Poiché la terra era al centro dell'universo, c'era un limite oltre il quale non si poteva andare. Questo limite era rappresentato dalla sfera delle stelle fisse, a cui si interponevano le sfere dei sette pianeti. Il sistema geocentrico di Eudosso era composto da otto cieli, formati da sfere concentriche di puro cristallo, in cui i pianeti erano incastonati e trascinati da queste sfere con velocità costante in direzione est-ovest. Al centro si trovava la terra, la prima sfera era quella della luna, la seconda quella di Mercurio, la terza di Venere, la quarta del Sole, la quinta di Marte, la sesta di Giove, la settima di Saturno e infine la sfera delle stelle fisse, la più perfetta e caratterizzata da un movimento di origine divina. Le otto sfere ruotavano a velocità diverse: quella delle stelle fisse compiva un giro completo intorno alla terra in ventiquattro ore, la sfera di Saturno in ventinove anni e quella della luna in un mese.

Aristotele adottò la teoria di Eudosso e la contrappose a quella dei Presocratici, i quali sostenevano che i pianeti fossero composti non di fuoco, ma di etere e che non ruotassero da soli, bensì fossero inseriti nelle sfere che a loro volta li facevano ruotare tramite la sostanza eterea. Aristotele perfezionò il modello di Eudosso assegnando più sfere ad ogni pianeta, in modo da spiegare tutti i movimenti astronomici.

Nel *De caelo* il filosofo fece una precisa distinzione tra i movimenti rettilinei e circolari degli elementi appartenenti alle dimensioni terrene e celesti. Inoltre, egli non ammise l'esistenza di un vuoto tra la sfera terrestre e quella celeste, poiché al di fuori del cielo non c'erano luoghi, vuoti o dimensioni temporali. Il cielo era l'ultima dimensione e racchiudeva le stelle che caratterizzavano l'universo. Oltre l'ultimo cielo, esisteva un superordine rappresentato dal "*motore trascendente incorporeo*".[25] che aveva

---

[24] *De caelo*, op. cit. II, 14, 298a 105.

[25] Aristotele, considerava il cielo come un ente vivente e affermava che le sfere celesti possedevano un'anima e che il loro movimento era guidato da un motore

alcune peculiarità: esso era privo di potenzialità e doveva essere immobile, in quanto un movimento lo avrebbe reso suscettibile di divenire. Essendo immobile, era puro atto e l'ultima sfera delle stelle fisse lo desiderava come oggetto del suo amore prendendo come modello il suo stato di immobilità e muovendosi in un movimento circolare uniforme, che era un movimento perfetto.

Pertanto, il motore immobile causava il movimento senza esserne coinvolto, altrimenti sarebbe stato impuro. La natura del motore trascendente incorporeo era il pensiero. Come affermava Aristotele, esso era "*pensiero del pensiero*", distaccato da ogni contatto con il tutto. Per la sua costituzione, era paragonabile all'idea del divino, così come lo era per la sua funzione.

Le varie scuole di pensiero greche si sono sempre poste il problema dei principi fondamentali della natura. Per i filosofi della Scuola Ionica, come Talete, Anassimandro e Anassimene, la conoscenza del cosmo non si basava solo sull'osservazione del cielo, ma anche sull'interpretazione razionale dei fenomeni celesti e sulla costruzione di un modello cosmologico che contenesse e rappresentasse le caratteristiche dell'universo.

Talete riteneva che il principio fondamentale della natura fosse l'acqua, perché, non avendo alcuna caratteristica propria, poteva assumere tutte le forme. Per Anassimene, invece, il principio era l'aria, poiché era il principio di tutte le cose. Anassimandro, invece, riteneva che l'arché, ovvero il principio fondamentale, non fosse una cosa tangibile ma una realtà sovrasensibile da cui tutte le cose nascevano e si manifestavano. Nell'arché si trovava ciò che non aveva limiti, ovvero l'apeiron, che era posizionato ai confini di un universo sferico, il cui centro era costituito dalla terra, di forma cilindrica, immobile e in equilibrio.

Anassimandro affermò anche che l'universo fosse infinito, contraddicendo la concezione pitagorica dell'universo finito. Egli riteneva che, sebbene il mondo fosse nato dal nulla, tutto ciò che

---

interno. Questo motore interno era regolato da una realtà superiore, un motore trascendente che era incorporeo, immutabile ed eterno. Afferma in (*Fisica, VIII, 5*) *"...tutto ciò che è mosso è mosso da qualcosa...e se è mosso da un'altra cosa mossa, è necessario che ci sia un primo motore non mosso da altro"*

nasceva prima o poi doveva morire per fare ritorno all'apeiron e rigenerarsi nuovamente. Inoltre, Anassimandro credeva che il mondo non fosse l'unico esistente nell'universo, ma che la realtà universale fosse costellata di mondi simili alla terra.

Il pensiero di Aristotele ha compiuto un pieno sviluppo del suo concetto "universo", attraverso le sue opere, le quali soddisfano integralmente ogni aspetto conoscitivo del tema.

Nella *Metaphysica*, Aristotele ha considerato gli aspetti universali dell'argomento, mentre nel *De caelo* si è occupato della concretezza degli elementi astrali. Nella *Physica* ha studiato i movimenti del mondo sublunare, mentre nel *De generatione et corruptione*[26] ha analizzato le cause dei cambiamenti generati dai quattro elementi (causa materiale) e dal moto del sole nell'eclittica (causa efficiente). Infine, nella *Meteorologia*[27] ha approfondito tutti i fenomeni atmosferici.

Il pensiero di Aristotele ha esercitato una profonda influenza sull'intera storia della filosofia, dall'antichità classica al periodo medievale e fino al Rinascimento. Egli è stato considerato non solo il massimo esponente della cultura greca, ma anche colui che ha formulato una teoria scientifica valida sulla struttura dell'universo. Le sue opere, riscoperte e tradotte dagli Arabi, hanno ricevuto il sostegno e l'attenzione anche dalla Chiesa di Roma, grazie alla loro struttura dogmatica che attribuiva all'uomo un ruolo centrale nella creazione, suscitando grande rispetto per le sue riflessioni. I suoi trattati sono diventati testi di riferimento in tutti gli atenei europei a partire dalla metà del XIII secolo e hanno costituito la base per tutte le conoscenze riguardanti i fenomeni naturali e celesti. Solo con l'avvento dell'umanesimo e del Rinascimento sono emerse nuove conoscenze che hanno messo in discussione la cosmologia aristotelica, precedentemente considerata inattaccabile, arricchendo il sapere con nuove concezioni più in linea con la realtà fisica, come il concetto eliocentrico che ha sostituito la teoria geocentrica di Aristotele. Tuttavia, Aristotele rimane il primo pensatore ad aver elaborato un sistema completo di conoscenza, gettando le basi per la comprensione della realtà e di tutte le leggi naturali che la governano.

---

[26] "Περὶ γενέσεως καὶ φθορᾶς". (pron. perì ghenéseos kaì ftoràs)
[27] "Μετεωρολογικά". (pron. Meteorologikà)

15. La Scuola Alessandrina

La crisi della polis greca e della sua democrazia aveva generato una nuova realtà politica e culturale. All'orizzonte si profilavano alcune monarchie che, per motivi di prestigio, desideravano promuovere e sostenere la cultura. La dinastia tolemaica creò un centro di cultura ad Alessandria d'Egitto che sostituì Atene grazie a Demetrio Falereo,[1] il quale portò a Alessandria Stratone di Lampsaco che trasferì con sé buona parte degli scritti appartenenti al Liceo di Aristotele.[2] In quel momento nacquero due strutture che determinarono il futuro del sapere e della conoscenza: la Biblioteca e il Museo. Nella Biblioteca vennero raccolte tutte le opere trascritte su papiro, su cui venivano riportati il titolo e il nome dell'autore. Facevano parte di questa struttura grammatici e filologi. Nel Museo vennero costruite sale di lettura, sale per conferenze, un osservatorio astronomico, sale di anatomia e altro ancora. Furono creati trattati sistemici su vari indirizzi conoscitivi, come fisica, astronomia, geografia, meccanica, matematica, fisiologia, anatomia, botanica, musica e grammatica. Tutte queste branche del sapere furono modellate sulle opere di Aristotele[3] e, con i contributi di Galeno e Tolomeo, raggiunsero l'apice della conoscenza scientifica antica e l'inizio della scienza moderna.

Negli ultimi tempi dell'egemonia culturale e filosofica ateniese, lo scetticismo aveva superato per importanza il dogmatismo idealista e materialista seguito dalle scuole filosofiche greche. Tuttavia, ancora non si era giunti alla formazione di un metodo

---

[1] Demetrio Falereo fu governatore di Atene e introdusse importanti riforme nel sistema giuridico della città durante il suo mandato. Si tramanda che il suo governo fu fortemente influenzato dal partito filomacedone, il che causò l'indignazione della popolazione ateniese e la sua condanna a morte. Per sfuggire alla condanna, Falereo fuggì ad Alessandria e trovò rifugio presso la corte di Tolomeo I, di cui divenne il principale consigliere. Queste parti riguardanti la sua esistenza potrebbero essere considerate come possibili ipotesi storiche.

[2] Il Liceo, conosciuto anche come Scuola Peripatetica, fu fondata da Aristotele e offriva insegnamenti in diverse discipline, come la fisica, la metafisica, la teologia, l'etica, la politica, la retorica e la poetica. Dopo la morte di Aristotele, la gestione della scuola passò a Stratone di Lampsaco, uno dei suoi allievi.

[3] Aristotele, alla sua morte avvenuta nel 322 a.C., lasciò ai suoi discepoli una raccolta dei suoi pensieri riguardanti la fisica, la metafisica, la biologia, l'etica, la logica e la politica.

d'indagine esatto, anche se le basi erano state tracciate dalla Scuola Socratica. La certezza speculativa non era stata completamente recepita dalla coscienza e la verità, necessità prima dello spirito, appariva difficile da raggiungere. Occorreva trovare la verità in nuovi principi più compiuti, riassumendo tutto ciò che fino ad allora la filosofia aveva raggiunto, ripercorrendo e rinnovando quella conoscenza per mezzo di un'analisi e un metodo prettamente scientifico.

L'unione della sintesi greca e del sistema culturale orientale si fuse intensamente, individuando una logica razionale e costruendo un metodo basato sui principi pitagorici e platonici, caratterizzati dal concetto di unità in relazione allo spirito dell'universo, nonché dalla coerenza intellettuale e dall'ordine del mondo. Questo avviò una ricerca incentrata sull'individuazione precisa del soggetto e dell'oggetto dell'osservazione, sulla coscienza e sull'idea dell'assoluto.

Nell'ambito di questa scuola, si svilupparono concetti che attribuivano una grande importanza alla tradizione e al ruolo dell'uomo nei confronti della divinità, contribuendo così all'ampliamento delle conoscenze cosmologiche e psicologiche. Fu in questa scuola che si sviluppò l'idea dell'unità intrinseca, da cui tutto aveva origine e da cui scaturiva l'intelligenza. Tale unità era considerata il principio supremo e la sostanza di tutto ciò che esiste, sostenendo inoltre la certezza dell'anima del mondo per la costruzione di un sistema universale. Grazie a questa sintesi alessandrina, la scienza fece progressi significativi attraverso un'analisi più approfondita e l'adozione di un metodo più rigoroso. Studiosi provenienti da tutto il mondo ellenistico si recarono ad Alessandria per dedicarsi appieno alla ricerca.

Con Stratone si assistette alla fusione delle conoscenze dal punto di vista sperimentale, che rappresentò il primo approccio al metodo scientifico. Si iniziò a praticare la scienza attraverso esperimenti concreti, ponendo l'attenzione sul risultato ripetibile di una specifica esperienza, anche se, considerando i tempi, in modo ancora rudimentale. Anche i pitagorici e i presocratici avevano utilizzato questa metodologia, ma solo in modo sporadico. Solo Stratone riuscì a farla affermare e a renderla valida attraverso l'osservazione attiva della natura e la sua personale partecipazione nei processi. Egli acquisì la consapevolezza dell'efficacia delle applicazioni pratiche e tangibili alle diverse teorie fisiche, sostenendo la prevalenza dell'esperimento sull'argomentazione logica. Questo era in contrasto con la posizione di Platone, il quale sosteneva che la vera conoscenza fosse indipendente dall'esperienza, in quanto risiedeva nell'anima prima di essere incarnata nel corpo mortale.

La Scuola Alessandrina, chiamata "*Museo*" in onore delle Muse,[4] era sia un tempio della ricerca che un luogo di insegnamento. All'interno di essa si svolgevano studi nell'ambito dell'astronomia, dell'ingegneria, della medicina, della biologia, della botanica, della letteratura e della musica, e attirava numerosi scienziati e tecnici che ricevevano il sostegno dello Stato. Nel campo della medicina, che aveva come padre fondatore Ippocrate, si distinsero Erofilo[5] ed Erasistrato di Ceo.[6] Erofilo scrisse un trattato di anatomia che

---

[4] Le Muse erano divinità greche, figlie di Zeus e Mnemosyne, che personificavano l'ispirazione e l'eccellenza nelle arti. Secondo Esiodo nella sua opera: *Teogonia*, le Muse erano nove e avevano nomi specifici e ruoli associati. Queste erano: Clio, musa della storia; Euterpe, della musica e della poesia lirica; Thalia, della commedia e della poesia pastorale; Melpomene, della tragedia; Tersicore, della danza; Erato, della poesia d'amore; Polimnia, della poesia sacra e dell'eloquenza; Urania, dell'astronomia e della filosofia cosmica; Calliope, musa della poesia epica e della poesia sublime. Le Muse erano considerate le ispiratrici delle arti e del sapere umano, e spesso erano rappresentate come accompagnatrici degli dei e degli eroi nelle loro imprese.

[5] Erofilo (circa 335 a.C. - circa 280 a.C.) è stato un anatomista greco che ha svolto importanti ricerche nel campo dell'anatomia umana. Lavorò ad Alessandria d'Egitto insieme a Erasistrato, fondatore della scuola medica locale. Erofilo fu uno dei primi a praticare la dissezione umana e a fare importanti scoperte anatomiche. Si ritiene che abbia individuato i nervi, distinguendoli tra sensori e motori, e abbia identificato il cervello come il centro del sistema nervoso e la sede dell'intelligenza. Studiò anche organi come l'occhio, il fegato, il pancreas, l'apparato digerente, l'apparato respiratorio, gli organi salivari e gli organi genitali. Si sa che Erofilo praticava sia la dissezione di cadaveri che la vivisezione su condannati a morte per approfondire la conoscenza del corpo umano e testare l'efficacia dei medicinali dell'epoca. Tuttavia, gran parte dei suoi scritti e delle sue ricerche sono andati perduti, e le informazioni che abbiamo su di lui si basano principalmente su citazioni e riferimenti fatti da Galeno e altri autori successivi.

[6] Erasistrato di Ceo (circa 305 a.C. - circa 250 a.C.) fu un anatomista greco che, insieme a Erofilo, contribuì alla fondazione della scuola medica ad Alessandria d'Egitto. Erasistrato considerava il corpo composto da atomi e attribuiva la vitalità alla presenza di un'aria chiamata "*pneuma*", che consentiva la

approfondiva lo studio dell'occhio e dell'anatomia dell'utero, ma la sua ricerca più importante riguardava la sede dell'intelligenza, che correttamente identificò nel cervello, riuscendo anche a delineare una visione generale del sistema nervoso e a distinguere la funzione dei nervi motori e sensoriali.

Erasistrato di Ceo proseguì le ricerche avviate da Erofilo e contribuì allo sviluppo della conoscenza fisiologica. Sperimentò la circolazione del sangue e ampliò la comprensione del muscolo cardiaco attraverso lo studio delle valvole semilunari, bicuspidi e tricuspidi.[7]

Nel campo della pneumatica, si distinse Erone di Alessandria,[8]

---

circolazione del sangue attraverso le arterie. Sostenne inoltre che i nervi erano responsabili del movimento di uno spirito proveniente dal cervello e che i nervi sensoriali e i nervi motori fossero distinti. Erasistrato, insieme a Erofilo, fu uno dei primi a condurre autopsie nella storia dell'anatomia.

[7] Le valvole cardiache sono responsabili della regolazione del flusso del sangue all'interno del cuore. Sono composte da tessuto fibroso e rivestite da una membrana chiamata endocardio, che copre tutte le cavità cardiache. Le valvole controllano il passaggio del sangue attraverso gli orifizi che collegano gli atri, le due cavità superiori del cuore, con i ventricoli, che si trovano al di sotto di essi. Nel cuore umano, ci sono quattro valvole cardiache principali: la valvola tricuspide, la valvola bicuspide o mitrale, la valvola aortica con tre cuspidi semilunari e la valvola polmonare con tre cuspidi semilunari. L'apertura e la chiusura delle valvole sono regolate interamente dalla pressione e dalle sue variazioni. Le valvole non dipendono dal controllo nervoso, ma sono spinte semplicemente dal flusso del sangue stesso. Il compito principale delle valvole cardiache è prevenire il ritorno del sangue verso gli atri durante la fase di contrazione o sistolica e verso i ventricoli durante la fase di rilassamento o diastolica.

[8] Erone di Alessandria, attivo probabilmente nel I secolo d.C., si distingue come un notevole matematico, ingegnere ed inventore. Le sue innovazioni e contributi nel campo della matematica e dell'ingegneria sono ben noti. Una delle sue invenzioni più celebri è l'eolipila, un precursore dell'odierna macchina a vapore. Questo dispositivo consisteva in una sfera metallica in rotazione, azionata dal vapore generato attraverso due tubi a forma di "L". La dioptra è un altro strumento attribuito a Erone, utile per la misurazione degli angoli, composto da un tubo collegato a un supporto che consentiva una precisa determinazione degli angoli. Erone è altresì considerato il creatore dell'odometro, uno strumento per misurare le distanze contando i giri di una ruota, antenato del moderno contachilometri e successivamente perfezionato da Leonardo da Vinci. Nel settore matematico, formulò un'equazione per calcolare l'area di un triangolo in base ai suoi lati e al semiperimetro. Tra le sue scritture geometriche vi è *Le misure*, in tre volumi, e un *Commento agli Elementi* di Euclide. Inoltre, dedicò

che affrontò lo studio del vuoto utilizzando metodi empirici. Questo settore scientifico era seguito sia dai filosofi, che ne stabilivano i principi, sia dagli ingegneri della scuola, che li mettevano in pratica.

Gli ingegneri di Alessandria, sebbene in modo elementare, utilizzarono le macchine da loro inventate per spegnere incendi, sollevare acqua e produrre energia. Queste idee si concretizzarono in tempi più vicini a noi, nel XVIII secolo, grazie al miglioramento strutturale di ciò che gli ingegneri di quella scuola avevano concepito.

A Ctesibio,[9] ingegnere e fondatore della Scuola Meccanica Alessandrina, sono attribuite numerose invenzioni, anche se purtroppo nessuna delle sue opere ci è pervenuta direttamente. Le informazioni su di lui sono riportate nel libro *De Architectura* di Vitruvio.[10] Tra le sue invenzioni si annoverano la pompa per il

---

due libri alla *Pneumatica*, trattando applicazioni pratiche della pressione. A Erone si attribuisce anche la creazione di un dispositivo che porta il suo nome, capace di aprire e chiudere autonomamente le porte di un tempio, preludio delle porte automatiche contemporanee. Infine, è riconosciuto come l'inventore del martelletto utilizzato nei pianoforti per far vibrare le corde colpendole dal basso verso l'alto.

[9] Ctesibio (285 a.C. - 222 a.C.) fu un ingegnere e inventore dell'antichità. È noto per aver fondato la scuola dei meccanici alessandrini e per le sue invenzioni nel campo dell'ingegneria idraulica e musicale. Ctesibio è stato l'inventore della pompa per il sollevamento dell'acqua, come descritto da Vitruvio. Questa pompa era costituita da due cilindri comunicanti tramite un tubo e veniva azionata da un'asta. Alzando e abbassando l'asta, i cilindri si riempivano e si svuotavano alternativamente, grazie alle valvole che regolavano il flusso dell'acqua da un cilindro all'altro. Inoltre, Ctesibio inventò un orologio ad acqua basato su un sistema di contenitori interconnessi. Un contenitore bucato sul fondo veniva riempito d'acqua che scorreva a un ritmo costante in un altro recipiente dotato di un foro. L'acqua usciva da questo foro in un terzo recipiente graduato, e il livello raggiunto dall'acqua in quest'ultimo determinava la misurazione del tempo. Ctesibio fu anche l'ideatore dell'organo a canne, in cui l'acqua comprimeva l'aria contenuta in un serbatoio, mantenendo costante la pressione. Questa pressione dell'aria veniva utilizzata per produrre un flusso costante di aria alle canne dell'organo, permettendo così la produzione di suoni musicali. Le invenzioni di Ctesibio nel campo dell'ingegneria idraulica e musicale hanno avuto un impatto significativo sulla tecnologia dell'epoca e hanno aperto nuove strade per lo sviluppo di dispositivi e macchine.

[10] Le informazioni sopra riportate sono tratte dall'opera *L'architettura di Marco Vitruvio Pollione* - Tradotta e commentata da Berardo Galiani (edizione

sollevamento dell'acqua, l'orologio ad acqua, la catapulta pneumatica e l'organo a canne, considerato il primo strumento musicale a tastiera della storia.

Per quanto riguarda la matematica alessandrina, è interessante fare riferimento a quanto riportato dal filosofo Proclo[11] nel suo *Commento al primo libro degli Elementi di Euclide*. Egli affermò che la geometria ebbe origine in Egitto per stabilire i confini delle terre a causa delle inondazioni del Nilo che periodicamente le modificavano, mentre l'aritmetica ebbe origine presso i Fenici, che ne avevano bisogno per il commercio.

La diffusione e la trasmissione di queste scienze elementari sono attribuite a Talete, che introdusse tali conoscenze in Grecia, fornendo così le basi per studi più approfonditi in questi specifici campi. Successivamente, il pensiero pitagorico sviluppò i principi fondamentali di questo particolare sapere attraverso il ragionamento e l'astrazione. Successivamente, Euclide, con i suoi *Elementi*, evidenziò le carenze degli argomenti dei filosofi matematici che lo avevano preceduto, organizzando la materia e

---

seconda, Edizione F.lli Terres, Napoli, 1790), in cui Ctesibio viene menzionato nel quarto libro, capitolo dodicesimo, dedicato alle sue macchine (lib. X cap. XII, p. 237).

[11] Proclo Licio Diadoco (412-485) fu un filosofo e matematico bizantino, noto per il suo contributo al neoplatonismo e per i suoi commentari sul pensiero platonico. Il lavoro di Proclo può essere diviso in due parti principali. La prima parte riguarda i suoi commentari sul pensiero di Platone, in particolare sui dialoghi platonici come la *Repubblica*, il *Timeo*, l'*Alcibiade I*, il *Cratilo* e il *Parmenide*. Attraverso questi commentari, Proclo esamina e interpreta il pensiero del filosofo greco. Anche se i suoi commentari sono incompleti, rappresentano ancora un contributo importante per la comprensione della filosofia platonica. La seconda parte dell'attività filosofica di Proclo si concentra sulla teologia e comprende opere come: l'*Elementatio Theologica* e i sei libri della *Theologia Platonica*. In queste opere, Proclo sviluppa temi teologici e approfondisce la sua visione del neoplatonismo. Proclo era un uomo di grande cultura, e oltre alla filosofia si interessò di astronomia e di matematica. Tra le sue opere più rilevanti si annovera l'*Hypotyposis*, un'introduzione alle teorie astronomiche di Ipparco e Tolomeo, in cui descrive la teoria matematica del moto dei pianeti basata sulla teoria degli epicicli e degli eccentrici. Inoltre, il suo "Commento al primo libro degli *Elementi'* di Euclide rappresenta una fonte essenziale per la comprensione della storia della matematica greca e riflette il suo insegnamento all'Accademia di Atene.

apportando nuove dimostrazioni efficaci per l'avanzamento della ricerca matematica e scientifica. Grazie a Euclide, la matematica alessandrina raggiunse grandi sviluppi che furono ampliati e consolidati dal genio di Archimede, considerato uno dei più grandi matematici e scienziati della storia. Archimede affrontò le problematiche geometriche, utilizzando e raffinando il metodo di esaustione introdotto da Eudosso di Cnido, affrontando complessi problemi geometrici con approcci che integravano meccanica e statica, contribuendo così allo sviluppo di un metodo che oggi è noto come calcolo infinitesimale.[12]

Anche il campo dell'astronomia, ad Alessandria, ebbe degli studiosi che fecero progredire tale scienza, ancora legata alla teoria degli atomisti che credevano nella molteplicità di mondi che prendevano vita e morivano nello spazio infinito e alla teoria ideale platonica sul movimento dei pianeti espressa nel *Timeo* e nelle *Leggi*. Tra questi studiosi ci fu Aristarco di Samo, allievo di Stratone di Lampsaco, che produsse per primo l'ipotesi eliocentrica, la cui teoria è riportata da Archimede.

L'ipotesi eliocentrica, secondo cui il Sole è al centro dell'universo, fu proposta per la prima volta da Aristarco di Samo. Questa teoria fu successivamente ripresa nel XVI secolo da Copernico e poi sostenuta da Galileo Galilei, il quale evidenziò la validità dell'ipotesi di Aristarco di Samo nel suo trattato: *Sulle grandezze e le distanze del sole e della luna*.

Thomas Heath[13], così scrive nel suo *Aristarcus of Samos*: *"Le sue*

---

[12] Il calcolo infinitesimale rappresenta un pilastro essenziale nell'analisi matematica, dedicandosi all'analisi dei comportamenti delle funzioni tramite concetti come la continuità e il limite. La sua portata è diffusa tra diverse sfaccettature della matematica, della fisica e delle scienze in generale. Applicabile alle funzioni aventi variabile reale o complessa, il calcolo infinitesimale, attraverso il concetto di limite, offre la possibilità di definire e studiare fenomeni quali la convergenza di sequenze e serie, la continuità, la derivata e l'integrale.

[13] Sir Thomas Little Heath è stato un matematico e traduttore inglese nato il 5 ottobre 1861 a Barnetby-le-Wold e deceduto il 16 marzo 1940 ad Ashtead. È noto soprattutto per il suo lavoro sulla matematica greca. Heath ha pubblicato numerosi libri sull'argomento, dedicandosi alla ricerca e alla traduzione di testi antichi. Il suo contributo nella divulgazione e nell'interpretazione della matematica greca antica è molto apprezzato e ha contribuito in modo significativo alla comprensione di questa disciplina.

ipotesi sono che le stelle fisse e il sole rimangono immobili, che la terra gira intorno al sole con la circonferenza di un cerchio, il sole giace nel medio dell'orbita".[14] Aristarco asserì l'ipotesi eliocentrica, secondo la quale il sole era al centro dell'universo. Tuttavia, la sua teoria non ottenne successo e venne presto dimenticata nell'antichità, principalmente per la resistenza nel credere che la Terra non fosse il centro dell'universo. Aristarco sostenne anche che la luna ricevesse la luce dal sole e che il sole, la terra e la luna formassero un triangolo rettangolo, con l'angolo retto al centro della luna. Secondo la sua osservazione, quando la luna era vista per metà, la sua distanza dal sole sarebbe stata inferiore a un trentesimo del quadrante corrispondente all'angolo di 87° che egli attribuì. Oggi sappiamo che questa distanza è di 89°. Inoltre, Aristarco tentò di determinare approssimativamente le dimensioni del sole, della luna e della terra. Successivamente, Eratostene di Cirene,[15] un altro astronomo alessandrino, risolse il problema calcolando la circonferenza terrestre. Egli osservò che a Syene, una città a sud dell'Egitto, al solstizio d'estate e precisamente a mezzogiorno, il sole si trovava a picco sopra la terra, a differenza della città di Alessandria. Misurando la distanza tra Alessandria e Syene, [16] che era di circa 5.040 stadi [17] (circa 794

---

[14] "*His hypotheses are that the fixed stars and the sun remain unmoved, that the earth revolves about the sun in the circumference of a circle, the sun lying in the middle of the orbit.*" Aristarcus of Samos, The ancient Copernicus by Sir Thomas Heath, Oxford at the Clarendon press, 1913, p. 302

[15] Eratostene di Cirene fu un poliedrico studioso dell'antica Grecia nato circa nel 276 a.C. a Cirene e deceduto intorno al 194 a.C. ad Alessandria d'Egitto. È noto per aver contribuito in diversi campi del sapere, tra cui la matematica, l'astronomia, la geografia e la poesia. La sua opera più famosa è: *La misura della Terra*, in cui propose un metodo per calcolare la circonferenza terrestre, noto come "*metodo di Eratostene*". Eratostene è considerato uno dei più grandi studiosi del periodo ellenistico e il suo lavoro ha lasciato un'impronta significativa nel campo della scienza e della letteratura.

[16] Syene, oggi conosciuta come Aswan (o Assuan), è una città situata in Egitto lungo il fiume Nilo. La città era di grande importanza strategica e commerciale, in quanto si trovava sulla rotta commerciale verso l'Africa e rappresentava un punto di controllo militare lungo il confine meridionale dell'Egitto. Syene è nota anche per essere stata un punto di riferimento nel calcolo della circonferenza terrestre da parte di Eratostene.

[17] Lo stadio era un'unità di misura della lunghezza dell'antica Grecia, equivalente a circa 177,6 metri nel sistema attico e circa 185 metri nel sistema alessandrino.

km odierni), Eratostene calcolò la circonferenza della terra basandosi sulla differenza angolare tra le due città. Il suo calcolo si avvicinò molto alla misura moderna, con uno scarto negativo di soli 80 km rispetto ai 40.075 km attuali.

La Scuola Alessandrina ha promosso studi specifici in vari campi del sapere, attribuendo grande importanza anche allo studio della geografia. Il primo geografo fu Anassimandro, presocratico, che ha rappresentato grossolanamente una mappa del mondo. Altri autori greci come Erodoto[18] hanno descritto coste e porti e alcuni frammenti di Ecateo di Mileto,[19] riportano mappe da attribuire ai suoi viaggi. Ecateo ha descritto i luoghi visitati, indicandone le distanze e rappresentando l'Europa e l'Asia stretti in un disco circondato dall'oceano.

Dalle attività svolte, ad Alessandria sorse l'esigenza di costruire una rappresentazione geografica della terra, che è stata gradatamente concepita come globo, i cui estremi erano i poli e la cui metà era l'equatore. La terra è stata divisa per evidenziare la sua longitudine in meridiani e la sua latitudine in paralleli, e in zone come la glaciale ai poli, calda all'equatore e mite tra l'equatore e i poli. L'opera più insigne è stata quella di Strabone,[20] che, rimasto ad Alessandria per quasi cinque anni, ha avuto la possibilità di frequentare la scuola e di avere accesso a tutte le fonti che gli hanno consentito di scrivere *Della Geografia*. Nel libro primo, così dice: "*A descrittione del sito della terra, la quale a'l*

In Egitto, lo stadio aveva un valore di circa 157,5 metri.

[18] Erodoto, storico greco vissuto nel V secolo a.C., è comunemente considerato il "*padre della storia*" e questa attribuzione gli è stata data anche da Cicerone, uno dei più importanti filosofi e oratori dell'antica Roma. Nella sua opera principale, intitolata *Storie* o *Storiografia*, Erodoto cercò di analizzare le cause della guerra tra la Grecia e l'Impero persiano. Si ispirò a Ecateo di Mileto e ad altri predecessori, raccogliendo informazioni e testimonianze per condurre la sua indagine storica. Erodoto utilizzò una metodologia di indagine critica e cercò di fornire spiegazioni razionali agli eventi storici.

[19] Ecateo di Mileto è stato un antico geografo e storico greco. Le informazioni storiche su Ecateo di Mileto sono limitate e incerte, e le fonti antiche offrono dati discordanti su quando esattamente sia vissuto. Tuttavia, si ritiene generalmente che abbia vissuto tra il VI e il V secolo a.C. ed è considerato uno dei primi autori di scritti storici e geografici in prosa del mondo greco.

[20] Strabone, noto anche come Strabone di Amasea, era un geografo e storico greco. Nacque ad Amasea intorno all'anno 64 o 63 a.C. e morì il 23 o 24 d.C.

presente habbiamo preso a trattare, stimiamo, che s'appartenga alla professione del Filosofo, quanto qual si voglia altra scienza".[21] La cultura alessandrina, promossa dall'interesse scientifico, si è colmata di erudizione e pratica nel campo delle discipline esatte, promuovendo la ragione e la ricerca. Tutti gli scienziati del tempo, come matematici, astronomi e medici, rielaborando e migliorando le dottrine precedenti, hanno fatto di questa scuola il fulcro dell'ellenismo e dello sviluppo della filosofia e del sapere.

---

[21] Il passo riportato è tratto da: *Della Geografia di Strabone*, edizione tradotta in volgare italiano da M. Alfonso Buonacciuoli, ed è presente nel Libro I, al capitolo 10. L'edizione originale venne pubblicata a Venezia nel 1562 dalla tipografia di Francesco Senese.

16. Stratone

Stratone cercò di conciliare la fisica aristotelica con il concetto meccanicista di Democrito, escludendo dalla sua indagine filosofica la metafisica al fine di evitare l'inclusione di questioni trascendentali nella conoscenza scientifica. Purtroppo, ciò che ci è pervenuto è solo un frammento apocrifo che ci consente di dedurre la sua concezione sull'origine e la fine del mondo. Partendo da una constatazione logica, egli riconobbe che tutte le cose che nascono hanno una fine e che le diverse tipologie di materia che costituiscono le creature sono soggette alla caducità. Tuttavia, non si può riscontrare tale caratteristica nella materia universale, poiché non esistono segni che forniscono informazioni sulla sua origine.

Per quanto riguarda le creature terrene, si possono osservare forze che le muovono e le agitano, ma non è possibile conoscere la natura di tali forze e stabilire se siano diverse o se appartengano a una forza unificante del mondo. Tuttavia, è evidente che queste forze, che danno forma alle creature, ne causano la distruzione, generando da quella stessa materia altre creature. I mondi infiniti nello spazio, a causa dell'evoluzione della materia di cui sono composti, perdono la loro specifica forma di esistenza e, sotto l'influenza di tali forze, si generano progressivamente nuovi mondi.

Per quanto riguarda il mondo, di cui fa parte il genere umano, l'evoluzione appare immutabile in termini di tempo, quindi ogni trasformazione sfugge alla percezione e alla conseguente conoscenza umana, poiché la dimensione temporale umana è limitata rispetto alla durata eterna della materia. Stratone affermò inoltre che nel mondo il continuo mutare delle cose, compresa la morte degli individui e persino la terra stessa, è compensato da un'evoluzione estremamente lenta, che dà l'impressione che i generi si conservino e che non ci sia alcuna causa che dimostri la loro temporaneità.

Si prenda ad esempio la Terra, che ruotando sul proprio asse comprime al centro i suoi poli, modificando progressivamente la sua forma originale. Di conseguenza, diventa più densa all'equatore e sempre più appiattita ai poli. Nel corso del tempo, potrebbe appiattirsi ulteriormente e perdere la sua struttura sferica, assumendo la forma di una tavola sottile e rotonda. Questa nuova forma, continuando a ruotare intorno al proprio centro, potrebbe allontanarsi e trasformarsi in un anello, per poi frammentarsi e uscire dall'orbita circolare. Infine, i frammenti potrebbero cadere nel sole o su altri pianeti. Un esempio di questo fenomeno è l'anello di Saturno.

Si ipotizza che tale anello sia il risultato della disgregazione di un pianeta minore, che si sia collocato nella sua orbita, come nel caso dell'evoluzione della Terra. Grazie alla forza attrattiva della massa e del centro di Saturno, questo pianeta minore si sarebbe trasformato nel suo anello. È possibile che l'anello si assottigli ulteriormente e che la distanza tra esso e Saturno si riduca sempre di più. Tuttavia, queste mutazioni sono così lente da non essere percepibili dall'umanità. Secondo Stratone, tali trasformazioni avvengono per tutti i pianeti che orbitano intorno al sole e per quelli che si pensa orbitino intorno ad altre stelle.

Tutti i pianeti frammentati saranno attratti dal sole e dalle stelle vicine, insieme all'intera umanità. Col passare del tempo, il sole e le stelle si consumeranno e si disperderanno nello spazio. La Terra, i pianeti, il sole e le stelle scompariranno, ma la loro materia darà origine a nuove creature con nuovi generi e nuove specie. Le forze eterne della materia creeranno nuovi ordini e un nuovo mondo, le cui caratteristiche appartengono all'infinito e non possono essere oggetto di ipotesi.

Stratone si interessò anche al vuoto, alla pneumatica e alla caduta dei gravi. Anche se tutte le sue opere sono andate perse, abbiamo notizie della sua produzione grazie a Diogene Laerzio in *Vite dei filosofi*[1] che afferma che Stratone abbia composto uno scritto di *Meccanica* e un'opera *Sul movimento*. L'attribuzione a Stratone di Lampsaco, di un'opera sul moto oggi perduta (in particolare i frr. 70-74 W.), viene considerata probabile da Marshall Clagett (1981, p. 205), il quale trae conclusioni dalle citazioni di Simplicio nel suo Commento alla Fisica di Aristotele. Clagett sostiene che: *"La prima trattazione esplicitamente cinematica della velocità pare sia stata quella di Stratone [...] La sua esposizione del problema dell'accelerazione apparve in un trattato "Sul moto", andato*

---

[1] Diogene Laerzio, *Vite dei filosofi*, V 59; vd. frr. 18; 69 W

perduto [...]. Stratone aveva sostenuto che un corpo in caduta libera, se si muove di moto accelerato, "compie l'ultima parte della sua traiettoria nel tempo più breve. Stratone aggiungeva poi, secondo Simplicio, che "ciò è chiaramente quanto accade nel caso di corpi che si muovono nell'aria sotto l'influenza del loro peso. Poiché se si osserva un filo d'acqua che cade da un tetto, scendendo da un'altezza considerevole, il flusso nella parte superiore si vede continuo, mentre nella parte bassa l'acqua cade a terra spezzata in gocce. Ciò non accadrebbe se l'acqua non attraversasse ogni spazio successivo con maggiore velocità"[...] Aristotele pensava al confronto di due moti, mentre Stratone applicò questo tipo di comparazione alle parti di un singolo moto continuo non uniforme. In sintesi, la definizione di moto accelerato implicita nella formulazione di Stratone è quella di un "moto tale che spazi uguali vengono percorsi in periodi successivi di minor durata, ossia con velocità sempre maggiore". Anche Alessandro di Afrodisia doveva avere una nozione simile dell'accelerazione (p. 286 s.; cfr. p. 578 ss.).

Tuttavia, sembra eccessivo attribuire a Stratone una "*definizione di moto accelerato*". È anche possibile che nelle opere di Stratone queste osservazioni e questi esperimenti avessero un significato diverso, collegati alla sua teoria del vuoto (*vd. il commento di Wehrli 1969, p. 63*). In ogni caso, dal frammento (*73 W.*) si deduce una nozione di ciò che oggi chiameremmo "*accelerazione*", basata sull'esperienza comune ed esperimenti.

Se si osserva l'acqua cadere da un tetto, si può notare che, sebbene il flusso sembri continuo dall'alto, l'acqua raggiunge il suolo in parti discontinue. Un altro esempio è rappresentato dal lancio di una pietra o di qualsiasi altro oggetto da una piccola altezza: l'impatto con il terreno sarà appena percepibile. Al contrario, se l'oggetto viene lasciato cadere da un'altezza maggiore, l'impatto con il terreno sarà violento. *(fr. 73, p.26, 15 ss.W.).*

In entrambi i casi, Stratone sembra limitarsi a constatare l'aumento di velocità senza quantificare i risultati dell'esperimento. Tuttavia, questo frammento è di grande interesse nella lunga storia della riflessione greca sulla caduta libera dei corpi, che ha avuto inizio con Aristotele e si è estesa fino a Giovanni Filopono[2] e oltre.

---

[2] Giovanni Filopono, noto anche come Giovanni Filopono di Alessandria o

L'attribuzione della Meccanica a Stratone rimane un'ipotesi incerta, e la sua teoria del vuoto ha influenzato la pneumatica. Tuttavia, non è chiaro quanto la parte della meccanica che si è sviluppata durante l'Ellenismo si debba alle teorie di Stratone o all'abilità tecnica di Ctesibio. Inoltre, è oggetto di discussione se la teoria del vuoto esposta da Erone nell'introduzione agli Pneumatica sia basata su Stratone. Si veda: *Gottschalk (1965), p. 104 e seguenti, Giannantoni (1984), p. 52, Ferrari (1992), p. 170, e Tybjerg (2005), 213".*[3]

Stratone si interessò alla struttura dell'aria e le sue ricerche, note indirettamente, evidenziarono una posizione differente rispetto alla Scuola Aristotelica, specialmente sulla questione del vuoto continuo che, secondo il suo pensiero, non esisteva in natura ma poteva essere creato con l'ausilio di specifici dispositivi. Inoltre, a Stratone si deve il merito di aver fondato la procedura sperimentale al fine di determinare la metodologia scientifica. *"Stratone aveva pienamente coscienza delle applicazioni pratiche delle sue teorie fisiche".*[4] Nel trattato *Sul movimento*, egli affermò che "*la velocità di un corpo che cade aumenta nel tempo e sembra farlo uniformemente durante la caduta*" (un'affermazione praticamente identica alla legge dei gravi di Galileo). Nel trattato *Problemi meccanici* affrontò il problema se fosse più facile muovere un corpo sul moto dei proiettili e non solo pose dei dubbi alla teoria di Aristotele, ma ebbe anche l'intuizione che un oggetto scagliato dovesse offrire una resistenza nella direzione da cui veniva la

---

Giovanni Filopono di Cipro, è stato un filosofo, teologo e scienziato bizantino del VI secolo. È considerato uno dei più importanti commentatori di Aristotele e uno dei precursori dell'introduzione del pensiero aristotelico nel mondo bizantino. Oltre ai suoi contributi nella filosofia e nella teologia, Filopono ha anche svolto ricerche nel campo della fisica, dell'astronomia e della matematica. Ha criticato e contestato diverse teorie scientifiche accettate del suo tempo, contribuendo così allo sviluppo del metodo scientifico.Le opere di Filopono includono commentari su opere di Aristotele come la *Fisica*, la *Metafisica* e gli *Analitici posteriori*. Ha scritto anche trattati scientifici come *Sull'infinito* e *Contro Proclo sull'eternità del mondo.*

[3] Maria Fernanda Ferrini, *Aristotele – Meccanica*, Ed. Bompiani, Milano, 2013, p, 13

[4] Benjamin Farrington, *Storia della scienza greca*, Arnoldo Mondadori Editore, 1964, p. 198

spinta (oggi diremmo che la forza di attrito si oppone al movimento creato da una forza motrice).

Nel trattato *De vacuo*, pur negando il vuoto infinito di Democrito, ossia che lo spazio vuoto non si estendesse all'infinito al di fuori dei confini del mondo, ammise, contro Aristotele, la presenza di piccoli spazi vuoti entro la materia, il cosiddetto vuoto disseminato (*vacuum intermixtum*). Non accettò la teoria atomica, ma criticò anche la teoria degli elementi di Aristotele; in particolare, criticò la teoria dei luoghi naturali degli elementi e la conseguente idea di leggerezza e peso assoluti: ogni corpo, anche il fuoco, ha un peso, e l'ascesa dei leggeri non è dovuta a una tendenza naturale, ma alla spinta dell'aria. Con una critica più radicale di quella di Teofrasto, Stratone si oppose al finalismo aristotelico, proclamando che i fenomeni fisici sono soggetti a cause meccaniche, non a cause finali.[5] Accanto alla figura di Stratone, si può associare Erone di Alessandria con la sua opera *Pneumatica*, la cui parte iniziale, secondo l'affermazione di Hermann Diels, sembra debba essere attribuita a Stratone.

Quest'opera tratta della natura del vuoto attraverso l'uso di metodi empirici, come recipienti di metallo e sfere vitree. L'aria, secondo la teoria esposta, è composta da infinitesimali particelle di materia non visibili. Per questo motivo, se si versa dell'acqua in un contenitore vuoto, dal suo volume fuoriesce lo stesso volume di acqua versato. Da ciò si deduce che l'aria è una sostanza concreta e che si trasforma quando si genera movimento: se sollecitata, essa si trasforma in vento. Le particelle di aria, in contatto fra loro, non si dispongono l'una accanto all'altra, ma lasciano tra loro infinitesimi spazi, come i granelli di sabbia sulla spiaggia. Dunque, bisogna rapportare le particelle di aria ai granelli di sabbia, e l'aria frapposta a tali granelli caratterizza il vuoto esistente tra le stesse particelle. Se si applica all'aria una forza pressoria esterna, essa si comprime, riempiendo gli spazi vuoti che si interpongono tra le particelle. Se la forza pressoria si annulla, a causa dell'elasticità delle particelle, l'aria riprende il suo stato naturale. Se, al contrario, una forza determina la separazione delle particelle e la realizzazione di spazi larghi vuoti, la tendenza delle particelle è

---

[5] Vincenzo Pappalardo, *Storia della fisica e del pensiero scientifico*, La scienza alessandrina, 2-10, 2014, p. 65

quella di seguire la condizione naturale, cioè quella di stringersi insieme. Il movimento delle particelle, dunque, è più rapido nel vuoto perché nessun ostacolo impedisce loro di entrare in contatto l'una con l'altra.

La conclusione che si può trarre è che esiste un vuoto continuo quando si altera la naturale condizione dell'aria, sia compressa che decompressa, e che esiste un vuoto ordinario presente nella materia, in accordo con la natura. Ogni corpo, quando sottoposto a pressione o decompressione, tende a riempire o svuotare i propri vuoti naturali. Questo è confermato dai fatti osservabili e dall'evidenza. Quindi, ogni corpo è costituito da particelle estremamente piccole della sostanza a cui appartiene, tra le quali sono presenti spazi vuoti più piccoli delle particelle stesse. Tutto ciò suggerisce che l'approccio sperimentale non sia stato esclusivo del Rinascimento. Infatti, in Stratone si può notare un approccio sperimentale articolato e coerente, che lo ha portato a costruire strumenti specifici per dimostrare l'affermazione di una tesi attraverso la verifica strumentale, cosa comune ai pitagorici e a tutti i medici della Scuola Ippocratica. La sua ricerca non si è limitata a questo, in quanto ha anche studiato l'azione del calore sui corpi. Egli sosteneva che, se si brucia completamente un pezzo di carbone, questo appare dello stesso volume, ma il suo peso diminuisce e tale perdita di peso è attribuibile a tre sostanze di densità differente: il fuoco, l'aria e la terra. Per quanto riguarda l'acqua, sotto l'azione del fuoco, Stratone giunse alla conclusione che essa in ebollizione si trasforma in aria. Tuttavia, non fu in grado di distinguere tra il vapore e l'aria che si respira.

Fu nel 1600 che Salomon de Caus[6] sviluppò la teoria relativa all'espansione e alla condensazione dei fluidi, che corrisponde alla trasformazione da stato aeriforme a stato liquido e viceversa, attraverso la variazione di temperatura e il raffreddamento. Questa

---

[6] Salomon de Caus, nato a Caux nel 1576 e scomparso a Parigi il 6 giugno 1626, si distinse come un architetto e ingegnere di origine francese. Le sue passioni spaziarono dall'architettura, alla meccanica e all'idraulica. Egli avanzò una teoria riguardante le dinamiche dell'espansione e della condensazione del vapore. Salomon de Caus può essere considerato l'innovatore dell'utilizzo del vapore come fonte di energia motrice.

teoria aiutò a comprendere in modo più approfondito la differenza tra aria e vapore. Tuttavia, Stratone utilizzò la sua teoria del vuoto discontinuo per interpretare altri fenomeni. Studiò la differenza di densità delle sostanze, l'azione e la propagazione della luce e anche la teoria del suono. Dedusse che la diffusione del suono era dovuta all'elasticità dell'aria, che generava un movimento trasmesso alle particelle d'aria adiacenti. Il suono veniva quindi propagato in diverse direzioni fino a dove tale movimento si diffondeva. Stratone non seguì la dottrina aristotelica dei pesi degli elementi, secondo la quale il movimento era determinato dalla tendenza al luogo naturale. Invece, era più incline alla concezione di Democrito, secondo cui il peso si muoveva verso il centro della Terra e la massa dipendeva dalla quantità di materia che occupava un certo volume.

Si può dedurre che nella Scuola di Alessandria si adottò principalmente il metodo sperimentale e molte concezioni del passato vennero superate, sebbene non completamente abbandonate. L'attribuzione della Meccanica a Stratone rimane ipotetica, poiché la conoscenza di Stratone e del suo pensiero si basa principalmente su ciò che è stato riportato e dedotto. Ad Alessandria d'Egitto ci furono anche altri eminenti studiosi come Euclide il Megarese, Aristarco di Samo, Archimede e, per quanto riguarda la scienza medica, Erofilo da Calcedone ed Erasistrato di Ceo.

π⚗

17. Euclide

Si sa con certezza che Euclide insegnò geometria e matematica ad Alessandria d'Egitto nella scuola da lui creata verso il 300 a.C. Egli fu autore di numerosi scritti, ma il suo testo più conosciuto è *Elementi*, in cui raccolse e ordinò in 13 libri tutte le conoscenze matematiche assunte fino a quel momento, divise in tre parti: termini, postulati e assiomi. Gli *Elementi* costituirono il punto di partenza per tutti gli studi geometrici e aritmetici successivi. Euclide scrisse anche *Dati, Ottica, Catottrica* e *Fenomeni*, oltre a trattati musicali come *Sezione del canone* e *Introduzione armonica*".[1] Fu, in conclusione, la guida di coloro che applicarono gli studi matematici nelle varie branche del sapere scientifico. Purtroppo, alcune delle sue opere sono state perdute o riportate parzialmente da altri autori.

Euclide, nel primo libro degli *Elementi*, ha iniziato lo studio della geometria fondamentale considerando quattro elementi: il punto, la retta, il piano e l'angolo. Euclide definisce il punto come : [1/1] "*Il Ponto è quello, che non ha parte.*" – [2/2] "*La linea è una longhezza senza larghezza: li termini della quale sono duoi ponti*". Con questa esplicitazione Euclide definisce "*la quantità continua*" che è caratterizzata dalla linea il cui termine sono due punti se la linea è intesa come finita perché ci sono linee che non sono finite come la circonferenza di un cerchio. – [3/4] "*La linea retta è la breuissima estensione da uno ponto ad un'altro, che riceue l'uno e l'altro di quelli nelle sue estremità.*" - [4/5.6] "*La superficie è quella che ha solamente longhezza & larghezza: li termini della quale sono linee*". - [5/7] "*La superficie piana è la breuissima estensione da una linea a un'altra, che riceua nelle sue estremità l'una e l'altra di quelle*". - [6/8] "*L'angolo piano è il toccamento, &*

---

[1] Le opere di Euclide pervenute a noi includono *Gli Elementi, L'Ottica, La Catottrica, I Fenomeni, La Sezione del Canone* e *L'Introduzione Armonica*. Le opere perdute di Euclide includono *I Luoghi Superficiali* e *Le Conoche*. Gli *Elementi* sono il testo più famoso di Euclide, e *I Dati* sono giunti a noi sia nella versione originale greca che in una traduzione araba. *I Dati* è stato scritto come un compagno degli *Elementi* e forniva le basi per risolvere problemi geometrici. Conteneva definizioni e proposizioni riguardanti le condizioni e le grandezze che possono trovarsi in determinati problemi.

la applicatione non direttta, de l'una e l'altra due linee insieme la espansione delle quale è sopra la superficie". - [7/9] "Ma quando due linee conteneno un'angolo, quell'angolo è detto rettilineo". - [8/10] "Quando una linea retta starà sopra una linea retta, & che li duoi angoli contenuti da l'una e l'altra parte siano eguali: l'uno e l'altro di quelli sarà retto." - [9/10] "Et la linea soprastante è detta perpendicolare sopra a quella, doue sopra stà". - [10/11] "Et l'angolo ch'è maggior del retto, si dice ottuso". - [11/12] "Et l'angolo che è minor del retto, è detto acuto". - [12/13] Il termine è quello, che è fine della cosa". - [13/14] "La figura è quella che è contenuta sotto uno,ouer piu termini". - [14/15.16] "Il cerchio è una figura piana contenuta da una sola linea, laquale è chiamata circonferentia, in mezzo dellaqual figura è un ponto, dalqual tutte le linee rette, ch'escano, & uadano alla circonferentia sono fra loro equali: & quel tale ponto è detto centro del cerchio". - [15/17] "Il diametro del cerchio è una linea retta, laqual passa sopra il centro di quello, & applica le sue estremità alla circonferentia, & diuide il cerchio in parte equale". - [16/18] "Il mezzo cerchio è una figura piana contenuta dal diametro del cerchio, & dalla metta della circonferentia". - [17/19] "Portion di cerchio è una figura piana contenuta da una linea retta e da una parte della circonferentia maggior, o minor del mezzo cerchio". - [18/20.21.22.23] "Le figure rettilinee sono quelle che sono contenute da linee rette, delle quali alcune sono trilatere, lequali sono contenute da tre linee rette, alcune quadrilatere, lequal sono contenute da quattro linee rette, alcune moltilatere, lequal son contenute da piu di quattro linee rette". - [19/24.25.26.] "Delle figure di tre lati una è detta triangolo equilatero, [pag. 13v] & questo è quello, ch'è contenuto sotto di tre lati equali: l'altra è detta triangolo isocelo, e quello che è contenuto solamente sotto di duoi lati equali: l'altro è detto triangolo scaleno, & questo è quello, che è contenuto sotto di tre lati inequali". - [20/27.28.29]" Anchora di queste figure di tre lati una è detta triangolo ortogonio, & questo è quello, che ha un'angolo retto: l'altra è detta triangolo Ambligonio, & è quello, che ha un angolo ottuso, l'altra è detta triangolo Oxigonio, & questo è quello che ha tutti li suoi tre angoli acuti". - [21.22/30.31.32.33] "Ma delle figure di quatro lati una è detta quadrato, il qual quadrato è de lati equali, & de angoli retti: l'altra è detta tetragono longo, & questa è una figura rettangola, ma non equilatera: l'altra è detta, helmuaym, ouero rhombo, laquale è equilatera, ma non è rettangola: l'altra è detta simile helmuaym, ouero rhomboide, laquale ha li lati opposti equali, & similmente li angoli opposti equali, tamen quella non è contenuta da lati equali, ne da angoli retti: & tutte le altre figure quadrilatere, eccetto queste, sono chiamate helmuariphe, ouero, trapezzie". [21/35] "Le linee equidistante, ouero parallele sono quelle che sono in una medesima superficie collocate, & che protratte nell'una & l'altra parte non concorrano, etiam se siano protratte in infinito".[2]

Fin qui, i termini, ora i cinque postulati di Euclide, accompagnati dalle rispettive definizioni.

1. Postulato della linea retta: è possibile tracciare una linea retta che congiunge qualsiasi due punti nello spazio.
2. Postulato della retta infinita: una retta finita può essere prolungata all'infinito in linea retta.
3. Postulato del cerchio: è possibile disegnare un cerchio di qualsiasi raggio e centro intorno a qualsiasi punto.
4. Postulato degli angoli retti: tutti gli angoli retti hanno la stessa misura di 90 gradi.
5. Postulato delle parallele: se una retta interseca due rette e la somma degli angoli interni su un lato è minore di due angoli retti, allora le due rette si incontrano su quel lato, nella parte in cui gli angoli sono minori di due retti.

In geometria, oltre ai postulati di Euclide, ci sono anche alcuni assiomi comuni considerati fondamentali. Essi sono i seguenti:

1. Axioma dell'uguaglianza: Se due oggetti sono uguali a un terzo oggetto, allora sono uguali tra loro.
2. Axioma dell'addizione: Se si aggiungono oggetti uguali a entrambi i lati di un'uguaglianza, l'uguaglianza rimane valida.

---

[2] Euclide. *Euclide megarense acutissimo philosopho, solo introduttore delle scientie mathematice*. Diligentemente rassettato et alla integrità ridotto, per il degno professore di tal Scientie Nicolo Tartalea Brisciano. In Venetia Appresso Curtio Troiano 1565, Definizioni su riportate da pp. 1, 16

3. Axioma della sottrazione: Se si tolgono oggetti uguali da entrambi i lati di un'uguaglianza, l'uguaglianza rimane valida.

4. Axioma della moltiplicazione: Se si moltiplicano oggetti uguali per uno stesso fattore su entrambi i lati di un'uguaglianza, l'uguaglianza rimane valida.

5. Axioma della transitività: Se due oggetti sono entrambi uguali a un terzo oggetto, allora sono uguali tra loro.

6. Axioma dell'estensione: Se due oggetti sono uguali, allora possono essere sostituiti l'uno con l'altro in qualsiasi espressione matematica senza alterarne il valore.

7. Axioma della maggioranza: Se si aggiunge una parte a un tutto, il risultato sarà maggiore della parte stessa. [3]

Il libro I di Euclide introduce i termini, i postulati e gli assiomi fondamentali della geometria, tra cui l'eguaglianza dei triangoli, la teoria delle perpendicolari e delle parallele, e l'equivalenza dei poligoni. Tuttavia, questo libro non rappresenta una sintesi completa delle scienze matematiche dell'epoca di Euclide. È invece un vademecum preliminare che riguarda la matematica basilare, la geometria generale e l'algebra, ma non l'arte del calcolo e l'indagine sulle coniche.

I libri VII, VIII e IX di Euclide si concentrano sulla teoria fondamentale dei numeri. Nel libro VII, che contiene 22 definizioni e 39 proposizioni, vengono trattati i numeri interi e le loro proprietà, come il massimo comun divisore e il minimo comune multiplo, la scomposizione dei numeri interi in fattori primi, le potenze e la progressione geometrica. In questo libro si mette in evidenza il valore dei numeri pari e dispari, primi e composti, piani, solidi e perfetti.

Il libro VIII di Euclide, composto da 27 proposizioni, si concentra sulla proporzione continua e sulla proprietà dei quadrati e dei cubi. La proposizione 27 afferma : [25/27] *La proportione dell'uno all'altro de duoi numeri solidi simili, e si come d'un cubo al alcun cubo*[4] che vuol dire che se si ha un numero solido $ma \cdot mb$

---

[3] Giuseppe Cambiano, *Filosofia e scienza del mondo antico*, (L'età dei trattati – Nozioni comuni 1, 2, 3, 4, 5), Loescher Editore, Torino, 1976, p. 259
[4] Euclide, *Euclide megarense*, op. cit. Libro Ottavo, p. 16

·mc e un numero simile *na· nb· nc* il rapporto sarà m³ n³ per cui essi staranno tra loro come un cubo sta a un cubo.

Il libro IX, composto da 36 proposizioni, rappresenta l'ultimo libro dedicato al numero. Qui Euclide dimostra il teorema secondo cui il numero dei numeri primi è infinito e, inoltre, la proposizione 35/38 esprime la formula particolare per sommare i numeri in progressione geometrica. Tale proposizione recita: "*Se del secondo etiam del ultimo di numeri continuamente proportionali sia cauado fora el primo, quanto è el rimanente del secondo al primo el se approua necessariamente esser tanto lo rimanente del ultimo allo aggregato de tutti li precedenti*".[5]

L'ultima proposizione del libro IX di Euclide è caratterizzata dalla nota norma per i numeri perfetti: [39/36] "*Quando seranno assettati numeri dalla unità continuamente doppii, liquali congiunti facciano numero primo, multiplicato l'ultimo de quelli in lo aggregato de quelli produce numero perfetto*".[6] Tuttavia, Euclide non fornisce la prova contraria alla tesi sostenuta in questo assunto, cioè se tale formula dia o meno tutti i numeri perfetti. Inoltre, non è ancora chiaro se tale formula si applichi anche ai numeri perfetti dispari. Pertanto, affermare che i numeri perfetti siano solamente pari potrebbe essere una conclusione rischiosa.

Nel libro X vengono riportate 115 proposizioni che presentano in forma espressamente geometrica le irrazionalità quadratiche, ossia numeri razionali che si acquisiscono per mezzo di ripetizione di radici dove a e b, quando appartengono alla stessa dimensione, sono commensurabili. Nel libro XI, XII e XIII sono trattati i principi della stereometria.[7] Il libro XI comprende 39 proposizioni concernenti la geometria tridimensionale, con il tetraedro formato da 4 facce, 6 spigoli, 4 vertici, il cubo formato da sei facce, 12 spigoli, 8 vertici, l'ottaedro formato da 8 facce, 12 spigoli, 6 vertici, il dodecaedro formato da 12 facce, 30 spigoli, 20 vertici e, in ultimo, l'icosaedro formato da 20 facce, 30 spigoli e 12 vertici, iniziando con la "*Definizione prima*": [1/2] "*El corpo è quello, che*

---

[5] Euclide, Euclide megarense, op. cit. Libro Nono, pp. 22, 23

[6] Ivi, pp. 22, 23

[7] Il termine "*stereometria*" viene utilizzato per indicare la geometria solida, che si occupa delle figure nello spazio tridimensionale e della misura dei solidi. Questa branca della geometria si concentra sulla comprensione e lo studio di oggetti tridimensionali come poliedri, sfere, coni, cilindri e altri solidi.

ha longhezza, larghezza e altezza, li termini dil quale sono superficie".[8]

La definizione dell'estremità di un solido come superficie è opinabile. Nel libro XII, sono presenti 18 proposizioni riguardanti il rilevamento delle figure geometriche, che viene effettuato tramite il metodo di esaustione. Il libro si apre con la *"Proposizione prima"* [1/1], *"De ogni superficie simile de molti angoli descritte dentro di duoi cerchij, la proportione dil'una all'altra, e si come la proportione de li quadrati che peruengono dalli diametri di cerchij circonscribenti quelle"* che dimostra con precisione il teorema secondo cui le aree dei cerchi stanno tra loro come i poligoni costruiti sui diametri. Questo teorema viene dimostrato attraverso la proporzione tra una superficie simile a molti angoli descritta all'interno di due cerchi e la proporzione dei quadrati dei diametri dei cerchi che li circondano.

Nel libro XIII di Euclide, vengono studiate le proprietà dei cinque solidi regolari inscritti in una sfera, al fine di determinare il rapporto tra il lato del solido inscritto e il raggio della sfera.

Nella Proposizione 10 del Teorema 10, Euclide afferma che il lato di un pentagono equilatero è tanto più potente (cioè più grande) del lato di un esagono equilatero, quanto lo è il lato di un decagono equilatero che sia inscritto nello stesso cerchio. Euclide dimostra che un triangolo con i lati costituiti dai lati di un pentagono, di un esagono e di un decagono equilateri inscritti nello stesso cerchio risulta essere rettangolo.

I rapporti tra i lati di questo triangolo per i cinque solidi regolari inscritti nella sfera sono i seguenti:

- per il tetraedro: $1 : \sqrt{2}$
- per l'ottaedro: $1 : \sqrt{2}$
- per il cubo: $1 : \sqrt{2}$
- per l'icosaedro: $\sqrt{3} : 1$
- per il dodecaedro: $(\sqrt{5} + 1) : 2$

L'influenza del pensiero euclideo e lo sviluppo dei suoi concetti

---

[8] *Euclide, Euclide megarense*, op. cit. p. 1 del Libro Undecimo, Diffinitione prima.

geometrici hanno avuto una grande influenza sia nel mondo antico che in quello moderno. Euclide è considerato uno dei padri della geometria e le sue idee hanno avuto un impatto duraturo nella storia della matematica.

Due teoremi noti come i teoremi di Euclide, ampiamente studiati nelle scuole, sono particolarmente importanti nel contesto dei triangoli rettangoli.

Il primo teorema di Euclide afferma che ogni triangolo rettangolo costruito su uno dei cateti è equivalente a un rettangolo avente per lati l'ipotenusa e la proiezione del cateto sull'ipotenusa.

Il secondo teorema afferma che in ogni triangolo rettangolo, il quadrato costruito sull'altezza relativa all'ipotenusa è equivalente al rettangolo che ha per lati le proiezioni dei cateti sull'ipotenusa.

Proclo Lucio Diadoco, nel suo *Commento al primo libro degli Elementi di Euclide*, fornisce un'attestazione rilevante sulla genialità di Euclide e sull'identità degli *Elementi*. Nel suo commento, Proclo afferma che Euclide ha raccolto, sintetizzato, elaborato e migliorato ciò che i Greci avevano pensato sulla geometria nei secoli precedenti al suo periodo. *"E che Euclide abbia attinto...è detto anche da Proclo, secondo il quale Euclide compose gli Elementi raccogliendo molti teoremi di Eudosso perfezionandone molti di Teeteto e anche fornendo dimostrazioni rigorose di quei risultati che dai predecessori non erano stati con tanto rigore dimostrati"*.[9]

Euclide ha avuto un notevole impatto nello sviluppo della geometria e dei principi matematici. I suoi *Elementi* hanno rappresentato una pietra miliare nel campo della matematica e hanno contribuito alla formazione di una solida base di conoscenze geometriche. Grazie al lavoro di Euclide e ad altri studiosi successivi, la comprensione e l'applicazione della matematica sono progredite nel corso dei secoli.

Tuttavia, sarebbe impreciso attribuire esclusivamente a Euclide il merito di aprire le porte alla conoscenza matematica o di creare le basi per tutte le teorie e leggi scientifiche che sono emerse successivamente. Il progresso della conoscenza matematica e

---

[9] Attilio Frajese e Lamberto Maccioni, *Gli Elementi di Euclide*, Unione tipografico, Editrice torinese, Torino, 1970, p. 15

scientifica è stato un processo continuo, che ha coinvolto numerosi studiosi e scienziati lungo la storia. Euclide ha contribuito in modo significativo a questa evoluzione, ma è importante riconoscere il lavoro di altri pensatori e ricercatori che hanno ampliato ulteriormente il campo della matematica e delle scienze.

In conclusione, Euclide ha fornito un fondamentale contributo nello sviluppo della geometria e dei principi matematici, ma l'avanzamento della conoscenza matematica e scientifica è stato il risultato di un lavoro collettivo di molti studiosi nel corso dei secoli.

18. Epicuro

Il tema della felicità venne espresso da Epicuro[1] nella sua *Epistola a Meneceo* - "*Non si è mai troppo giovani o troppo vecchi per la conoscenza della felicità. A qualsiasi età è bello occuparsi del benessere dell'anima. Chi sostiene che non è ancora giunto il momento di dedicarsi alla conoscenza di essa, o che ormai è troppo tardi, è come se andasse dicendo che non è ancora il momento di essere felice, o che ormai è passata l'età. Da giovani come da vecchi è giusto che noi ci dedichiamo a conoscere la felicità. Per sentirci sempre giovani quando saremo avanti con gli anni in virtù del grato ricordo della felicità avuta in passato, e da giovani, irrobustiti in essa, per prepararci a non temere l'avvenire. Cerchiamo di conoscere allora le cose che fanno la felicità, perché quando essa c'è tutto abbiamo, altrimenti tutto facciamo per averla. Pratica e medita le cose che ti ho sempre raccomandato: sono fondamentali per una vita felice. Prima di tutto considera l'essenza del divino, materia eterna e felice, come rettamente suggerisce la nozione di divinità che ci è innata. Non attribuire alla divinità niente che sia diverso dal sempre vivente o contrario a tutto ciò che è felice, vedi sempre in essa lo stato eterno congiunto alla felicità*"[2].

Epicuro, il cui pensiero è stato esposto principalmente nel poema *De rerum natura* di Lucrezio e nelle opere filosofiche di Cicerone, ha affrontato sia questioni etiche riguardanti l'uomo e la felicità che problemi di fisica. Epicuro riteneva che la verità potesse essere raggiunta attraverso l'esperienza sensibile, il ragionamento critico e il dialogo con gli altri, in un continuo processo di ricerca e scoperta. Nella sua concezione della fisica, espressa nella *Epistola*

---

[1] Epicuro, nato a Samo il 10 febbraio 342 a.C. e scomparso ad Atene nel 270 a.C., è stato un filosofo greco rinomato, colui che istituì una delle più eminenti scuole di pensiero nell'ambito dell'età ellenistica e romana: l'epicureismo. Questa corrente filosofica si diffuse con risonanza dal IV secolo a.C. fino al II secolo d.C., attraversando fasi di opposizione ecclesiastica e poi ottenendo una rivalutazione durante l'Umanesimo e il Rinascimento. La citazione di riferimento deriva da Graziano Arrighetti, nel testo: *Epicuro Opere, Epistola a Meneceo*, pubblicato da Einaudi a Torino nel 1970, pagine 106-107.

[2] Graziano Arrighetti, *Epicuro Opere*, Epistola a Meneceo, 122-123, Einaudi, Torino, 1970, p. 106

a Erodoto, Epicuro sosteneva che "Πρωτον μεν οτι ουδεν γινεται εχ του μη όντος γαρ εχ παντος..." – "*Nulla può nascere dal non essere e che nulla si dissolverà nel nulla*".[3] Egli credeva che la realtà fosse intrinsecamente piena e immutabile, e che nessun cambiamento fosse possibile. Questa visione lo portò ad adottare il concetto atomistico e a esprimersi sulla totalità della realtà.

Secondo Epicuro, la sensazione era il fondamento della realtà e fissava le immagini nell'anima. Questo processo dava origine al pensiero razionale, in quanto la ripetizione di percezioni e sensazioni permetteva alla memoria di conservare i concetti, consentendo di anticipare nuove esperienze. Questa pratica consentiva di sperimentare ciò che era già conosciuto e di acquisire consapevolezza dell'ignoto.

Il mondo fisico, così come appare ai nostri sensi, è costituito da un numero infinito di corpi unici che si muovono nell'incommensurabilità del vuoto. Questo avvalora la tesi che nulla nasce dal non essere e che nessuna cosa si dissolve nel nulla, altrimenti il tutto si sarebbe disgregato. Perciò, l'universo è sempre esistito e sempre esisterà così come si presenta. Il tutto è infinito e, perché possa esserlo, tutti i suoi principi devono avere questa comune caratteristica: l'infinità dei corpi e l'estensione del vuoto.

Rispetto all'infinito presocratico, quello di Epicuro fu lo stesso di Democrito, che recuperava l'intuizione ionica e l'idea di Melisso di Samo[4] che affermava che l'essere fosse infinito nello spazio infinito e che il vuoto non poteva non esistere, perché, se non fosse stato, neppure il movimento sarebbe esistito. Ma il movimento esiste e tutti possono constatarlo.

Epicuro affermò che i corpi possono essere semplici o composti, ma totalmente indivisibili riguardo alla loro struttura atomica. L'ammissione di tali qualità esclude la divisibilità perpetua dei

---

[3] Pron. (*proton men oti ghinetai ex tou me ontos gar pantos*) - Graziano Arrighetti, Epicuro, Ep. A Erod. fr.39, Einaudi, Torino, 1960, p. 36 pron.

[4] Melisso di Samo (circa 470 a.C. - ?) fu un filosofo greco attivo nel V secolo a.C. a Samo. Il suo pensiero filosofico si concentra sulla problematica ontologica, che affrontò in modo critico rispetto alle concezioni di Parmenide, apportando modifiche significative che ebbero un impatto duraturo sulla filosofia dell'essere. Tuttavia, dato che le informazioni su Melisso di Samo sono limitate e spesso basate su scritti successivi, alcuni dettagli della sua vita e del suo pensiero potrebbero non essere completamente definiti.

corpi semplici, poiché tale divisibilità porterebbe alla loro disgregazione e, di conseguenza, alla loro non esistenza. I corpi composti si generano e si decompongono a causa dei corpi semplici che li costituiscono.

Gli atomi, corpi semplici, presentano determinate caratteristiche: la forma o figura, la grandezza strettamente connessa alla forma e il peso. In questo concetto, Epicuro si differenziò dagli atomisti, che indicavano come caratteristiche la figura, l'ordine, la posizione e la grandezza. Per gli atomisti, l'ordine era la disposizione dell'atomo sia nella sua struttura semplice che nell'aggregazione, la posizione era il posto che l'atomo occupava nell'aggregato e al di fuori di esso e la grandezza era costituita dalla forma geometrica associata alla dimensione, alla massa e alla misura.

Epicuro attribuì all'atomo anche la qualità del peso perché un corpo senza peso[5] non poteva muoversi nello spazio, a differenza di Democrito, che non lo considerava affatto. Il peso caratterizza il movimento e ne spiega l'origine e la sua continuazione, fornendo una specifica direzione di caduta che è sempre verticale, dall'alto verso il basso, con una deviazione della perpendicolare in un momento indefinito e in qualsiasi punto dello spazio. Gli atomi colpiscono altri atomi simili e diversi, innescando una catena di collisioni che generano l'aggregazione del mondo e dell'universo, *"clinamen"*.[6]

---

[5] La differenza tra massa e peso sta nel fatto che la massa rappresenta la quantità di materia di un corpo ed è una caratteristica intrinseca del corpo stesso, indipendentemente dal contesto spaziale in cui si trova. D'altra parte, il peso è una grandezza fisica che misura la forza di attrazione gravitazionale esercitata su un corpo da un altro corpo, solitamente la Terra. Il peso dipende dalla massa del corpo e dall'intensità del campo gravitazionale in cui si trova. Pertanto, un oggetto avrà la stessa massa ovunque, ma il suo peso varierà in base alla gravità del luogo in cui si trova.

[6] Il Clinamen è un concetto proposto da Epicuro per spiegare il movimento degli atomi. Secondo Epicuro, gli atomi cadono verso il basso nel vuoto, seguendo una traiettoria rettilinea. Tuttavia, durante il loro moto, gli atomi subiscono una deviazione casuale chiamata Clinamen. Questa deviazione è responsabile degli incontri casuali tra gli atomi e della loro aggregazione per formare corpi. Gli incontri tra gli atomi sono quindi casuali e variabili nel tempo e nello spazio, generando un'infinità di mondi. Questa concezione del Clinamen contribuisce alla comprensione della formazione e della diversità dei corpi nella filosofia epicurea.

Tutto questo movimento si basa sull'imprevedibilità, la stessa che oggi viene chiamata "*principio di indeterminazione*"[7], grazie al fisico teorico Werner Heisenberg. Questo principio stabilisce che è impossibile determinare con precisione sia la velocità che la posizione di una particella subatomica. Se si conosce la posizione di una particella, non si può essere sicuri della sua quantità di moto[8] e viceversa. Quindi, la velocità e la posizione di qualsiasi particella subatomica agiscono in un campo non misurabile. Anche l'osservazione genera modifiche.[9]

Epicuro, in modo espressamente razionale e personale, ha anticipato, come si può ben dedurre, la fisica moderna. Tuttavia, come afferma Cicerone nel suo *De finibus bonorum et malorum*,

"*In primo luogo, nella fisisca di cui particolarmente si vanta,*

---

[7] Werner Heisenberg (1901-1976) è stato un fisico tedesco che ha svolto ricerche e insegnato in diverse università. Ha lavorato come assistente di Max Born presso l'Università di Gottinga e successivamente ha ricoperto incarichi accademici presso le università di Lipsia, Berlino, Gottinga e Monaco. Nel 1941 è diventato direttore dell'Istituto Kaiser Wilhelm per la fisica. Heisenberg è famoso per il suo principio di indeterminazione, secondo il quale esiste un limite fondamentale alla precisione con cui si possono misurare alcune proprietà di una particella, come la posizione e la velocità, a causa dell'effetto disturbatore delle misurazioni stesse. Nel 1925 ha sviluppato una formulazione della meccanica quantistica nota come "meccanica delle matrici", che si basa sulle frequenze e sulle ampiezze delle radiazioni emesse ed assorbite dagli atomi. Nel 1932 è stato insignito del premio Nobel per la fisica. Tra le sue opere principali si includono *Principi fisici della teoria quantistica* (1930), *Raggi cosmici* (1946), *Fisica e filosofia* (1958) e *Introduzione alla teoria unificata delle particelle elementari*. (1967)

[8] La quantità di moto di un corpo è definita come il prodotto tra la sua massa e la sua velocità. La formula matematica per la quantità di moto (p) è: $p = m * v$, dove m rappresenta la massa del corpo e v rappresenta la sua velocità. La quantità di moto è una grandezza vettoriale, il che significa che ha sia una magnitudine che una direzione.

[9] Nella meccanica quantistica, l'atto di misurare una grandezza fisica può influenzare lo stato della particella e il suo comportamento futuro. L'esperimento delle fenditure, condotto anche da Thomas Young, dimostra che l'osservazione delle particelle che attraversano le fenditure può influenzare se si manifestano come particelle o come onde. Questo esperimento ha contribuito alla teoria secondo cui l'interazione tra l'osservatore e il campo osservato determina la realtà. Successivamente, altri scienziati come Max Planck, Albert Einstein, Niels Bohr e Werner Heisenberg hanno studiato e compreso questo fenomeno nel contesto della meccanica quantistica.

Epicuro non è per niente originale (tutto appartenente ad altri)".[10]

Il pensiero di Epicuro non è del tutto originale perché dipende in massima parte dal pensiero democriteo. Tuttavia, è importante aggiungere che *"Cicerone, per ciò che riguarda i problemi cosmo-ontologici, mostra pochissimo interesse perché, alla maniera romana, solo se vede una valenza pratica si interessa ai problemi speculativi"*.[11]

---

[10] *"Principio, inquam, in physicis, quibus maxime gloriatur, primum totus est alienus."* M. Tulli Ciceronis, *De Finibus Bonorum Et Malorum*, libri quinque, L.D Reynold, Oxford Classical Texts, Oxonii e typographeo clarendoniano MCMXCVIII, p. 10

[11] Giovanni Reale, *Storia della filosofia antica*, Vol. 3, Fisica, teologia e psicologia, p. 549

19. Archimede

Archimede, nato a Siracusa nel 287 a.C. e morto nel 212 a.C., è stato un noto matematico, fisico e inventore. Sebbene siano circolate leggende sulla sua morte durante il saccheggio di Siracusa, da parte dei romani comandati da Marco Marcello Claudio,[1] non esistono prove storiche concrete a riguardo. Una delle storie riporta che, secondo Valerio Massimo, Archimede avrebbe pronunciato le parole: "*Noli obsecro circulum istum disturbare*" - "*Ti prego, non disturbare questo cerchio*", poco prima della sua morte. Questa frase potrebbe riflettere la sua passione per la conoscenza e la sua dedizione allo studio.

Archimede ha scritto numerose opere[2] che testimoniano la sua

---

[1] Marco Claudio Marcello (circa 268 a.C. - 208 a.C.) è stato un condottiero romano e console. Ha sconfitto i Galli insubri e ha avuto un ruolo significativo nell'espansione romana in Sicilia. La sua morte è attribuita a un'epidemia durante l'assedio di Siracusa. piuttosto che a uno scontro con la cavalleria cartaginese di Annibale.

[2] Archimede, come molti altri filosofi e scienziati dell'antica Alessandria, ha trascritto le sue ricerche su fogli di papiro. Tuttavia, il papiro non era molto resistente all'usura del tempo, ed è stato gradualmente sostituito dalla pergamena, un tipo di materiale più resistente e versatile ottenuto dalla pelle di agnello. Senza l'intervento di tre studenti della Scuola Alessandrina, Eutocio di Ascalona (matematico di cui si sa poco), Antemio di Tralle (architetto e studioso di geometria) e Isidoro di Mileto il vecchio (architetto), le opere di Archimede rischiavano di andare perdute. Fortunatamente, furono chiamati dall'imperatore Giustiniano per partecipare alla ricostruzione della basilica di Santa Sofia a Costantinopoli, impiegando una grande forza lavoro di circa 10.000 persone. Si presume che Isidoro e Antemio, con l'aiuto di Erone di Alessandria, abbiano realizzato la maestosa cupola della basilica, utilizzando un metodo che coinvolgeva la congiunzione di due cilindri posti a perpendicolo, il cui volume era stato calcolato da Archimede nel suo trattato: *Sul Metodo Meccanico*. Grazie a questa costruzione, le opere di Archimede furono trasferite da Alessandria a Costantinopoli, e Antemio e Isidoro tramandarono gli studi di Archimede ai loro discepoli, che furono successivamente trascritti su pergamena e suddivisi in codici nel IX secolo. Questi codici furono denominati Codice A, B e C. Il Codice A, che fu oggetto di numerose copie, conteneva la maggior parte delle ricerche di Archimede, ad eccezione dei trattati: *Galleggianti* e *Metodo Meccanico*. Il Codice B fu tradotto in latino nel 1269 da Willem van Moerbeke, mentre il Codice C fu scoperto nel 1906 dal filologo Johan Ludvig Heiberg, che decifrò gran parte dei frammenti contenuti nel documento, riferiti ai libri come *Sulla Sfera e sul Cilindro*, *Sulle Spirali*, *Misura del Cerchio*, *Sull'Equilibrio dei*

profonda conoscenza della matematica e la sua abilità di pensiero.

Analizzando le sue opere principali, possiamo apprezzare la particolare e profonda comprensione della matematica, che talvolta si discosta dalle concezioni elementari euclidee e richiede un'interpretazione attenta. Prima di esaminare le opere di Archimede, è importante fare una panoramica sulle origini e lo sviluppo della matematica greca.

I greci hanno contribuito in modo significativo allo sviluppo della matematica e dell'algebra, distinguendosi per il loro approccio concettuale e teorico. Sebbene possa esserci stata qualche influenza proveniente dalle popolazioni orientali, la matematica greca è emersa come un campo di studio indipendente. Ad esempio, la Scuola Pitagorica ha introdotto concetti come l'incommensurabilità delle linee e dei punti senza dimensione, i quali erano considerati entità geometriche puramente concettuali e distinte dalla loro applicazione pratica. Tuttavia, la matematica greca ha abbracciato una vasta gamma di concetti e metodi, compresi quelli di natura pratica come gli scambi commerciali e le misurazioni terriere.

L'esattezza e la precisione sono elementi fondamentali nel loro pensiero geometrico e matematico, i quali iniziano con premesse semplici come postulati e assiomi (come nel caso di Euclide) per poi sviluppare concetti più complessi e profondi. L'approccio matematico, a partire da Euclide, si basa sul rigore e sulla dimostrazione mediante un processo deduttivo progressivo.

Archimede, in particolare, dimostra la sua grandezza nell'atto dimostrativo, utilizzando assunzioni primitive che chiama "λαμβανόμενα" – assunzioni [3] per ottenere deduzioni più ampie e complesse attraverso calcoli aritmetici e misurazioni. Questo è evidente dai titoli delle sue opere, come: *La misura del cerchio*, in cui fornisce valori generici del rapporto tra circonferenza e diametro, e *L'Arenario*, in cui esalta il valore dei numeri per rappresentare sia piccole numerazioni che grandi quantità. I suoi

---

Piani, Galleggianti, Stomachion e *Sul Metodo Meccanico*. Attualmente, questo documento è conservato presso il Walters Art Museum a Baltimora, Maryland. L'opera completa degli studi di Archimede, in lingua latina e greca, è stata pubblicata nel 1915 da Johan Ludvig Heiberg.

[3] λαμβανόμενα pron. lambanomena.

lavori su *Galleggianti* e *L'equilibrio dei piani* affrontano la dinamica di un corpo immerso in un liquido e l'equilibrio e leva, definendo le grandezze commensurabili e incommensurabili.

I principali contributi di Archimede riguardano la quadratura del cerchio e la rettificazione della circonferenza. Nel suo scritto *Sulla misura del cerchio*, di cui ci è pervenuto solo un estratto, Archimede arriva a considerare un poligono di 384 lati. I suoi trattati su *Sulla sfera e sul cilindro* e *Sui conoidi e sugli sferoidi* integrano in modo significativo gli *Elementi* di Euclide e costituiscono ancora oggi una sezione fondamentale dei trattati di geometria. Lo stesso vale per le conclusioni raggiunte nel trattato *Sulle spirali*.

La matematica di Archimede rappresenta una scienza applicata che unisce teoria e pratica.

Dai primi sviluppi della geometria superficiale alla geometria di precisione che precedette Archimede, i Greci si confrontarono con la questione della limitatezza e dell'infinito, arrivando alla conclusione che in un tratto di linea ci sono punti infiniti. Essi stabilirono un rapporto tra grandezze che possono essere espresse mediante calcoli limitati nel caso della commensurabilità e calcoli infiniti nel caso dell'incommensurabilità. Inoltre, osservarono che nel dominio dell'incommensurabilità si presentavano delle incongruenze calcolabili che furono risolte da Eudosso di Cnido, notevole pensatore matematico e astronomico, che sviluppò la teoria delle proporzioni e il metodo di esaustione.[4]

---

[4] I matematici greci svilupparono un tipo di ragionamento matematico simile a quello che oggi chiamiamo calcolo infinitesimale. Tuttavia, questo approccio non era adeguato per risolvere questioni legate al concetto geometrico di finito, in quanto si basava su considerazioni superficiali. Fu grazie al pensiero di Eudosso di Cnido, un matematico dell'Accademia Platonica, che si giunse a una sistematizzazione più rigorosa dei procedimenti infinitesimali attraverso un metodo chiamato di esaustione. Questo metodo fu fondamentale per risolvere il problema del confronto tra figure curvilinee e rettilinee e il problema della quadratura del cerchio, che consisteva nel trovare un quadrato con la stessa area di un dato cerchio mediante la costruzione di poligoni di lati progressivamente più vicini al confine del cerchio. Tuttavia, questo procedimento presentava alcune limitazioni, in quanto la comprensione del concetto di limite era ancora incompleta. Ad esempio, utilizzando grandezze rettilinee infinitamente piccole per riempire una figura curvilinea e sommandole, si otteneva una somma di infiniti addendi e, di conseguenza, una grandezza infinita. Fu necessario

Archimede fece ampio uso di questo metodo per dimostrare con precisione le sue teorie, anche se tale approccio non aveva un valore euristico[5] nel senso di portare alla scoperta di nuovi risultati, ma consentiva di dimostrare l'esattezza di un risultato attraverso percorsi diversi. *"Egli fu qualcosa di molto più complesso; e cioè fu insieme rigorista e intuizionista, riassumendo in sé l'indirizzo eudossiano basato sul metodo di esaustione e quello democriteo basato invece sull'infinita suddivisibilità delle figure geometriche"*.[6]

Per una migliore comprensione del testo, esaminiamo brevemente il metodo della quadratura del cerchio. Il concetto di quadratura implica la costruzione di un quadrato che abbia la stessa area della figura piana considerata. Si inizia costruendo poligoni con area uguale, partendo dal quadrato e procedendo con l'aggiunta di altri poligoni. Se fosse stato possibile realizzare questo

---

attendere Giorgio De Saint Vincent per avere un metodo di uguaglianza tra due aree o due volumi senza ricorrere al concetto di infinito, nel caso in cui la dimostrazione non potesse essere ottenuta mediante la divisione delle figure in un numero finito di parti uguali a due a due. La natura del metodo di esaustione fu ulteriormente chiarita da Archimede, che, per dimostrare che una determinata figura ha un'area S, utilizzò un ragionamento per assurdo, supponendo che l'area fosse minore o maggiore di S. Successivamente, considerando una serie di poligoni regolari inscritti in un cerchio con un numero crescente di lati, dimostrò che entrambe le ipotesi portavano a risultati assurdi, concludendo che l'area doveva essere proprio S. Archimede attribuì a Eudosso il merito della prima dimostrazione soddisfacente riguardo al cono, affermando che il volume del cono è un terzo del volume di un cilindro con la stessa base e altezza. Per stimare le aree di varie forme piane, si può usare un metodo chiamato di esaustione, che consiste nel sottrarre da una figura nota le aree di figure più piccole. Esso consiste nella costruzione di una successione di poligoni che tendono alla figura data, e la figura stessa rappresenta il limite delle loro aree.

[5] L'euristica è un procedimento o un metodo che permette di avvicinarsi alla soluzione di un problema attraverso un approccio intuitivo o basato sullo stato delle cose attuale. Si tratta di una strategia che non segue un percorso rigoroso o algoritmi precisi, ma che consente di fare delle ipotesi o delle supposizioni che possono poi essere confermate o valutate ulteriormente. Le euristiche sono spesso utilizzate quando non si dispone di tutte le informazioni o risorse necessarie per una soluzione completa e accurata, ma permettono comunque di fare progressi nel processo decisionale o nella risoluzione di un problema.

[6] L. Geymonat, *Storia del pensiero filosofico e scientifico*, vol. I – L'antichità, Il medioevo – Milano, Garzanti – 1970 – p. 252

procedimento, si sarebbe concluso che il cerchio fosse quadrabile. Man mano che il numero dei lati dei poligoni aumenta, le figure si avvicinano sempre di più alla forma del cerchio, ottenendo una misura approssimativa ma abbastanza precisa: il π (pi greco).

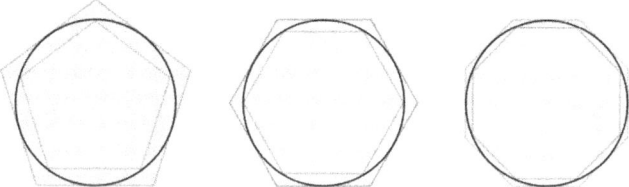

Immagine del metodo di quadratura del cerchio.

Archimede iniziò a definire l'area del cerchio introducendo una successione di poligoni sempre più simili ad esso. Ha incluso fino a 384 poligoni regolari con un numero crescente di lati, come ad esempio quelli con cinque, sei e otto lati mostrati nella figura. Successivamente, ha analizzato i poligoni inscritti e circoscritti alla circonferenza, notando che l'area del cerchio poteva essere approssimata sia da sotto che da sopra utilizzando tali poligoni. Entrambe le scelte portavano al limite dell'area del cerchio. Archimede ha compreso il rapporto tra l'area del cerchio e il suo raggio, nonché il rapporto tra la circonferenza e il diametro. Ha intuito che la costante che definisce il rapporto tra circonferenza e diametro è caratterizzata da un numero irrazionale, il π (pi greco).

$$\frac{C}{d} = \pi \ \text{(costante)}$$

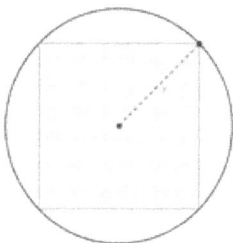

Qquadratura cerchio pi greco.

Dimostrò anche che il doppio della costante che rappresenta il rapporto tra l'area di un cerchio e l'area del quadrato a esso inscritto è equivalente all'area del quadrato, il cui lato è elevato al quadrato. Questo risultato gli permise di ottenere la formula A = π r^2 per calcolare l'area del cerchio. Nonostante il cerchio non sia una figura quadrabile, Archimede dimostrò che l'area del cerchio può essere approssimata tramite il valore di **π**, un metodo geniale che egli condivise con i matematici del suo tempo.

$$\frac{A}{Area\ del\ quadrato\ inscritto} = \frac{\pi r^2}{2r^2} = \frac{\pi}{2}$$

Tuttavia, l'influenza euclidea è evidente anche nella struttura che Archimede ha dato alle sue ricerche. Il suo libro *Sulla Sfera e il cilindro* è composto da 44 proposizioni, precedute da 6 definizioni e 5 postulati. Questo libro può essere considerato come un'estensione degli *Elementi*: "*...e intramezzate da 5 lemmi – dimostrati dai predecessori – i quali sono gli enunciati, riportati pressoché fedelmente, di proposizioni del libro XII degli Elementi di Euclide e di un corollario di un'altra.*"[7] Archimede inviò questo libro, insieme al *De lineis spiralibus*, al matematico Dositeo,[8] scrivendo "Ἀρχιμήδης Δοσιδέω χαίρειν" - "*Archimede a Dositeo, salute*".[9] In questi libri, Archimede dimostra che il volume di una sfera è due terzi del volume del cilindro circoscritto ad essa, e che l'area della superficie sferica è uguale a quattro volte l'area di un cerchio massimo. Nel secondo libro, tenendo conto dei risultati ottenuti ed espressi nel primo, egli affronta la divisione della sfera

---

[7] Attilio Frajese, *Opere di Archimede, Sulla sfera e sul cilindro*, Torino, UTET, 1974, p. 51

[8] Dositeo di Pelusio, matematico e astronomo egiziano attivo ad Alessandria d'Egitto nella seconda metà del III secolo a.C., fu allievo di Conone di Samo e corrispondente di Archimede. Quest'ultimo gli inviò diversi dei suoi libri, tra cui *Il trattato sulla quadratura della parabola*, i due distinti trattati *Sulla sfera e il cilindro*, il libro *Sulle spirali* e un trattato *Sui conoidi e sferoidi*. Pelusio, situata nella parte più orientale del Delta del Nilo a circa 30 km a sud-est della moderna Porto Said, è stata una città dell'antico Egitto.

[9] J. L. Heiberg, Archimedis, *Opera Omnia cum commentariis Eutocii*, Lipsiae in aedibus B. G. Teubneri, 1881, p. 2, (Ἀρχιμήδης Δοσιδέω χαίρειν pron. Archimèdes Dosidèo caìrein)

in due segmenti aventi un rapporto specifico. La proposizione 4 tratta specificamente di questo argomento: "*Tagliare una sfera data in modo che i segmenti sferici abbiano tra loro lo stesso rapporto dato*".[10]

Nella sua opera *Misura del cerchio*, composta da soli tre enunciati, Archimede dimostra che il cerchio è equivalente al triangolo rettangolo i cui cateti sono costituiti dal raggio e dalla circonferenza perfetta. Nella terza proposizione dell'opera *La misura del cerchio*, Archimede dimostra che il valore di π (pi greco), che è il rapporto tra la circonferenza e il diametro di un cerchio, è compreso tra $3 + 1/7 < \pi < 3 + 10/71$

In un'altra opera, intitolata *Conoidi e sferoidi* e dedicata al suo amico Dositeo, ha studiato le proprietà dei paraboloidi[11] e degli iperboloidi[12] di rivoluzione, calcolando il loro volume in rapporto a quello di un cono con la stessa base e altezza, un risultato valido anche per l'ellissoide.[13]

Nella sua opera *Sulle spirali*, sempre indirizzata a Dositeo, ha anche introdotto e analizzato una curva chiamata "*Spirale di Archimede*". Questa curva descrive il moto di un punto che si

---

[10] Attilio Frajese, ivi, Proposizione 4, p. 192

[11] Un paraboloide è una quadrica in geometria. Le quadriche sono superfici definite da equazioni polinomiali del secondo ordine nelle variabili spaziali. Esistono diverse tipologie di quadriche, tra cui il paraboloide, l'ellissoide, l'iperboloide e il conoide. Ognuna di queste ha caratteristiche specifiche che dipendono dalla forma dell'equazione polinomiale che le descrive.

[12] L'iperboloide è una superficie quadrica in geometria, ed è rappresentata da un'equazione polinomiale del secondo ordine nelle tre variabili spaziali. L'iperboloide ha una forma caratteristica che può essere descritta come una combinazione di due superfici coniche di tipo iperbolico, da cui deriva il suo nome. Esistono diverse varianti di iperboloide, tra cui l'iperboloide a una falda, l'iperboloide a due falde e l'iperboloide ellittico, ognuna con proprietà geometriche specifiche.

[13] L'ellissoide è un tipo di quadrica che rappresenta l'analogo tridimensionale dell'ellisse. Nello spazio tridimensionale, l'ellissoide è una superficie curva che ha una forma simmetrica e può essere visualizzata come una versione tridimensionale di un'ellisse. È descritto da un'equazione polinomiale del secondo ordine nelle tre variabili spaziali ed è caratterizzato da tre assi principali di lunghezza diversa, noti come semiasse maggiore, semiasse minore e semiasse intermedio. L'ellissoide ha diverse proprietà geometriche e viene ampiamente utilizzato in diversi contesti, come la modellazione di corpi celesti, la teoria delle onde elettromagnetiche, e altre applicazioni scientifiche e ingegneristiche.

sposta lungo una retta con velocità costante, mentre la retta ruota attorno a un punto fisso con velocità angolare costante. Tale spirale è stata usata da Archimede per risolvere problemi di quadratura delle aree e ha anche avuto applicazioni nella rettificazione della circonferenza.

Nell'opera *Sull'equilibrio dei piani*, strutturata in due libri distinti, Archimede affronta questioni legate alla meccanica. Questa applicazione si occupa non solo dei corpi geometrici, ma anche dei pesi *(βάρεα)* [14] e delle grandezze (μεγέδεα), [15] come fece Euclide nel suo quinto libro degli *Elementi*. Nel primo libro viene affrontata la legge della leva e viene introdotto il concetto di centro di gravità: "*Pesi sospesi a distanze uguali che si fanno equilibrio sono uguali*"[16] essi si bilanciano e vengono analizzati anche gli equilibri di alcune figure piane, come ad esempio il triangolo, "*Il centro di gravità di ogni triangolo si trova sulla retta che congiunge il vertice di un angolo al punto medio base*"[17] il parallelogramma e il trapezio. Il secondo libro è dedicato al centro di gravità del segmento di parabola: "*Il centro di gravità di qualsiasi segmento parabolico compreso tra una retta o una sezione di cono rettangolo si trova sul diametro del segmento*".[18]

Il libro *Quadratura della parabola*, indirizzato a Dositeo, ha come scopo la quadratura del segmento parabolico di un poligono equivalente. Archimede dimostra che la parabola rappresenta 4/3 di un triangolo con la stessa altezza e base. Il testo è diviso in due parti: la prima viene espressa in termini meccanici con riferimenti alla statica, mentre la seconda parte è concepita in modo esplicitamente geometrico.

L'opera *I Galleggianti*, già nota attraverso una traduzione latina realizzata da Willem van Moerbeke,[19] ci è giunta incompleta di

---

[14] *βάρεα* (pron. bàrea = peso - da *βάρέω* – pron. bareo = appesantire, gravare, caricare).

[15] *μεγέδεα* (pron. meghédea = grandezza – da *μέγεδος* – pron. meghedos = grandezza, altezza, statura).

[16] Attilio Frajese, *Opere di Archimede*, *Sull'equilibrio dei piani*, Libro I, Proposizione 1, p. 399

[17] Ivi, Proposizione 13, p. 413

[18] Ivi, Libro II, Proposizione 4, p. 425

[19] Willem van Moerbeke (1215-1286) fu un traduttore domenicano che studiò a Parigi e a Colonia. Trascorse un periodo prolungato in Grecia e viaggiò anche in

alcune parti alla fine del secolo scorso. È composta da due libri. Nel primo viene spiegato il famoso principio di Archimede, che afferma: *"Un corpo immerso in un liquido riceve una spinta verso l'alto uguale al peso del volume del liquido spostato"*. Questo principio è stato successivamente ripreso e difeso da Galileo Galilei.[20]

Ciò che suscita maggiore stupore è la seconda proposizione del primo libro, che afferma: *"La superficie di ogni liquido in quiete assume la forma di una sfera avente lo stesso centro della Terra"*,[21] presupponendo quindi che Archimede avesse compreso la forma sferica della Terra. Nel secondo libro, invece, si discute la posizione che un paraboloide immerso in un liquido può assumere.

Nel libro *Sul metodo meccanico*, indirizzato a Eratostene, direttore della biblioteca di Alessandria, Archimede rivela il metodo che ha adottato per raggiungere i suoi risultati, partendo da principi basilari e procedendo gradualmente verso proposizioni più ampie e complesse. In definitiva, Archimede cercava di trovare una prova dell'affidabilità delle sue ricerche attraverso un metodo che lui stesso definiva meccanico, non nel senso di determinare i risultati meccanicamente, ma nel senso di utilizzare concetti di meccanica come leve, equilibri e bilanciamenti in tutte le sue argomentazioni. Questo era il suo metodo principale. Per calcolare le proprietà di una figura geometrica di cui ignorava il volume, l'area e il centro, confrontava una o più figure di cui aveva una conoscenza approssimativa, pensando che tali figure fossero tagliate da un piano in modo che la superficie diventasse un segmento e un solido diventasse una superficie. Proseguendo l'osservazione dal punto di vista geometrico, Archimede

---

Asia Minore. Visse anche per molti anni in Italia. Nel 1274 partecipò al Concilio di Lione e nel 1278 fu eletto arcivescovo di Corinto, carica che mantenne fino alla sua morte. Van Moerbeke era noto per la sua vasta conoscenza filosofica e scientifica, nonché per la sua profonda conoscenza della lingua greca. Le sue traduzioni dal greco al latino ebbero un significativo impatto sull'evoluzione culturale del suo tempo, in particolare per quanto riguarda l'accesso alle opere di importanti filosofi e scienziati greci che non erano ancora state tradotte in latino.
[20] Galileo Galilei affronta tale argomento nel suo: *Discorso intorno alle cose che stanno in su l'acqua o che in quella si muovono*, provando ai suoi avversari l'importanza del peso specifico di un corpo rispetto al peso specifico dell'acqua.
[21] Attilio Frajese, ivi, Libro I, Proposizione 2, p. 526

determinava le proporzioni dei segmenti e delle aree. Assegnava ai segmenti e alle aree dei pesi omogenei, stabilendo diverse proporzioni: un segmento lineare era proporzionale alla sua lunghezza, una figura piana era proporzionale alla sua area e il peso di un solido era proporzionale al suo volume. Per essere più precisi, partendo dalle proporzioni stabilite, presentava vari postulati. Per determinare teoricamente il centro di gravità delle figure piane e volumetriche, introdusse un importante postulato: "*Se alcune grandezze si trovano in equilibrio a certe distanze, anche grandezze equivalenti a queste saranno in equilibrio alle stesse distanze*".[22] La frase "*a certe distanze*" deve essere intesa come riferita a grandezze i cui centri di gravità sono equidistanti dal fulcro della leva, e "*grandezze equivalenti*" deve essere intesa come grandezze di uguale peso.

Analizzando il significato di quanto sopra esposto, se un insieme di corpi permane in equilibrio su una leva salda alla terra, è possibile sostituire un qualsiasi corpo con un altro corpo dell'insieme senza che l'equilibrio venga modificato. Affinché ciò avvenga, il corpo A e il corpo B devono avere lo stesso peso e devono essere equidistanti dal fulcro della leva.

Partendo da questo postulato, Archimede stabilì, come si può constatare in *Sull'equilibrio dei piani*, che la legge della leva potesse essere utilizzata anche per determinare il centro di gravità di tutte le figure da lui considerate. Tuttavia, come ammise egli stesso nella lettera a Eratostene, "*E infatti, alcune delle proprietà che a me dapprima si sono presentate per via meccanica sono state più tardi da me dimostrate per via geometrica. Compiuta per mezzo di questo metodo, non è una vera dimostrazione: è poi più facile, avendo ottenuto con questo metodo qualche conoscenza delle cose ricercate, compiere la dimostrazione, piuttosto che ricercare senza alcuna nozione preventiva*".[23] utilizzava il metodo meccanico come un metodo di prova, ma il metodo su cui fondava la sua fiducia e che gli permetteva di dimostrare in modo razionale e coerente era il metodo per assurdo, o più precisamente il metodo dell'esaustione.

---

[22] *Sull'Equilibrio dei piani*, op. cit. p. 399
[23] Attilio Frajese - *Opere di Archimede, Sui teoremi meccanici*, Torino, UTET, 1974, p. 572

Riguardo ai *Lemmi*, Archimede scrisse undici proposizioni, tutte incentrate sul centro di gravità di segmenti di retta, triangoli, cerchi, cilindri, prismi e coni, che costituirono la base delle sue dimostrazioni.

Dopo il periodo alessandrino, Archimede tornò a Siracusa, dove rimase fino alla sua morte. Qui divenne amico e consigliere del sovrano Gelone II e del suo successore. Durante il regno di Gelone, la città di Siracusa conobbe uno sviluppo significativo in tutti gli aspetti, dalle scuole al teatro, e furono avviate grandi opere pubbliche, come la costruzione di un grande porto. Archimede partecipò attivamente alla vita siracusana e venne consultato da Gelone per progetti di carattere utilitario e difensivo.

Nel suo lavoro intitolato *Ψαμμίτης* o *Arenario*, [24] dedicato al tiranno Gelone di Siracusa, [25] Archimede presentò un sistema di calcolo che consentiva di affrontare concetti di numerazione di grandissime quantità. Inoltre, egli sostenne l'idea del sistema eliocentrico di Aristarco di Samo. Nella lettera inviata a Gelone, egli espose: *"Alcuni pensano, o re Gelone, che il numero [dei granelli] della sabbia sia infinito in quantità: dico non solo quello dei granelli di sabbia che sono intorno a Siracusa e nel resto della Sicilia, ma anche di quello [dei granelli di sabbia] che sono in ogni regione, sia abitata sia non abitata. Vi sono poi alcuni che ritengono che quel numero non sia infinito, ma che non si possa nominare un numero che superi la sua quantità".* [26] - *"Con dimostrazioni geometriche che potrai logicamente seguire e [servendomi] dei numeri esposti negli scritti definiti [ed inviati] a*

---

[24] *Ψαμμίτης* (pron. psammìtes, da *ψάμμος* pron. psàmmos = sabbia, sabbioso, arenoso). In latino *Arenarius* = sabbioso, da cui Arenario.

[25] Gelone di Siracusa (Gela, 540 a.C. - Siracusa, 478 a.C.) governò a Gela dal 491 a.C. circa fino al 485 a.C. circa, prima di diventare il tiranno di Siracusa. Divenne il tiranno di Siracusa nel 485 a.C. circa e mantenne questa posizione fino alla sua morte nel 478 a.C.

[26] *"Οἴονταί τινές, βασιλεῦ Γέλων, τοῦ ψάμμου τὸν ἀριθμὸν ἄπειρον εἶμεν τῷ πλή-Βίβλος α´ θει· λέγω δὲ οὐ μόνον τοῦ περὶ Συρακούσας τε καὶ τὰν ἄλλαν Σικελίαν ὑπάρχον- τος, ἀλλὰ καὶ τοῦ κατὰ πᾶσαν χώραν τάν τε οἰκημέναν καὶ τὰν ἀοίκητον. ἐντί τι- 5 νες δέ, οἳ αὐτὸν ἄπειρον μὲν εἶμεν οὐχ ὑπολαμβάνοντι, μηδένα μέντοι ταλικοῦτον κατωνομασμένον ὑπάρχειν, ὅστις ὑπερβάλλει τὸ πλῆθος αὐτοῦ."* - *Quaderni di Scienze Umane e Filosofia Naturale* - 2, 1, Gennaio MMXVI Pubblicazione aperiodica heinrichfleck.net. βίβλος α´ (pron. bìblos a), Libro I - 1, 5 pp. 90, 91

Zeuxippo, io proverò a mostrarti che alcuni [numeri] non solo superano il numero [dei grani] d'arena per un volume [supposto] eguale quello della Terra [e di questi] riempita come appunto s'è detto, ma anche di quelli per un volume eguale all'[intero] cosmo".[27]

Utilizzando dimostrazioni geometriche e numeri esposti negli scritti inviati a Gelone, Archimede prometteva di dimostrare che alcuni numeri non solo superavano il numero dei granelli d'arena per un volume equivalente a quello della Terra, ma anche per un volume equivalente all'intero cosmo, aprendo la strada, con la sequenza dei numeri naturali, a nuovi calcoli infinitamente grandi. Questi calcoli erano idonei a stabilire le distanze astronomiche e preannunciavano il calcolo esponenziale.

Nel suo studio, Archimede prese in considerazione il modello eliocentrico proposto da Aristarco, il quale suggeriva che il diametro del cosmo potesse essere molto più grande del diametro della sfera delle stelle fisse. Esaminò anche altre grandezze, come il perimetro terrestre calcolato da Eratostene, il rapporto tra il diametro del sole e quello della luna e altre relazioni astronomiche. Sebbene non ci siano dati specifici sulle misure che Archimede utilizzò o sulle sue conclusioni riguardo al raggio della Terra o al diametro del cosmo, il suo lavoro aprì la strada a ulteriori esplorazioni e calcoli astronomici.

Per comprendere il sistema di numerazione greco, è opportuno menzionare i vari tipi di sistemi utilizzati: il sistema acrofonico[28] e quello puramente alfabetico. Nel sistema acrofonico numerico,

---

[27] "ἐγὼ δὲ πειρασούμαι τοι δεικνύειν δι᾿ ἀποδειξίων γεομετρικᾶν, αἷς παρακολου-θήσεις, ὅτι τῶν ὑφ᾿ ἁμῶν κατωνομασμένων ἀριθμῶν καὶ ἐνδεδομένων ἐν τοῖς ποτὶ Ζεύξιππον γεγραμμένοις ὑπερβάλλοντί τινες οὐ μόνον τὸν ἀριθμὸν τοῦ ψάμμου τοῦ 15 μέγεθος ἔχοντος ἴσον τᾷ γᾷ πεπληρωμένα, καθάπερ εἴπαμες, ἀλλὰ καὶ τὸν τοῦ μέγεθος ἴσον ἔχοντος τῷ κόσμῳ." Ibidem

[28] L'Acrofonico, dal greco ἄκρος (pron. acros) che significa "estremo" o "iniziale", e φωνή (pron. foné) che significa "voce", è un sistema alfabetico in cui i segni sono composti da consonanti o intere sillabe. In passato, gli oggetti venivano identificati tramite l'immagine dello stesso oggetto, con un procedimento conosciuto come ideogramma, universale e comprensibile da tutte le popolazioni. Tuttavia, i Fenici sostituirono questo sistema con il principio acrofonico, in cui l'ideogramma era accompagnato da un suono o sillaba iniziale dello stesso. Questo nuovo sistema, utilizzato anche dagli Egizi, portò alla creazione di un alfabeto composto da consonanti o intere sillabe.

venivano utilizzati segni che rappresentavano l'iniziale della parola corrispondente a certi numeri importanti. Ad esempio, il segno Π (pi greco) πέντε (pente) indicava il numero 5, il Δ (delta) δέκα (deka) indicava il numero 10, l'Η (eta) ἑκατόν (ecatòn) il numero 100, la X (csi) χίλιοι (csilioi) il numero 1000 e la M (mi) μύριοι (murioi) il numero 10.000. L'unità veniva indicata aggiungendo il segno I (iota). Quindi, ad esempio, il numero 7 si rappresentava con il Π (p greco) πέντε più due I (iota) = ΠΙΙ - per scrivere **437** si usava 4 volte il segno H (eta) ἑκατόν (ecatòn), tre volte il segno Δ (delta) δέκα (deka), una volta il segno di Π (p greco) πέντε, e due volte il segno dell'unità I (iota) – (**HHHHΔΔΔΠΙΙ**).

Questo sistema complesso consentiva di scrivere tutti i numeri compresi tra uno e centomila.

La lettura di questo sistema era difficile perché era necessario ripetere spesso lo stesso segno per rappresentare determinati numeri. Ad esempio, per leggere il numero 850 era necessario ripetere otto volte la lettera **H** e cinque volte la lettera **Δ** (**HHHHHHHHΔΔΔΔΔ**). Per semplificare questa ripetizione, fu introdotto il gamma (**Γ**) sotto il quale veniva inserito il segno da moltiplicare per cinque volte, evitando così la necessità di ripetere il segno. Pertanto, il numero 50, che richiedeva di scrivere **ΔΔΔΔΔ**, venne scritto come (**ΓΔ**), e il numero 600, invece di **HHHHHH**, venne scritto come (**ΓHH**).

Il secondo sistema utilizzato come alternativa all'acrofonico fu quello alfabetico, che assegnava a ogni segno un numero e utilizzava simboli derivati dagli alfabeti primitivi. Ad esempio, Ϛ (**stigma**) era collocato tra ε (**epsilon**) e ζ (**zed**) e rappresentava il numero **6**; Ϟ (**coppa**) era collocato tra π (**pi greco**) e ρ (**rho**) e rappresentava il numero **90**; Ϡ (**sampi**) era collocato dopo l'ultima lettera dell'alfabeto ω (**omega**) e rappresentava il numero 900. Questi segni aggiuntivi costituivano un insieme di 27 segni[29] divisi in tre sottoinsiemi, ciascuno con nove elementi. Il primo sottoinsieme includeva le lettere comprese tra α (**alfa**) e θ (**theta**)

---

[29] I segni dell'alfabeto greco con inclusi i segni primitivi: *α, β, γ, δ, ε,* Ϛ, *ζ, η, θ, ι, κ, λ, μ, ν, ξ, ο, π,* Ϟ, *ρ, σ, τ, υ, φ, χ, ψ, ω,* Ϡ. (pron. alfa, beta, gamma, delta, epsilon, **stigma**, zeta, eta, theta, iota, kappa, lambda, mu, nu, xi, omicron, pi, **coppa,** rho, sigma, tau, upsilon, phi, chi, psi, omega, **sampi**).

ed era utilizzato per le unità e le migliaia. Le unità erano contrassegnate da un apice (') come ad esempio (α') per l'1, (β') per il 2, (γ') per il 3, e così via. Per indicare le migliaia, le lettere erano contrassegnate da un apice in basso (‚), ad esempio (‚α) per indicare 1000, (‚β) per il 2000, (‚γ) per il 3000, e così via.

Il secondo sottoinsieme era composto dalle lettere comprese tra ι (**iota**) e Ϟ (**coppa**) ed era utilizzato per le decine di migliaia. Le prime erano contrassegnate da un apice posto in alto, mentre le seconde erano contrassegnate da un apice posto in basso. Pertanto, (ι') indicava il 10, (κ') indicava il 20, (λ') indicava il 30 e così via. Le decine di migliaia erano contrassegnate dall'apice in basso, quindi (‚ι) indicava 10.000, (‚κ) indicava 20.000, (‚λ) indicava 30.000 e così via.

Il terzo sottoinsieme era costituito dalle lettere comprese tra ρ (**rho**) e Ϡ (**sampi**) ed era utilizzato per le centinaia e le centinaia di migliaia. Le prime erano contrassegnate dall'apice in alto, ad esempio (ρ') per indicare 100, e così via. Le centinaia di migliaia erano contrassegnate dall'apice in basso, ad esempio (‚ρ) per indicare 100.000. (Appendice A)

Per rappresentare il numero 179, si utilizzava la sequenza (ρ ο θ') (pronunciato "**ro, omicron, theta**"). Per il numero 3568, si scriveva (‚γ φ ξ η') (pronunciato "**gamma, phi, xi, eta**"). Per il numero 10.564, si utilizzava (‚ι φ ξ' δ') (pronunciato "**iota, phi, xi, delta**"). Infine, per il numero 108.569, si scriveva (‚ρ η φ ξ θ') (pronunciato "**ro, eta, phi, xi, theta**"). Questi esempi mostrano come fosse relativamente semplice, con un po' di esercizio, imparare a leggere questi numeri.

Tuttavia, sebbene questa tecnica fosse adatta per la numerazione ordinaria, non era sufficiente ed efficace per il calcolo matematico, specialmente per i calcoli astronomici di grandi dimensioni. Per questo motivo, Archimede studiò un'altra forma di simbologia che prevedeva l'uso della lettera **M** maiuscola (**μυρίος**) (pronunciata murìos)[30] che rappresentava la miriade. Accanto a questa lettera, venivano aggiunte le lettere dell'alfabeto per indicare il numero di volte che la **M** doveva essere moltiplicata.

---

[30] *μυρίος, α, ον* (pron. murìos, murìa, murìon – innumerevole, infinito, smisurato).

α	β	γ	δ	ε	ζ	η	θ	ι
M	M	M	M	M	M	M	M	M
10.000	20.000	30.000	40.000	50.000	60.000	70.000	80.000	90.000

ια	ιβ	ιγ
M	M	M
100.000	110.000	120.000

Il sistema delle miriadi permetteva di effettuare calcoli in cui il risultato era ottenuto dal prodotto della miriade (**M**) per i valori delle lettere sovrascritte. Tuttavia, questo metodo presentava alcune limitazioni poiché era possibile contare fino alla cifra di 6.690.000, chiamata "prima miriade" o "**πρώτη μυριάς**" (pron. **prote muriás**). Archimede aggiunse la "seconda miriade" o "**δεύτερα μυριάς**" (pron. **deútera muriás**), ottenuta moltiplicando una miriade di miriadi per i valori delle lettere sovrascritte, che permetteva di contare fino a 999.900.000.000. Successivamente, vennero introdotte la terza, la quarta e così via.

Nel suo libro *L'Arenario*, Archimede presentò il sistema degli ottadi, in cui i numeri primi potevano essere rappresentati fino a una miriade, i numeri secondi andavano fino a una miriade di miriade di numeri primi, e così via. Infine, i numeri terzi erano quelli che potevano essere rappresentati fino a una miriade di miriade di numeri secondi, fino a un'estensione di 10^{64}(10 elevato a 64) In questo modo, anticipò la rappresentazione moderna dei numeri esponenziali.

L'obiettivo di Archimede era quello di dimostrare che la successione numerica poteva essere incrementata all'infinito, arrivando così a rappresentare numeri estremamente grandi. Con il suo sistema che consentiva di rappresentare qualsiasi numero, Archimede affermò che sarebbe stato possibile contare i granelli di sabbia contenuti nell'universo. Nel libro IV dell'Arenario, iniziò a calcolare il numero di granelli contenuti in una capsula di papavero e stabilì che un granello di sabbia era molto piccolo, approssimativamente un decimo della dimensione di un seme di papavero, equivalente a circa la dimensione di un dito. (Appendice B) Scriveva: *"Supposte queste cose e altre [avendone] dimostrate, sarò adesso a provare quanto proposto. Infatti, poiché si è supposto il diametro di un seme di papavero essere di dimensioni non minore di un dito, è chiaro che una sfera del diametro di un dito non sarebbe maggiore di una che contenesse sessantaquattromila semi di papavero: infatti, secondo il numero detto, essa è multipla della sfera che ha per diametro la quarantesima parte di un dito. È stato, infatti, dimostrato che le sfere stanno fra loro in rapporto secondo il triplo dei diametri"*.[31]

Partendo da tale certezza, calcolò il numero di granelli contenuti in una sfera grande quanto uno stadio, pari a 177,6 metri, e, considerando le conoscenze astronomiche del suo tempo, continuò i suoi calcoli fino a stabilire la quantità approssimativa di granelli di sabbia presenti in tutto l'universo. Al tempo di Archimede, gli astronomi credevano che l'universo fosse delimitato dalla sfera delle stelle fisse. Utilizzando l'ipotesi eliocentrica di Aristarco di Samo, *"Aristarco di Samo ipotizza che fra le stelle ce ne sono alcune fisse e il sole resta immobile, la terra invece gira con un moto circolare intorno al sole che era posto al centro del suo percorso"*.[32] secondo cui il sole era al centro dell'orbita terrestre, Archimede considerò la proporzione tra il cerchio dell'orbita terrestre e la sfera delle stelle fisse.[33]

Tuttavia, non è specificato un valore numerico esatto per il numero di granelli di sabbia nell'universo nei testi storici. Quindi, la quantità esatta di granelli di sabbia rimane sconosciuta.

Archimede, utilizzando il suo metodo matematico, effettuò una

---

[31] *"Τούτων δέ των μεν ὑποκειμένων, των δέ ἀποδεδειγμένων το προκείμενον δειχθησέται. ἐπεί γάρ ὕποκειται τάν διάμετρον τας μάκωνος μή ἀλάσσονα εἰμεν ἠ τετρωκοστομόριον δακτύλου, δηλον, ως ἀ σφαίρα. δακτυλιαίαν ἐχουσα τάν διάμετρον οὔ μείζων ἐστίν ἠ ὤστε χωρείν μακώνας ἑξακισμυρίας καί τετρακισχιλίας· τας γαρ σφαίρας τας ἀχούσας τάν διάμετρον τετρωκοστομόριον δακτύλου πολλαπλασία ἐστί τω ἑξακισμυρίας καί τετρακισχιλίας· τας γαρ σφαίρας τας ἀχούσας τάν διάμετρον τετρωκοστομόριον δακτύλου πολλαπλασία ἐστίν τω εἰρημένω. δεδείκται γάρ τοι, ὅτι αἱ σφαίραι τριπλάσιον λόγον ἐχοντι ποτί ἀλλάλας τάν διαμέτρον".* Quaderni di Scienze Umane e Filosofia Naturale - 2, 1, gennaio MMXVI, Pubblicazione elettronica aperiodica, Heinrich F. Fleck, Arenario, libro IV, 1, 5r, pp.112, 113

[32] *"Ἀρίσταρχος δὲ ὁ Σάμιος [...] Ὑροτίθεται γὰρ τὰ μὲν ἀπλανέα τῶν ἄστρων καὶ τὸν ἄλιον μένειν ἀκίνητον, τὰν δὲ γᾶν περιφέρεσθαι περὶ τὸν ἄλιον κατὰ κύκλου περιφέρειαν, ὅς ἐστιν ἐν μέσῳ τῷ δρόμῳ κείμενος".* ivi, libro I, 4, 20, 5, 25, pp. 91, 92

[33] L'universo immaginato da Aristarco non prevedeva la variazione della parallasse centrale durante il moto annuale terrestre che avrebbe implicato uno spostamento della disposizione relativa delle stelle fisse.

valutazione delle dimensioni dell'universo. Partendo dal numero di granelli contenuti in una capsula di papavero, calcolò il numero di capsule contenute in una sfera del diametro di un dito e poi il numero di queste sferette contenute nel diametro di uno stadio. Proseguendo con il calcolo progressivo delle sfere cosmiche, arrivò a stimare le dimensioni della sfera delle stelle fisse. Sebbene non sia specificato un valore numerico esatto, si ritiene che Archimede abbia concluso che l'universo potesse contenere un numero estremamente grande di granelli di sabbia, nell'ordine di grandezza di 10^{63}

Egli non si limitò soltanto a calcolare la grandezza dell'universo, ma effettuò anche numerose altre ricerche scientifiche. Ad esempio, tentò di misurare la circonferenza della Terra e stimò il suo valore intorno a 300 miriadi di stadi. Inoltre, calcolò il rapporto tra il diametro del Sole e quello della Luna, arrivando alla conclusione che il Sole fosse circa 30 volte più grande. Questo risultato contrastava con le teorie di Eudosso, che sosteneva un rapporto di nove volte, e di Aristarco, che sosteneva un valore tra 18 e 20 volte il diametro della Luna. Archimede utilizzò il metodo dell'approssimazione continua per ottenere la massima precisione possibile.

I risultati delle sue ricerche furono di grande importanza per l'evoluzione della geometria e della matematica. I suoi contributi furono riportati da autori greci e latini come Plutarco e Cicerone. In particolare, Archimede determinò il valore di π (**pi greco**) fino alla terza cifra decimale e dimostrò che l'area di una sfera è quattro volte quella di un cerchio con lo stesso raggio ($\Lambda = \pi r^2$) e stabilì che il rapporto tra i volumi di una sfera e di un cilindro circoscritto ad essa è di 3:2, lo stesso rapporto tra le loro superfici. Fu anche l'inventore della "*coclea*" o "*pompa a spirale*", un dispositivo idraulico che permetteva di spostare acqua dal basso verso l'alto. La coclea consisteva in un cilindro inclinato all'interno del quale era presente una spirale di legno che per mezzo di una manovella, consentiva di trasferire l'acqua attraverso il dispositivo.

Inoltre, egli fu l'inventore del "*planetario*", un dispositivo che permetteva di simulare il moto apparente del sole, della luna e dei pianeti conosciuti all'epoca. Oltre a ciò, progettò diverse macchine da guerra, tra cui catapulte e gru, che ebbero un impatto significativo sul campo militare. Fu anche responsabile dello sviluppo degli "*specchi ustori*", che concentravano la luce solare per creare fuoco. Egli fu un matematico straordinario e sviluppò metodi per calcolare le aree di figure piane e i volumi di solidi con superfici curve. Contribuì anche allo sviluppo di un sistema per scrivere numeri di qualsiasi ordine e grandezza. Archimede può essere considerato un vero genio, uno dei più grandi pensatori dell'antichità.

20. L'evoluzione della scienza medica

Si hanno notizie di medici che esercitarono la loro professione sin dal IV millennio a.C. sia presso la corte dei reggenti che tra la popolazione, e si sa anche della parcella richiesta per le loro prestazioni.

Nel Codice Hammurabi[1] sono riportati il compenso e l'eventuale ammenda cui il medico andava incontro in caso di errore. In realtà, molto tempo prima, erano state elaborate regole in quasi tutte le città-stato che contenevano ammonimenti per chi trasgrediva un comportamento morale non basato sul rispetto del simile. Le pene pecuniarie erano calcolate in sicli[2] e venivano riconosciute da un giudice che determinava l'ammenda a seconda del danno fisico causato. Ad esempio, è molto interessante conoscere le regole riportate dal Codice per quanto riguarda l'operato dei medici.

Norma 215 – "Se un medico cura il corpo di un uomo per una ferita grave con un bisturi in pietra e la ferita si apre e il paziente muore, il medico deve giurare di non aver agito con intenzioni malvagie e deve risarcire la famiglia del paziente con una somma di 10 sicli d'argento."

Norma 218 – "Qualora un medico faccia una grande incisione con il coltello operatorio, e uccida il paziente, o apra un tumore con il

---

[1] Il Codice di Hammurabi è un'antica raccolta di leggi scritte. Tale codice, venne ritrovato presso Susa dall'archeologo Jacques de Morgan. Hammurabi regnò dal 1792 al 1750 a. C. a Babilonia, città sorta sulle rive del fiume Eufrate nella regione mesopotamica. Sotto la guida del re Hammurabi, Babilonia fu la capitale di un vasto impero che si estendeva dal Golfo Persico fino alla parte settentrionale del Tigri e dell'Eufrate. Il codice è una raccolta di 282 norme, di queste sono andate perdute le norme che vanno da 66 a 99. Nel Museo del Louvre, a Parigi, si trova il Codice di Hammurabi. Tale raccolta di leggi è così divisa, da quanto riportato in Codex Hammurabi, Textus Primigenius, Escriptus a Rud. Wessely, Denuo in lucem editus ab ant Deimel. S. I, Romae, Sumptibus Pontificii instituti biblici, 1930, in prefatio, pp. 7–8: *Proemiun* (§ 1-5), *De iure proprietatis* (§ 6-126), *De iure familiae* (§ 127-193), *De iure talionis* (§ 196-282).

[2] Il siclo, un'antica unità di peso di origine ebraica, veniva utilizzato in Medio Oriente e in Mesopotamia, ma il suo valore variava a seconda della regione in cui veniva utilizzato. Le monete, sia di argento che d'oro, avevano lo stesso valore determinato dal peso del metallo. In Mesopotamia, un siclo corrispondeva a mezzo grammo d'oro.

coltello operatorio, e tagli l'occhio, gli saranno tagliate le mani".

Norma 219 – "Se un medico cura un uomo per una ferita grave con un bisturi di bronzo e guarisce il paziente o apre l'occhio di un uomo con un bisturi di bronzo e lo guarisce, deve ricevere dieci sicli d'argento come compenso."

Norma 220 – "Se aveva aperto un tumore con il coltello operatorio, e cavato un occhio, pagherà metà del suo valore."

Norma 221 – "Qualora un medico guarisca l'osso rotto o la parte molle ammalata di un uomo, il paziente pagherà al medico cinque shekels in denaro".[3]

Di là dalle pene o dei compensi sopra riportati, ciò che deve far riflettere è che sin da quel periodo esistevano le tecniche mediche e il concetto di salute e malattia.

Nella società babilonese, l'arte medica era esercitata da tre classi di persone. I medici propriamente detti, chiamati "*Baru*", avevano studiato nelle scuole annesse ai templi e utilizzavano tavolette di argilla con scritti in caratteri cuneiformi (Appendice C) per descrivere le varie malattie e i loro sintomi.

Oltre ai medici, c'erano i sacerdoti chiamati "*Ashpu*", che interpretavano i sintomi e suggerivano rimedi. Questo ruolo era simile agli oracoli della cultura greca.

Infine, c'erano gli esorcisti chiamati "*Asee*", che si occupavano di pratiche di purificazione e scongiuri. Questi esorcisti erano

---

[3] **Norma 215** "*šum-ma asûm(=a-zu) a-wi-lam zi-im-ma-am kab-tam i-na Gir.Ni siparrim(=ud-ka.bar) i-bu-uš-ma a-wi-lam ub-ta-mi-li-it ù lu na gab-ti a-wi-lim i-na Gir.NI siparrim ip-te-ma i-in a-wi-lim ub-ta-al-li-it 10 šikil kaspim i-li-kî*"

Norma 218 "*šum-ma asûm a-wi-lam zi-im-ma-am kab-tam i-na Gir. Ni siparri i-bu-uš-ma a-wi-lam uš-ta-mi-it ù lu na gab-ti a-wi-lim i-na Gir.NI siparrim ip-te-ma i-in a-wi-lim ub-ta-al-li-it ritta-šu (=šid-lal) i-na-ki-su*"

Norma 219 "*šum-ma asûm zi-ma-am kab-tam warad muškênim i-na Gir.NI siparrim –bus-uš-ma uš-ta-mi-it wardam ki-ma wardim i-ri-ab*"

Norma 220 "*šum-ma na-gab-ta-šu i-na Gir siparrim ip-te-ma i-in- šú h-tap-da kaspam mi-ši-il šími (=šám) šu i-ša-kal*"

Norma 221 "*šum-ma asûm esmet (=gìr-pad-da) a-wi-lim še-bi-ir-tam uš-ta-li-m ù lu še-ir-ha-nam mar-sa-am ub-ta-al-li-it be-el si-im-mi-im a-na ašim 5 šikil kaspim''i-na-ad-di-in*" Rud Wessely, *Codex Hammurabi, Codex Legum, De medico, veterinario, tonsore*, (§ 215-227), Sumptibus Instituti Biblici, Romae 1930, Passi tradotti, pp.33, 34

particolarmente seguiti poiché si credeva che le malattie fossero causate dall'influenza di spiriti maligni sul corpo umano.

Nella società babilonese, si credeva che diversi spiriti maligni causassero malattie specifiche. Ad esempio, *Nergal*,[4] dio del fuoco degli inferi, era associato alla febbre; gli *Ashakku* erano demoni che causavano mal di testa e secchezza polmonare; gli *Ekimmu* erano fantasmi che s'impadronivano dei corpi umani e ne succhiavano la vita, mentre *Namtaru lemnu* era lo spirito della peste.

A causa della preoccupazione del popolo per il potere di queste forze demoniache, si rivolgevano ai sacerdoti che avevano conoscenze astrologiche e potevano interpretare gli eventi per prevenire il proprio destino e scongiurare tali influenze negative. Di conseguenza, si sviluppò una cultura divinatoria che si affiancava alla pratica medica.

Nella fase precauzionale volta a prevenire la malattia, la popolazione si rivolgeva al medico-stregone. Coloro che manifestavano disturbi fisici venivano allontanati dalla comunità, in quanto considerati portatori di contagio e posseduti da spiriti maligni.

In Egitto, l'arte medica era praticata principalmente dai sacerdoti che, basandosi su antiche conoscenze, svilupparono una medicina pratica fondata su solide nozioni anatomiche. Si ritiene che fossero i primi a utilizzare la palpazione e l'auscultazione, nonché a curare ferite, lesioni traumatiche e fratture. Il Papiro Edwin Smith,[5] forse

---

[4] *Nergal* era il dio del calore solare, del fuoco e delle pestilenze, e causava febbre nell'uomo. *Ashakku*, invece, era un demone portatore di malattie epidemiche, che attaccava la testa dell'uomo e provocava febbre alta. Il suo nome deriva da *Azac*, che significa "*Spirito che piega la forza*". *Ekimmu* era lo spettro degli uomini morti violentemente, portatore di malattie e succhiatore di vite giovani. *Namtaru*, invece, era un apportatore di febbre, malaria e pestilenze. La cultura dei demoni o degli dei nefasti ha origine mesopotamica, e il loro numero era piuttosto elevato. Essi si trovavano in ogni luogo, sulla terra, nei cieli, nelle profondità terrestri e marine.

[5] Il Papiro Edwin Smith è un antico trattato di medicina redatto dagli scribi egiziani che risale al 1500 a.C. Si ritiene che sia stato scritto a Tebe e porta il nome dell'egittologo che lo ha scoperto. Attualmente è conservato alla New York Academy of Medicine. Il papiro è stato tradotto per la prima volta dal Prof. James Henry Breasted, direttore dell'Oriental Institute presso l'Università di Chicago. Esistono altri papiri medici come quelli di Ebers, Londra e Berlino, ma

redatto dal medico egiziano Imhotep,[6] contiene molte descrizioni di tecniche chirurgiche, anche se la sua paternità è ancora oggetto di controversie.

Imhotep, noto per le sue abilità nell'arte medica, fu venerato come un dio e furono eretti templi in suo onore, come quello di Komombo a Menfi, le cui pareti mostrano iscrizioni che testimoniano l'uso di strumenti chirurgici.

Inoltre, furono costruiti altri templi in onore di Imhotep, alcuni dei quali ospitavano scuole di medicina e ospedali, dove gli addetti si occupavano della cura dei pazienti. Questi addetti possono essere considerati i primi infermieri della storia.

Anche in Egitto, come nella Mesopotamia, la medicina era strettamente associata alla religione. Si credeva che la dea Iside,[7] considerata la dea dell'arte medica, avesse generato Horus[8]

---

il Papiro di Edwin Smith si distingue dagli altri perché presenta procedure per le cure delle malattie e per la cura delle ferite, trattate su base scientifica, invece che su formule esoteriche.

[6] Imhotep fu un personaggio storico dell'antico Egitto che era famoso per le sue abilità in campo medico e architettonico. Era un alto funzionario durante la III dinastia e servì come visir del faraone Djoser. Sebbene Imhotep sia considerato uno dei precursori della medicina, non ci sono prove storiche definitive che lo identifichino come l'autore del Papiro Edwin Smith. Il Papiro Edwin Smith,, è un trattato medico risalente all'antico Egitto, ma la sua attribuzione ad Imhotep è oggetto di dibattito tra gli studiosi. Tuttavia, il papiro contiene una serie di casi clinici e descrizioni dettagliate di traumi e malattie, che forniscono preziose informazioni sulla pratica medica dell'epoca.

[7] Iside era una divinità egizia, conosciuta come la dea della maternità, della fertilità e della magia. Il suo culto si diffuse in tutto il mondo greco-romano, poiché si credeva che aiutasse i morti a passare nell'aldilà, avendo già aiutato Osiride a ritornare in vita con le sue pratiche magiche, dopo che fu ucciso e il suo corpo smembrato. Dopo la rigenerazione per opera di Iside e della sorella Nefti, Osiride divenne il dio della morte e dell'oltretomba. Iside e Osiride furono gli dei egizi più venerati, tanto che furono costruiti molti templi dedicati alla loro venerazione. I poteri magici attribuiti a Iside erano superiori a quelli di tutti gli altri dèi egizi: si credeva che proteggesse i potenti dai loro nemici, fosse la regina del cielo e avesse poteri sul destino. Il suo culto si diffuse in tutto il Mediterraneo e fu venerata anche dai Greci.

[8] Horus è stata una divinità egizia rappresentata come un falco o un uomo con la testa di falco, che portava una doppia corona a simboleggiare l'Alto e il Basso Egitto. Era figlio di Iside e Osiride e aveva un ruolo cruciale all'interno del mito di Osiride, poiché era l'erede di suo padre e rivale di Seth, che lo aveva ucciso. Il centro del culto di Horus si trovava a Edfu, una città situata sulla riva

unendosi con suo fratello Osiride.[9] Seth,[10] il fratello malvagio di Osiride, era ritenuto responsabile delle malattie e della loro diffusione senza pietà sulla terra.

Nell'antico Egitto, c'erano anche altre divinità legate alla salute. La dea Athor[11] era considerata la protettrice delle donne in gravidanza, mentre il dio Khnum era creduto responsabile della formazione del corpo dei nascituri e della loro anima (Ka).[12]

---

occidentale del Nilo, tra Esna e Assuan.

[9] Osiride è una divinità egizia della religione dell'antico Egitto, considerato un benefattore dell'umanità e il dio dell'agricoltura. Fu assassinato dal fratello minore Seth che smembrò il suo corpo. Tuttavia, grazie alle pratiche magiche delle sorelle Iside e Nefti, Osiride tornò in vita e divenne il signore dell'oltretomba. Inoltre, fu considerato anche il dio della fertilità. Dopo la conquista romana dell'Egitto, Osiride e Iside divennero gli dei più venerati in tutto l'impero romano. Tuttavia, l'ascesa del Cristianesimo portò alla fine del loro culto.

[10] Nell'antico Egitto, Seth era venerato come il dio che regnava sul deserto, sulle tempeste, sulla violenza, sul disordino e sul caos. Gli antichi egizi credevano che Seth viaggiasse sulla barca solare insieme a Ra, il dio del sole, per combattere il mostro Apopi, dio delle tenebre e del male che voleva divorare il sole. Seth era identificato con la rossa sabbia del deserto, in contrasto con Horus, che era considerato anche il dio del fertile limo.

[11] Athor, nota anche come Hathor, è una divinità egizia che è stata rappresentata come una donna con la testa di una vacca o con attributi di una vacca. Era considerata figlia di Ra, il dio sole, e la sposa o la madre di Horus, il dio del cielo. Athor era ampiamente venerata come dea della fertilità, dell'amore, della bellezza e della maternità. Era anche considerata la protettrice delle donne, del matrimonio e delle arti. La sua figura era associata a sentimenti di gioia, musica e danza. La parte sulla sua connessione con il paradiso o il luogo di riposo dei defunti è parzialmente corretta. Hathor era considerata una delle dee che accoglievano e proteggevano le anime dei defunti nell'aldilà. Tuttavia, non era specificamente identificata come regina del paradiso, ma come dea che garantiva la felicità e la prosperità agli spiriti defunti. Il suo culto si diffuse in tutto l'Egitto e Athor venne rappresentata in numerose opere d'arte, come statue, rilievi e affreschi, nonché nei templi dedicati alla sua venerazione.

[12] Nella religione egizia, il concetto di rinascita era centrale e nessuna religione antica sostenne questo concetto come quella egizia. All'interno di questa religione, erano presenti due grandi forze di energia e movimento che interagivano: il Ba e il Ka. Il Ba era la parte dello spirito del defunto che aveva la capacità di lasciare la tomba durante il giorno e di ritornarvi sul far della sera, riprendendo la sua posizione tombale. Era associato alla libertà e alla capacità di muoversi tra il mondo dei vivi e quello dei morti. Il Ka, d'altra parte, era una forza vitale di proiezione che una persona riceveva fin dalla nascita. Durante la

L'Egitto era ricco di credenze e pratiche mediche specialistiche, che venivano apprese attraverso uno stage o tirocinio basato sullo studio di testi sacri che descrivevano dettagliatamente il corpo umano.

I medici egiziani facevano diagnosi basandosi sulla sintomatologia del paziente. Dopo averlo auscultato e valutato i sensi, gli odori del corpo, il polso e la temperatura, scrivevano una relazione e fornivano un trattamento adeguato. Questi medici erano indubbiamente molto esperti nella loro arte, considerando il periodo storico in cui vivevano. Un esempio della loro raffinatezza tecnica sono i loro metodi d'imbalsamazione[13] dei corpi, che dimostrano la loro conoscenza avanzata delle tecniche terapeutiche, curative e conservatrici.

In Grecia, l'inizio della sofferenza era generalmente attribuito al destino e alla ricerca del significato dell'esistenza, per giustificare lo stato di incertezza. Questo processo avveniva attraverso il ricorso diretto o indiretto a una divinità che simboleggiava la guarigione. Gli individui cercavano di superare la precarietà della loro fisicità attraverso pratiche di natura animistica, inizialmente supportate dagli stregoni e successivamente dalle classi sacerdotali.

Per molto tempo, infatti, il ruolo del medico guaritore era identificato con quello del sacerdote e dei templi, che venivano considerati luoghi validi per la cura. Inizialmente, quindi, la medicina era teurgica e si basava sull'invocazione di divinità, pratiche e simboli.[14]

---

vita, il Ka rimaneva separato dal corpo, ma dopo la morte si univa ad esso per farlo sopravvivere nell'aldilà. Era il Ka che garantiva l'immortalità e la continuità dell'individuo dopo la morte. La credenza nell'importanza del Ka e del Ba per la sopravvivenza dopo la morte ha portato allo sviluppo di pratiche come la mummificazione, che mirava a preservare il corpo fisico per consentire al Ka di tornarvi e continuarne l'esistenza nell'aldilà. Inoltre, il dio Osiride è stato venerato come il sovrano dell'oltretomba e il giudice delle anime, svolgendo un ruolo importante nel destino delle anime dopo la morte.

[13] Imbalsamazione. Fu una tecnica egizia atta a preservare un cadavere umano o animale dalla decomposizione.

[14] La parola "teurgico" deriva dal greco θεουργία, pronunciato teurghía. La Teurgia era caratterizzata dall'invocazione di una divinità attraverso rituali idonei a farla entrare nel corpo del devoto al fine di guarirlo. Tale procedimento era differente dall'azione degli oracoli che agivano affinché l'influenza esterna di una divinità potesse raggiungere l'equilibrio fisico del malato mediante rituali,

Nella civiltà pre-ellenica, il dio invocato per la guarigione era Asclepio,[15] figlio di Apollo e Coronide,[16] venerato nel tempio di Epidauro. [17] Asclepio era spesso raffigurato con un serpente, che simboleggiava la rigenerazione e il ritorno alla salute. Il serpente, infatti, attraverso la muta della pelle, si rigenera e torna alla sua forma originale, ed è per questo motivo che è stato simbolicamente associato al beneficio e considerato immune dalle malattie.

Il serpente ha avuto un ruolo significativo nella medicina e nella cultura antica, inclusa la Grecia. Tuttavia, mentre è vero che il serpente è considerato un simbolo della medicina e viene ancora utilizzato come logo per molte farmacie tradizionali, l'affermazione che i malati venivano portati nei templi per entrare nell'atrio dei serpenti e provocare uno stato di turbamento benefico per la risoluzione delle malattie è una generalizzazione che richiede ulteriori specificazioni.

Già ai tempi di Omero,[18] circa 1200 anni a.C., esisteva una conoscenza medica che viene descritta nella sua Iliade, dove si trovano rimedi per le ferite di guerra: *"In mortal parte non ferì l'acuto dardo: di sopra il ricamato cinto mi difese, e di sotto la*

---

simboli e formule incomprensibili ai profani.

[15] Asclepio, in greco "Ἀσκληπιός" (pronuncia: Asklepiós) e in latino Esculapius (Esculapio), era considerato il figlio di Apollo, dio del Sole, delle arti, della musica, della poesia e delle arti mediche. Esculapio, semidio e quindi essere divino e umano, fu il dio della medicina, della guarigione e dei serpenti, gli unici animali considerati indenni dalle malattie. Nell'Iliade gli sono attribuiti due figli: Macaone, un chirurgo che combatté a Troia e fu ucciso da Euripilo, e il medico Podalirio.

[16] Coronide, in greco antico Κορωνίς (pron. Koronís), è stata un personaggio della mitologia greca. Era la figlia di Flegias, re dei Lapiti, un popolo della vallata del Peneo in Tessaglia. Apollo si innamorò di Coronide quando la vide fare il bagno in un lago. I due si innamorarono subito e divennero amanti. Successivamente, Apollo se ne andò lasciando un corvo bianco a guardia della ragazza. In seguito, Coronide fu sedotta da Ischi e il corvo bianco riferì l'accaduto ad Apollo. Il dio, arrabbiato per non aver saputo proteggere Coronide da Ischi, trasformò il corvo bianco in nero. Secondo quanto riportato da Ovidio nelle *Metamorfosi*, Apollo uccise Coronide, ma salvò il nascituro che prese il nome di Asclepio (Esculapio).

[17] Epidauro, in greco "Ἐπίδαυρος" (pronuncia "Epìdauros"), era una città del Peloponneso famosa per il suo santuario dedicato ad Esculapio.

[18] Omero è stato un poeta greco autore di due capolavori epici della letteratura greca: *l'Iliade* e *l'Odissea*.

corazza e questa fascia che di ferrea lama buon fabbro foderò." - *Sì voglia il cielo, diletto Menelao, l'altro riprese. Intanto tratterà medica mano la tua ferita, e farmaco porravvi atto a lenire ogni dolor."*[19]. Si può anche leggere di farmaci utilizzati per calmare il pianto e l'ira: *"Alla figlia di Giove, argiva Elèna, sorse un nuovo pensiero. Avverso al pianto avverso all'ira, apportator d'oblìo, la bella donna nelle tazze infuse un farmaco, che detto era nepente"*.[20] Inoltre, su una coppa dipinta dall'artista greco Sosias,[21] conservato al Museo di Berlino e risalente al V secolo a.C., riporta l'immagine di Patroclo che aiuta Achille a fasciare una ferita al braccio sinistro.

Durante la presa di Troia, l'esercito greco aveva con sé medici esperti di medicina, *"Que' poi che Tricca e la scoscesa Itome ed Ecalia tenean seggio d'Eurito, han capitani d'Esculapio i figli, della paterna medic'arte entrambi sperti assai, Podalirio e Macaone. Fan trenta navi di costor la schiera"*,[22] come Podalirio e Macaone,[23] i figli di Asclepio. Questi medici sono menzionati nell'Iliade come capaci di curare i soldati feriti durante la guerra. La loro sede era indicata a Tricca, Itome ed Ecalia.

I templi avevano un ruolo importante nella pratica medica dell'antica Grecia, ma non erano l'unico luogo in cui si praticava la medicina. Non solo i sacerdoti praticavano la medicina, ma anche altri medici che operavano in situazioni diverse.

All'interno dei templi greci, come menzionato, c'erano i "ιατήρες"[24] (iatères), che erano i medici o guaritori che si

---

[19] Omero, *Iliade*, Libro IV, Traduzione di Vincenzo Monti, BUR, Milano, 1990, p. 59

[20] Omero, *Odysseia*, Libro IV Traduzione di P. Maspero, le Monnier, 1906, p. 108

[21] Sosias (Σωσίας, pron. sosias) era un ceramista attico del V secolo a.C.

[22] *Iliade*, ivi, p. 38

[23] Podalirio (Ποδαλείριος – pron. Podalèirios) è una figura della mitologia greca. Figlio di Esculapio ed Epione, imparò l'arte medica dal padre e dal centauro Chirone, noto per la sua saggezza e conoscenza medica. Podalirio partecipò alla guerra di Troia insieme al fratello Macaone (Μαχάων, pron. Machàōn), anch'egli medico, portando con sé trenta navi. Macaone era un chirurgo molto abile e imparò le arti guaritrici dal padre e dal maestro Chirone. Podalirio, invece, era esperto in medicina e non solo: secondo alcune fonti, egli era anche un abile guerriero, in grado di difendere se stesso e gli altri durante la battaglia.

[24] Ιατήρες (pron. iatères) è il plurale del sostantivo greco "iatér" (pron. iatér), che

occupavano della cura dei malati. Essi erano assistiti dal personale addetto e si occupavano di purificare il corpo del malato attraverso l'uso di purghe e bagni prima di farli entrare nell'"ἄβατος"[25] (ábatos), un luogo sacro interdetto ai non malati, dove sarebbero stati curati.

Durante il periodo omerico, la medicina greca era fortemente influenzata da leggende e riti religiosi. Tuttavia, nel corso del tempo, la scienza medica si sviluppò, passando da un approccio basato sul "μῦθος"[26] (mýthos), ovvero il mito, al "λόγος"[27] (lógos), ovvero il pensiero razionale e l'indagine sistematica.

Nel VII e VI secolo a.C., i filosofi greci iniziarono a studiare la natura, l'universo e lo spirito umano al fine di comprendere l'uomo attraverso le funzioni vitali del suo organismo.

Molte scuole mediche sorsero in diverse regioni della Magna Grecia, in particolare nella Calabria e in Sicilia, oltre che a Rodi, Coo, Abdera e Cnido. A Crotone, in Calabria, si sviluppò la Scuola Pitagorica, fondata da Pitagora, che sostenne concetti di sacralità legati ai numeri 7 e 40.

La Scuola Pitagorica attribuì una certa importanza al numero 7, che era moltiplicato per 4 per ottenere 28, corrispondente alla durata media del ciclo mestruale. Inoltre, il numero 40 derivava dal numero sacro 10, moltiplicato per 4, che rappresentava il periodo di 40 giorni ritenuto necessario per evitare il possibile contagio da malattie, dando origine alla pratica della quarantena attuale.

Pitagora proibì ai membri della sua scuola di consumare fave, probabilmente a causa della conoscenza dei rischi per la salute associati al favismo, una condizione genetica che può causare una grave reazione emolitica in alcune persone. Un valido medico appartenente a questa scuola fu Alcmene di Crotone.

---

significa "medico" o "guaritore". Questa parola è la radice di molte specializzazioni mediche moderne, come psichiatria, pediatria, ecc.

[25] Abatos. (ἄβατος, ἄβατον - pron. àbatos, on – luogo sacro inaccessibile, impenetrabile, inguaribile).

[26] Μὺθος. (μὺθος, ov – pron. mythos, mython – mito, racconto fantastico).

[27] Λόγος. (λόγος, ov – pron. lògos – conoscenza, ragione, pensiero, buon senso).

21. Alcmeone di Crotone

Alcmeone di Crotone[1] fu un filosofo e un naturalista che visse nel VI secolo a.C. e che seguì le dottrine pitagoriche. Oltre alla filosofia, si dedicò anche alla medicina, studiando vari aspetti della natura.[2]

Di lui, Diogene Laerzio ha scritto: "*Alcmeone di Crotone. Anche costui fu discepolo di Pitagora. Per lo più di medicina. E allora parla qualche volta della natura, come quando dice: "La gran parte delle cose umane è duplice*".[3]

Secondo quanto riportato, Alcmeone era un discepolo di Pitagora e praticava la medicina. Tuttavia, gli studi su questo pensatore non sono precisi a causa della mancanza di proba documentazione. Sappiamo però da Galeno[4] che Alcmeone scrisse un trattato sulla natura e che fu citato come medico anche da Calcidio.[5]

Nelle *Opere di Ippocrate* si legge: "*Il metodo tipico della conoscenza umana consiste, per Alcmeone, nel «tekmairesthai»,*[6] *ovvero nel procedere appunto per indizi, congetture, prove*" egli, in tal modo, "*non faceva che teorizzare la sua stessa prassi di medico, abituato a interpretare l'esperienza per ritrovare in essa un significato, un valore di sintomo, e risalire così all'unità della malattia e delle sue cause. Sotto questo profilo, con Alcmeone si apriva una nuova via verso il sapere, una via che passava pur sempre attraverso l'osservazione*".[7]

Secondo Talete ed Eraclito, le cose sono caratterizzate da quattro qualità fondamentali: il secco, l'umido, il freddo e il caldo, che si

---

[1] Nato a Crotone nel 516 a.C., Alcmeone (in greco Ἀλκμαίων, pronunciato Alkmàion) fu un medico e un filosofo che visse tra il VI e il V secolo a.C. Secondo quanto riportato da Diogene Laerzio (VIII 83), Alcmeone si sarebbe concentrato principalmente sullo studio della medicina.

[2] Marcello Gigante, op. cit. Libro VIII, Cap. V, p. 417

[3] "Ἀλκμαίων Κροτωνιάτης.καὶ οὗτος Πυθαγόρου διήκουσε καὶ τὰ πλεῖστά γε τὰ ἰατρικὰ λέγει, ὅμως δὲ καὶ φυσιολογεῖ ἐνίοτε λέγων· δύο τὰ πολλὰ ἐστι τῶν ἀνθρωπίνων" H. Diels, op. cit. Alkmaion, 24 A 1. Diog. VIII 83

[4] Galeno di Pergamo, *De elementis secundum Hippocratem*, 1, 9

[5] Calcidio filosofo romano del IV secolo. *Commentario al Timeo di Platone*, Bompiani, Milano, 2003, p. 279

[6] Da τεκμαίρω (pron tekmairo – supporre, provare, indicare, dimostrare).

[7] M. Vegetti, *Opere di Ippocrate*, Torino, Utet, 2000, p. 21

contrappongono tra loro. Essi ritenevano che anche l'uomo fosse formato da questi quattro elementi, e Alcmeone dedusse che il loro equilibrio influenzasse lo stato di salute. Egli propose che un predominio di una qualità sulle altre avrebbe causato uno squilibrio fisico, e il rimedio sarebbe stato una mescolanza armonica delle qualità e dei loro opposti. Inoltre, Alcmeone condusse il primo studio sul cervello e lo considerò l'organo più importante del corpo. Le sue ricerche furono condotte su animali, poiché il corpo umano era considerato sacro nell'antica Grecia. Egli stabilì una chiara distinzione tra uomo e animale, affermando che l'uomo si differenzia dagli animali per la sua capacità di comprendere, mentre gli animali possono solo percepire. Pertanto, Alcmeone sostenne che comprendere e percepire sono due atti distinti, in contrasto con la visione di Empedocle, il quale riteneva che fossero attività unificate.

Alcmeone di Crotone, seguace delle dottrine pitagoriche, si occupò degli organi dei sensi e delle loro funzioni, come ci tramanda Teofrasto nel suo *De sensibus*. Egli affermò che l'uomo percepisce i suoni grazie al vuoto presente nelle orecchie, che viene fatto vibrare dall'aria e trasmette tale vibrazione all'organo uditivo, poiché tutto ciò che è cavo produce risonanza. Per quanto riguarda gli odori, Alcmeone spiegò che li percepiamo perché l'aria inspirata attraverso il naso raggiunge il cervello. Per quanto riguarda i sapori, sosteneva che essi venissero sentiti dalla lingua, che per mezzo del suo calore e della sua morbidezza dissolveva gli alimenti e distribuiva i sapori. Infine, riguardo alla vista, Alcmeone attribuì il processo visivo all'umidità che circonda gli occhi, che contengono il fuoco, come dimostrato dal fatto che emettono scintille quando vengono colpiti. Gli occhi, quindi, vedono grazie all'interazione tra il fuoco e l'umidità trasparente. Alcmeone dimostrò una conoscenza approfondita del funzionamento degli organi dei sensi umani e spiegò chiaramente come essi interagiscono con il cervello.

22. Acrone

Acrone,[1] noto come il fondatore di una rinomata scuola di medicina ad Agrigento, intraprese numerosi viaggi in Egitto al fine di acquisire conoscenze dai medici e sacerdoti egizi.

Era amico d'infanzia di Empedocle *"Acrone, di Agrigento, medico, figlio di Senone. Dava dimostrazione della sua sapienza a Empedocle. È dunque più vecchio di Ippocrate. Scrisse un'opera sulla medicina, in dialetto dorico "Sul vitto delle cose salutari" in un libro. Anche costui è uno di quelli che hanno diagnosticato un certo tipo di respiro".[2]* e dimostrava la sua saggezza a quest'ultimo. Secondo Plutarco[3] nel suo *De Isis et Osiris,*[4] Acrone diede l'ordine di accendere un grande fuoco presso i malati durante l'epidemia di peste ad Atene, ottenendo risultati positivi nell'efficacia della purificazione dell'aria. Questa iniziativa gli valse una certa fama. Acrone si opponeva ai filosofi e alla loro filosofia, che a suo avviso avevano trasformato la medicina in una mera speculazione. Egli riteneva che la medicina dovesse fondarsi sull'osservazione accurata dei vari cambiamenti del corpo.

---

[1] Acrone, *(Ἄκρων-* pron. Akron) fu un medico greco vissuto ad Agrigento nel V secolo a. C.

[2] *"Ἄκρων, Ἀκραγαντῖνος, ἰατρός, υἱὸς Ξένωνος. ἐσοφίστευσεν ἐν ταῖς Ἀθήναις ἅμα Ἐμπεδοκλεῖ. ἔστιν οὖν πρεσβύτερος Ἱπποκράτους. ἔγραψε Περὶ ἰατρικῆς δωρίδι διαλέκτωι, Περὶ τροφῆς ὑγιεινῶν βιβλίον α. ἔστι δὲ καὶ οὗτος τῶν τινα πνεύματα σημειωσαμένων."* H. Diels, op. cit. Alkmaion, Suida, B 1573

[3] Plutarco, (Cheronea, 46 d.C.- 48 d.C. - Delfi, 125 d.C. - 127 d.C.) fu un biografo, scrittore filosofo. Studiò ad Atene e fu fortemente influenzato dalla filosofia di Platone. Le sue opere sono: *Vite parallele*, biografie dei più famosi personaggi della classicità greco-romana, e *Moralia* di carattere etico, scientifico.

[4] De Isis et Osiris. (Greco, *Περὶ Ἴσιδος καὶ Ὀσίριδος,* - perì isidos kai osìridos) Iside e Osiride è un trattato di Plutarco che si trova nel V libro del suo *Moralia.*

23. Empedocle

Empedocle, celebre pensatore presocratico, si occupò anche di medicina, pur non essendo un medico professionista. Le sue opere e le sue dottrine andavano oltre la filosofia, trattando anche temi relativi al corpo umano, alla salute e alla malattia. Riprendendo la teoria dei quattro elementi (aria, acqua, fuoco, terra) già esposta da altri filosofi come Talete e Anassimene, Empedocle affermava che essi fossero immutabili e che le particelle in essi contenute fossero la causa generatrice di tutte le cose. Secondo Empedocle, la vita nasceva dall'unione di queste particelle, mentre la morte dipendeva dalla loro separazione. Empedocle riconosceva il ruolo del corpo e delle sue funzioni nel quadro più generale della sua filosofia sulla natura e gli elementi. Si dedicò allo studio del cuore, sostenendo che fosse l'origine di tutto il sangue del corpo. Egli riteneva anche che la respirazione non fosse solo un'attività polmonare, ma che anche la pelle partecipasse al processo respiratorio. Condusse ricerche sull'anatomia dei muscoli e dell'orecchio. Tuttavia, come ricorda il testo medico attribuito a Ippocrate, *Antica medicina*, il suo apporto principale si situa nel campo filosofico piuttosto che in quello medico.

24. Ippocrate

Ippocrate fu il fondatore della scuola medica di Coo, che si distinse per aver introdotto una visione razionale della medicina, basata sull'analisi delle cause naturali delle malattie, senza ricorrere a spiegazioni mitiche o religiose. Questa visione si rifletteva anche nel modo di trattare l'epilessia, che non era più vista come una manifestazione divina, ma come un disturbo fisiologico. Ippocrate si ispirò alle teorie di alcuni filosofi presocratici, come Talete e Alcmeone, che ritenevano che l'uomo fosse composto da quattro elementi: aria, fuoco, terra e acqua. Questi elementi corrispondevano a quattro umori presenti nel corpo umano: sangue, bile, milza e secrezioni. Ogni umore era associato a una stagione dell'anno e a una fase della vita. Ippocrate riteneva che la salute dipendesse dall'equilibrio degli umori e che la malattia fosse il risultato del loro squilibrio. Da questo principio derivò la classificazione dei quattro temperamenti umani: melancolico, flemmatico, sanguigno e collerico.

Questi temperamenti derivano dalla teoria umorale, di Ippocrate, elaborata nel 460–377 a.C., che si basava su antiche concezioni, e che fu poi perfezionata da Galeno (129–201), che la trasformò in una scienza dei caratteri umani, legati alla predominanza di uno dei quattro umori nel corpo umano, che influivano sulla salute e sulle malattie. Il collerico era una persona impulsiva, vitale e iraconda, con il sangue come elemento principale. Il sanguigno era una persona allegra, sicura e socievole, con l'aria come elemento principale. Il flemmatico era una persona lenta, pigra e infiammabile, con l'acqua come elemento principale. Il melanconico era una persona triste, magra e solitaria, con la terra come elemento principale

Ippocrate considerava l'uomo nella sua interezza, non solo la sua malattia, e questo lo differenziava dalle altre scuole mediche che si focalizzavano solo sulle patologie. La sua filosofia pratica si basava su una profonda riflessione sugli squilibri fisici e sul buon senso, che consisteva nel lasciar fare alla natura, intervenendo sul malato il meno possibile e considerando la sua alimentazione e il suo stile di vita.

Per purificare il corpo e rimuovere gli umori corrotti, come secrezioni, problemi della pelle, pus e altre condizioni purulente, Ippocrate impiegava metodi come il clistere, salassi e linduzione di starnuti tramite l'uso di droghe come il pepe e altre sostanze leggermente irritanti. Tuttavia, queste pratiche venivano adottate con moderazione, come dimostra il fatto che anche Galeno durante il periodo romano, limitava il loro utilizzo, specialmente per quanto riguarda i salassi. È importante considerare che ai tempi di Ippocrate i rimedi a disposizione erano limitati. Per quanto riguarda la farmacologia, si conoscevano solo alcune piante sperimentate dal popolo e tramandate dalla tradizione. Teofrasto, allievo di Aristotele, approfondì e ampliò queste conoscenze in seguito.

Il *Corpus Hippocraticum*, come riportato da Émile Maximilien Paul Littré,[1] includeva opere come: *Sull'Antica Medicina, Sulle Arie, Sulle Acque e Sui Luoghi, Il Prognostico, Il Regime nelle malattie acute, Epidemie I e III libro, Le ferite della testa, Sulle fratture, Sulle Articolazioni, Sugli strumenti della riduzione* e *Il Giuramento*.

Secondo Ippocrate, il medico doveva essere al servizio della medicina e stabilire una relazione di reciproco aiuto con il paziente, al fine di combattere insieme lo stato di malattia. La relazione clinica si fonda ancora oggi sul rapporto tra il medico, il paziente e la malattia che costituisce la base della pratica medica. Secondo Ippocrate, è di fondamentale importanza studiare attentamente le cause e lo sviluppo della malattia prima di intervenire, mentre comprendere l'esperienza del paziente e adottare un comportamento professionale adeguato sono aspetti

---

[1] Nato a Parigi il 1° febbraio 1801 e morto nella stessa città il 2 giugno 1881, Émile Littré fu un filosofo e un lessicografo di origine francese. Iniziò gli studi di medicina ma poi si orientò verso l'insegnamento e lo studio delle lingue antiche. Rifiutò nella filosofia, la metafisica e seguì il metodo positivistico, Fu allievo di Auguste Comte, giornalista e politico. Scrisse una biografia: *Comte et la philosophie positive*, anche se non ne accettò in pieno il suo pensiero. L'8 luglio 1875 fu iniziato in Massoneria nella Loggia del Grande Oriente di Francia "*La Clémente amitié*". Come filologo scrisse il *Dictionnaire de la langue française* (1863-72); un *Dizionario di medicina e chirurgia* (1854); una *Storia della lingua francese* (1862); e fece la traduzione dell'Inferno dantesco (1879) e delle opere d'Ippocrate di Coo (1839-61).

centrali della pratica medica. Ha stabilito tali principi creando delle regole per una solida etica professionale.

"Giuro per Apollo medico e Asclepio e Igea(*) e Panacea (*) e per tutti gli dei e per tutte le dee, chiamandoli a testimoni, che eseguirò, secondo le forze e il mio giudizio, questo giuramento e questo impegno scritto: di stimare il mio maestro di quest' arte come mio padre e di vivere insieme a lui e di soccorrerlo se ha bisogno e che considererò i suoi figli come fratelli e insegnerò quest'arte, se essi desiderano apprenderla, senza richiedere compensi né patti scritti; di rendere partecipi dei precetti e degli insegnamenti orali e di ogni altra dottrina i miei figli e i figli del mio maestro e gli allievi legati da un contratto e vincolati dal giuramento del medico, ma nessun altro. Regolerò il tenore di vita per il bene dei malati secondo le mie forze e il mio giudizio; mi asterrò dal recar danno e offesa. Non somministrerò ad alcuno, neppure se richiesto, un farmaco mortale, né suggerirò un tale consiglio; similmente a nessuna donna io darò un medicinale abortivo. Con innocenza e purezza io custodirò la mia vita e la mia arte. Non opererò coloro che soffrono del male della pietra,(*) mi rivolgerò a coloro che sono esperti di questa attività. In qualsiasi casa andrò, io vi entrerò per il sollievo dei malati, e mi asterrò da ogni offesa e danno volontario, e fra l'altro da ogni azione corruttrice sul corpo delle donne e degli uomini, liberi e schiavi. Ciò che io possa vedere o sentire durante il mio esercizio o anche fuori dell'esercizio sulla vita degli uomini, tacerò ciò che non è necessario sia divulgato, ritenendo come un segreto cose simili. E a me, dunque, che adempio un tale giuramento e non lo calpesto, sia concesso di godere della vita e dell'arte, onorato dagli uomini tutti per sempre; mi accada il contrario se lo violo e se spergiuro".[2]

---

[2] Il Giuramento di Ippocrate. - Ὄμνυμι Ἀπόλλωνα ἰητρὸν, καὶ Ἀσκληπιόν, καὶ Ὑγείαν, καὶ Πανάκειαν, καὶ θεοὺς πάντας τε καὶ πάσας, ἵστορας ποιεύμενος, ἐπιτελέα ποιήσειν κατὰ δύναμιν καὶ κρίσιν ἐμὴν ὅρκον τόνδε καὶ ξυγγραφὴν τήνδε. Ἡγήσασθαι μὲν τὸν διδάξαντά με τὴν τέχνην ταύτην ἴσα γενέτῃσιν ἐμοῖσι, καὶ βίου κοινώσασθαι, καὶ χρεῶν χρηίζοντι μετάδοσιν ποιήσασθαι, καὶ γένος τὸ ἐξ ὡὐτέου ἀδελφοῖς ἴσον ἐπικρινέειν ἄρρεσι, καὶ διδάξειν τὴν τέχνην ταύτην, ἢν χρηίζωσι μανθάνειν, ἄνευ μισθοῦ καὶ ξυγγραφῆς, παραγγελίης τε καὶ ἀκροήσιος καὶ τῆς λοιπῆς ἁπάσης μαθήσιος μετάδοσιν ποιήσασθαι υἱοῖσί τε ἐμοῖσι, καὶ τοῖσι τοῦ ἐμὲ διδάξαντος, καὶ μαθηταῖσι συγγεγραμμένοισί τε καὶ ὡρκισμένοις νόμῳ

La Grecia fu protagonista di importanti sviluppi nella scienza medica, come la biologia e la farmacologia, grazie allo studio e alla conoscenza delle erbe curative. Tuttavia, già nel 3400 a.C., in Cina, l'imperatore Sheng Nung[3] fu il pioniere nell'identificare, coltivare e sperimentare le piante per la terapia. Egli fu il primo a ordinare in modo sistematico 400 specie di erbe medicinali.

ἰητρικῷ, ἄλλῳ δὲ οὐδενί. Διαιτήμασί τε χρήσομαι ἐπ' ὠφελείῃ καμνόντων κατὰ δύναμιν καὶ κρίσιν ἐμήν, ἐπὶ δηλήσει δὲ καὶ ἀδικίῃ εἴρξειν. Οὐ δώσω δὲ οὐδὲ φάρμακον οὐδενὶ αἰτηθεὶς θανάσιμον, οὐδὲ ὑφηγήσομαι ξυμβουλίην τοιήνδε. Ὁμοίως δὲ οὐδὲ γυναικὶ πεσσὸν φθόριον δώσω. Ἁγνῶς δὲ καὶ ὁσίως διατηρήσω βίον τὸν ἐμὸν καὶ τέχνην τὴν ἐμήν. Οὐ τεμέω δὲ οὐδὲ μὴν λιθιῶντας, ἐκχωρήσω δὲ ἐργάτῃσιν ἀνδράσι πρήξιος τῆσδε. Ἐς οἰκίας δὲ ὁκόσας ἂν ἐσίω, ἐσελεύσομαι ἐπ' ὠφελείῃ καμνόντων, ἐκτὸς ἐὼν πάσης ἀδικίης ἑκουσίης καὶ φθορίης, τῆς τε ἄλλης καὶ ἀφροδισίων ἔργων ἐπί τε γυναικείων σωμάτων καὶ ἀνδρῴων, ἐλευθέρων τε καὶ δούλων. Ἃ δ' ἂν ἐν θεραπείῃ ἢ ἴδω, ἢ ἀκούσω, ἢ καὶ ἄνευ θεραπηίης κατὰ βίον ἀνθρώπων, ἃ μὴ χρή ποτε ἐκλαλέεσθαι ἔξω, σιγήσομαι, ἄρρητα ἡγεύμενος εἶναι τὰ τοιαῦτα. Ὅρκον μὲν οὖν μοι τόνδε ἐπιτελέα ποιέοντι, καὶ μὴ ξυγχέοντι, εἴη ἐπαύρασθαι καὶ βίου καὶ τέχνης δοξαζομένῳ παρὰ πᾶσιν ἀνθρώποις ἐς τὸν αἰεὶ χρόνον. παραβαίνοντι δὲ καὶ ἐπιορκοῦντι, τἀναντία τουτέων" – (*) Igea = Prevenzione – (*) Panacea = Terapia – (*) Male della pietra = Calcolosi.

[3] Tra il 2738 e il 2698 a. C. visse in Cina un imperatore chiamato Shen Nung, anche noto come Yan o Dio dei Cinque Cereali. Si narra che fu lui a insegnare al suo popolo l'arte dell'agricoltura, prima di tutti. Egli insegnò al suo popolo come coltivare i cereali. Si dice che abbia assaggiato centinaia di erbe per valutarne il valore medicinale, e che sia l'autore del *Pen ts'ao ching*, il più antico testo cinese sui farmaci, in cui sono riportate 365 medicine derivate da minerali, piante e animali. La catalogazione di centinaia di erbe medicinali o velenose costituisce la base della medicina tradizionale cinese. La leggenda riporta che sia stato lui a scoprire il tè. Shen Nung è anche considerato il padre della medicina cinese e inventore dell'agopuntura.

25. Aristotele

Aristotele fu uno studioso di scienze naturali e il suo allievo, Teofrasto, si concentrò sulla conoscenza delle piante e delle erbe. Il pensiero di Aristotele contribuì direttamente all'evoluzione della scienza naturale e indirettamente all'evoluzione della medicina.

Secondo Aristotele, l'uomo è composto da un corpo e da un'anima, quest'ultima svolge un ruolo di organizzatrice nella struttura corporea sin dalla formazione dell'embrione. Il filosofo individuò tre tipi di anima: l'anima vegetativa, che è condivisa sia dalle piante che dagli esseri umani e risiede nel fegato; l'anima sensitiva, presente nel cuore; e infine l'anima razionale, che ha sede nel cervello umano.

In Grecia, il corpo umano era considerato sacro e non poteva essere oggetto di profanazione per scopi di ricerca. Aristotele condusse quindi studi anatomici su corpi di animali e confrontò le strutture anatomiche di animali con la stessa struttura ossea e cartilaginea dell'uomo. Questi studi contribuirono alla nascita della scienza dell'anatomia comparata. Tuttavia, nonostante alcune delle sue deduzioni siano state errate, è importante sottolineare che egli fu uno dei primi a intraprendere questo tipo di studi e ha dato importanti contributi alla biologia, anche se non può essere considerato il padre della biologia nel senso moderno del termine.

Ad Aristotele si deve il concetto del sistema relativo alle funzioni organiche basato sullo studio sugli animali. Egli stabilì che tale sistema fosse fondato sulla funzione del cuore, in cui si trovava una forza vitale chiamata "πνεῦμα" (pron. pneuma – soffio, alito), responsabile del calore del corpo. Secondo Aristotele, il cuore era l'organo più importante poiché la sua cessazione portava alla morte del corpo e gli attribuiva un ruolo centrale nel corpo umano come si può riscontrare nella sua opera: *De Anima*. "*Cor tamquam primum oriens, ultimum moriens*".[1]

---

[1] "Il cuore nasce per primo e per ultimo muore" – citazione appartenente al medico e fisiologo francese Jean Fernel. Che si trova in *Acta eruditorum* anno MDCCX publicata cum Caesàreae Majeßatis & Regis Pol. atque Elect. Sax. Privilegiis, Lipsiae, Tipis viduae Christiani Gozzi, p. 138. Tuttavia, il concetto che il cuore sia l'organo più importante del corpo e che contenga una forza vitale che mantiene la vita è stato discusso anche da Aristotele.

Aristotele attribuiva al calore del corpo la capacità di mantenere la vita e consentire all'uomo di utilizzare tutte le sue qualità fisiche, e di produrre lo sperma idoneo alla procreazione. Il calore dello sperma agiva sulla gravidanza e dava origine alla produzione del latte materno.

Per quanto riguarda la digestione, Aristotele sosteneva che il cibo ingerito venisse cotto dallo stomaco e che le sostanze alimentari fossero trasportate attraverso le vene mesenteriche fino al fegato, dove venivano trasformate in sangue. Il cuore, attraverso questo processo, distribuiva il nutrimento ai tessuti periferici tramite le vene, dove tale energia veniva consumata. Parte delle sostanze passava al cuore attraverso la vena cava, arricchendosi dello spirito vitale, mentre un'altra parte passava al cervello attraverso il collo, arricchendosi dello spirito animale. Da qui, attraverso i nervi, si diffondeva verso la periferia, sostenendo la vita.

Galeno riprese questo concetto asserendo che, a livello del cervello, il sangue venisse purificato generando, attraverso la lamina cribrosa,[2] le lacrime. La teoria aristotelica ha dato luogo a decodificazioni errate di detta scienza, ma ciò non esclude la grandezza del suo pensiero e le molteplicità delle sue ricerche.

---

[2] Filippo Uccelli, *Anatomia-fisiologico comparata a uso della scuola di medicina e chirurgia* nell'I.E.R. Arcispedale di S. Maria Nuova di Firenze, Vol. VI Splancnologia, Parte II, Per Vincenzo Batelli a Comp. Anno MDCCCXXVII, p. 437

26. Teofrasto

Le ricerche di Aristotele furono proseguite dal suo allievo Teofrasto, che ampliò la conoscenza nel campo della botanica. Teofrasto scrisse il trattato *Storia delle piante* in nove libri, "*Περὶ Φυτῶν Ἱστορίας*" (pronunciato "*perì futòn istorías*"), classificando un'ampia varietà di piante e descrivendo le loro proprietà medicinali. Inoltre, scrisse anche *Causa delle piante*, *Περὶ φυτικῶν αἰτιῶν* (pron. *Perì futikòn etiòn*) in otto libri, due dei quali andati perduti, approfondendo le qualità vegetative delle piante e sottolineando come l'Etruria del II secolo a.C., l'odierna Toscana e l'Umbria occidentale fino al Tevere fosse ricca di erbe medicamentose.

Le ricerche di Teofrasto costituirono una base importante per la farmacologia e contribuirono alla comprensione delle proprietà terapeutiche delle piante. Oltre a ciò, condusse anche studi sui sintomi delle vertigini, sulla respirazione cutanea e sulla sincope.

27. La Scuola Medica Alessandrina

Dopo Aristotele e Teofrasto, gli studi di medicina si spostarono nel III secolo a.C. ad Alessandria d'Egitto, dove la cultura egiziana si fuse con quella greca grazie alla dinastia Tolemaica. Tolomeo I[1] promosse la conoscenza e fece di Alessandria il centro culturale del Mediterraneo. Durante l'impero tolemaico, venne costruita la Biblioteca, la più ricca di manoscritti del mondo dell'epoca, che rappresentò il punto di riferimento del sapere del tempo.

La Biblioteca Alessandrina può essere paragonata alle università attuali, dove gli scienziati educati secondo i principi aristotelici furono liberi di sperimentare direttamente e senza divieti sia su animali che su corpi umani. Tali pratiche trovarono terreno fertile in Egitto, dove già da secoli si praticava la mummificazione che durava circa settanta giorni e comportava diverse fasi di preparazione del corpo.

In primo luogo, il cadavere veniva lavato con acqua e carbonato, poi si procedeva allo svuotamento della scatola cranica con un attrezzo medico a forma di uncino, successivamente si dissezionava il cadavere per estrarre l'intestino e gli altri organi interni che venivano messi nei vasi canopi,[2] ad eccezione dei reni e del cuore, considerato l'organo della vita. Infine, una volta pulito, il cadavere veniva immerso in salamoia per quaranta giorni prima di essere riempito con garze aromatizzate per il mantenimento del volume del corpo e infine ricucito.

Questo tipo di pratica egiziana permise ai medici dell'epoca di

---

[1] Tolomeo I, noto anche come Tolomeo Sotere o Tolomeo Lagide (Πτολεμαῖος Σωτήρ - Ptolemaîos Sotér), nacque a Eordia nel 367/366 a.C. Egli fu non solo un sovrano, ma anche un militare, uno scrittore e un ex-guardia del corpo di Alessandro Magno. Alla morte di quest'ultimo, nel 305 a.C., Tolomeo I si proclamò re d'Egitto e riuscì a mantenere il controllo del territorio nord-africano, dando inizio al periodo ellenistico egizio e fondando la dinastia tolemaica, che regnò fino al 30 a.C.

[2] Il canopo era un vaso utilizzato nell'antico Egitto per conservare le parti interne del corpo umano durante il processo di mummificazione. Si trattava di una giara con la chiusura a forma di testa, che poteva rappresentare una delle quattro dee: Iside, Nephtys, Neith e Selkis o i quattro figli di Horo: Hamset, Hapi, Kebehsenef e Duamutef, a seconda del periodo egiziano. Questi vasi erano collocati nella tomba insieme al sarcofago del defunto.

condurre liberamente, sulla base dell'insegnamento Ippocratico, studi su cadaveri umani consentendo una conoscenza più approfondita del corpo e ottenendo risultati eccellenti per quanto riguarda l'anatomia. Va aggiunto che Aristotele fu il primo a iniziare lo studio anatomico, non certo su cadaveri umani come ad Alessandria, ma su animali, ponendo particolare attenzione al cuore e al sistema nervoso.[3]

L'esame dei cadaveri fu importante per i medici dell'antichità non solo per acquisire la tecnica di dissezione, ma anche per studiare gli organi interni del corpo. Filino di Coo e Serapione promossero la pratica medica attraverso l'anamnesi, la visita e l'ispezione diretta del paziente, la diagnosi e la terapia. Tuttavia, è importante notare che l'efficacia delle terapie dell'epoca poteva essere limitata a causa delle scarse conoscenze mediche.

Questi medici sostenevano che le acquisizioni in campo medico fossero il frutto di un'esperienza immediata che si organizzava in tre punti: la dissezione cadaverica, che forniva un'osservazione diretta dei sistemi del corpo, le constatazioni fatte al letto del malato e il confronto delle osservazioni cliniche unite ai risultati ottenuti con le diverse cure. Questi tre punti cardine furono chiamati "*tripode alessandrino*" e furono seguiti da Serapione, celebre medico di Alessandria d'Egitto.

In questa città vi furono diverse scuole mediche, tra cui la Scuola Empirica, della quale si ha notizia grazie ad Aulo Cornelio Celso,[4]

---

[3] Il filosofo Aristotele, considerato uno dei pionieri dell'anatomia comparata ha contribuito all'integrazione della scienza e della filosofia nello studio dell'anatomia. Ha dato particolare importanza al sistema nervoso e al cuore. Tra le numerose opere che egli scrisse, vi sono: *Storia degli animali* in 10 libri, completata da *Sulle parti degli animali* in 4 libri, *Sul movimento degli animali*, *Sull'andatura degli animali* e *Sulla generazione degli animali* in 5 libri. Queste opere sono state raccolte sotto il titolo latino di *Parva Naturalia* e comprendono studi sulla sensazione, sulla memoria, sui processi onirici, sulla respirazione e sulle fasi della vita.

[4] Aulo Cornelio Celso è stato un enciclopedista e medico romano che visse approssimativamente tra il 1° secolo a.C. e il 1° secolo d.C. a Roma. È noto per la sua opera enciclopedica intitolata *De Medicina*, che è uno dei testi medici romani più importanti sopravvissuti. Celso ha contribuito in modo significativo alla conoscenza medica dell'epoca e ha offerto una preziosa raccolta di informazioni sulla teoria e la pratica medica dell'antica Roma.

nell'introduzione del *De Medicina*. "*Più rinomati degli altri i professori della dietetica estimarono stretti a più altamente a discorrere certe cose, a sé necessarie anche la contemplazione della natura delle cose sembrando loro senza di essa manca ed oscura la medicina. Dietro a loro Serapione innanzi ogni altro apertamente dichiarò nulla avere che fare questa speculativa disciplina coll'arte di medicare e la ripose tutta nella pratica e nell'osservazione. Appolonio e Glaucia e poco dopo il tarantino Eraclite ed altri qualificati maestri gli tennero dietro facendosi, giusta i loro stessi principi, denominare empirici*".[5]

Nella Scuola Empirica dell'antichità, la chirurgia era ampiamente praticata e si occupava di curare fratture ossee, ernie, ferite, calcolosi della vescica e cataratta. Un altro aspetto importante di questa scuola era la ricerca farmacologica, che comprendeva lo studio delle sostanze curative, dei veleni e dei rispettivi antidoti.

In parallelo alla Scuola Empirica, ad Alessandria, si sviluppò la Scuola Dogmatica, che si basava sulla Scuola Ippocratica e aveva una prospettiva teorica. Era simile all'approccio aristotelico, ma contrapposta all'indirizzo pratico della Scuola Empirica. La Scuola Dogmatica si concentrava sull'anatomia e la fisiologia, sostenendo che una conoscenza approfondita degli organi e lo studio delle cause delle malattie erano essenziali per il successo delle cure.

Infine, vi era la Scuola Metodica, che si ispirava alla filosofia atomistica di Democrito e ottenne un grande successo. Questa scuola metteva l'accento sullo stato fisico del paziente, la sua tensione e rilassatezza, e soprattutto sull'igiene fisica come fattore determinante per la salute.

È importante notare che i termini "*Scuola Empirica*", "*Scuola Dogmatica*" e "*Scuola Metodica*" sono classificazioni storiche e il panorama medico dell'antichità era complesso e sfumato, con diverse scuole e approcci che spesso si intersecavano e si influenzavano reciprocamente.

---

[5] Aulo Cornelio Celso. *De Medicina*, Trad. dal latino di M.G. Levi, G. Del Chiappa membro della facoltà medica nell'I.R. Univ. Di Pavia, Tip. Di Giuseppe Antonelli, Anno 1838. p. 10

28. Erofilo

Erofilo è considerato il primo anatomista della storia e insieme a Erasistrato fu uno dei fondatori della grande Scuola Medica di Alessandria. Erofilo si distinse per aver praticato la dissezione sui corpi dei cadaveri, ma secondo alcune fonti, ci sono anche riporti che suggeriscono che abbia condotto dissezioni su uomini vivi.

Celso, uno storico romano del I secolo, ha menzionato questa pratica. *"Il perché, secondo loro, necessaria è la sezione dei cadaveri ond'iscrutarne le viscere e le interiora; e grandissima lode essersi acquistata Erofilo ed Erasistrato, quali sendo stati dal re consegnati dalle carceri uomini malvagi, gli dissecarono vivi, e contemplarono entro di essi ancora palpitanti quegli organi cui natura celava innanzi; la posizione loro, il colore, la forma, la grandezza, la disposizione, la durezza, la mollezza, la levigatezza, il contatto il rientrare di ciascuno un altro"*.[1]

Erofilo, considerato il primo anatomista della storia, era un convinto sostenitore dell'utilizzo della vivisezione come mezzo per acquisire conoscenze sul corpo umano e sulle sue reazioni.

Egli condusse studi specifici sulle meningi e sul quarto ventricolo cerebrale al fine di comprendere la loro struttura e funzione. Erofilo descrisse il *"il vaso venoso della protuberanza occipitale interna che costituisce un confluente venoso (confluente dei seni) al quale fanno capo i grossi seni della dura madre encefalica"* chiamandolo "torcolare",[2] un termine ancora in uso oggi.

Studiò i nervi, distinguendoli dai tendini, e fece una distinzione tra nervi motori e sensoriali. Approfondì anche lo studio del sistema nervoso, individuando il suo centro nel cervello, e si dedicò allo studio dell'occhio. *"Sotto di queste in quella parte dov'è la pupilla, v'ha un vuoto, dipoi più in basso un'altra assai sottile membrana che Erofilo denominò aracnoide. Essa sta nella*

---

[1] Aulo Cornelio Celso, *De Medicina*, op. cit. p. 13

[2] La definizione riportata dal Vocabolario Treccani per "torcolare" è la seguente: "torcolare s. m. [dal lat. torcŭlar – aris, der. di torquēre "torcere"]. 1. In letteratura antica, torchio o strettoio. 2. In anatomia, il torcolare o torculare di Erofilo (lat. scient. torcular Herophili), che prende il nome dall'anatomista greco Erofilo vissuto intorno al 300 a.C.

parte di mezzo, e nel suo cavo contiene una certa sostanza che per la somiglianza del vetro, i Greci la dicono jaloide. Essa non è né liquida né arida, ma come un umore concreto, dal cui colore ne viene il colore della pupilla nero o azzurro; mentre che tutta quanta è bianca membrana",[3] Effettuò ricerche anche su altri organi come il fegato, il pancreas, gli organi genitali, l'apparato respiratorio e digerente, utilizzando una terminologia che ancora oggi viene impiegata in anatomia.

Purtroppo, le opere originali di Erofilo sono andate perdute nel corso del tempo, ma sono state ampiamente citate da Galeno e le sperimentazioni di Erofilo sono state descritte dettagliatamente da Aulo Cornelio Celso.

---

[3] Aulo Cornelio Celso, *De Medicina*, op. cit. p. 289

29. Erasistrato

Erasistrato di Ceo, (300 circa-240 a.C.), uno dei principali rappresentanti della Scuola Medica Alessandrina, insegnò anatomia e fisiologia. Nelle sue ricerche, egli integrò le teorie atomistiche di Democrito e la concezione dello pneuma di Aristotele. Grazie alla sua ricerca anatomica, Erasistrato studiò la circolazione sanguigna e la funzione delle valvole cardiache.

Classificò accuratamente i nervi sensitivi e li distinse da quelli motori. Prestò particolare attenzione al cervelletto e al bulbo spinale come organi di grande importanza. La possibilità di studiare il corpo umano su soggetti vivi, tutti criminali condannati a morte, facilitò le sue ricerche.

Attraverso la dissezione, Erasistrato poté osservare la struttura e le eventuali anomalie degli organi interni contenuti nell'addome, stabilendone la disposizione e deducendo le varie malattie. Queste ricerche lo portarono a mettere in discussione la concezione umorale di Ippocrate e a concludere che le malattie fossero da attribuire ai vasi sanguigni, i quali, a differenza dello pneuma aristotelico, trasportavano il sangue. Erasistrato diede anche grande importanza alla diagnostica e alla misurazione della temperatura corporea.

30. La decadenza alessandrina e l'età Greco-romana

I primi sovrani della dinastia tolemaica, oltre a cercare di consolidare il loro dominio sull'intero territorio dell'Egitto, promossero l'istituzione della Biblioteca e del Museo per favorire lo sviluppo della scienza e la conservazione della conoscenza. Nel frattempo, a Occidente, Roma stava conquistando l'Italia grazie alla sua politica espansionistica.

Le popolazioni che abitavano la penisola avevano una cultura che presentava somiglianze con quella dei romani, agevolando l'interazione e l'assimilazione tra le due comunità. Questo processo di fusione culturale ha contribuito a rafforzare il potere militare di Roma.

Al contrario, i Tolomei dovettero affrontare la sfida di mantenere l'unità dell'Egitto utilizzando eserciti mercenari formati da greci, egiziani, fenici e berberi, il che rendeva precaria la difesa dei loro confini.

Alessandria, data la struttura del suo esercito, dovette costantemente lottare per preservare la propria indipendenza. Roma, una volta raggiunta l'unità, cercò di dimostrare la propria forza e si espandè. Sottomise gli Etruschi[1] e tutte le colonie greche dell'Italia meridionale e della Sicilia, riportando una vittoria schiacciante su Pirro nel 275 a.C.

Nel corso del II secolo a.C., i Romani conquistarono quasi tutto l'Oriente e infine l'Egitto. Questo movimento espansionistico e l'assimilazione delle diverse culture portarono all'era greco-romana. Rispetto ai Greci, i Romani non avevano una cultura, una

---

[1] Il popolo etrusco si insediò nell'attuale Toscana e in parte nell'Umbria, estendendosi fino alle zone del nord Italia e stabilendosi nella pianura padana e nei territori dell'Emilia Romagna. Verso sud si spinsero fino alla Campania. Nonostante si sappia poco riguardo alla loro origine e provenienza, è noto il loro alto livello di civiltà, sviluppato per mezzo degli scambi con le civiltà orientali e le città della Magna Grecia, dalle quali assimilarono i principi dell'arte ellenica. Molti reperti rinvenuti nei loro luoghi di permanenza testimoniano le loro avanzate tecniche artistiche e le loro tradizioni. Le prime abitazioni di questo popolo erano costituite da particolari tipi di capanne, con base quadrata o tonda e tetti spioventi in paglia, ed erano costruite sulle colline per permettere il controllo delle parti sottostanti. I siti di insediamento venivano scelti in modo da essere fertili e adatti all'agricoltura.

letteratura, una filosofia o una scienza proprie. Divenuti padroni di tutta la Grecia e della Ionia, che vantavano secoli di cultura, i Romani assimilarono la loro conoscenza, adottando la lingua greca e aprendo così un nuovo capitolo nell'intellettualità romana.

Per quanto riguarda la scienza ellenistica, si può affermare che il periodo di massimo splendore durò circa un secolo e mezzo, ma si verificò una prima crisi già nel 145 a.C. durante il regno di Tolomeo VIII, conosciuto come il Fiscone.[2] Questo sovrano entrò in contrasto con i membri della Scuola Alessandrina per motivi politici, costringendoli a lasciare Alessandria e creando una frattura tra gli eruditi greci e il suo impero.

Anche se le attività del Museo e della Biblioteca ripresero in seguito, non raggiunsero mai più l'entusiasmo e l'energia dei primi reggenti della dinastia tolemaica. La crisi definitiva per questa prestigiosa istituzione avvenne nel 47 a.C., durante la conquista dell'Egitto da parte di Cesare, quando l'incendio della Biblioteca causò la perdita di gran parte dei 700.000 libri che erano conservati.

Nel 30 a.C., con l'Egitto che divenne una provincia dell'Impero Romano, Alessandria perse la sua precedente importanza culturale, mentre Roma divenne il punto di riferimento per le terre conquistate. I Romani mostravano scarso interesse per le questioni culturali e i progressi raggiunti nelle varie discipline del sapere, poiché la loro cultura era caratterizzata da pragmatismo ed efficienza.

Di conseguenza, l'aspetto speculativo che aveva alimentato la filosofia e la scienza ellenistica risultò di scarso interesse per Roma, sebbene ci fosse apprezzamento da parte di coloro che erano affascinati dal sapere greco. Ciò portò alla fusione della nascente letteratura romana con quella greca. Il mondo colto e benestante dell'antica Roma divenne bilingue, e sebbene la cultura romana non fosse originale, acquisì un nuovo equilibrio e importanza. Cicerone apprezzava il pensiero platonico, mentre

---

[2] Tolomeo VIII, conosciuto come il Fiscone, fu un faraone del periodo tolemaico che regnò ad Alessandria d'Egitto tra il 180 e il 116 a.C. Nonostante il suo lungo regno, egli godette di pessima fama poiché fu considerato dagli storici greci il peggiore di tutti i Tolomei. Infatti, fu un faraone spietato e vendicativo, tanto che fu soprannominato Kakergete, ossia "malfattore".

Virgilio[3] ammirava la poesia di Esiodo.[4] Durante il periodo romano, l'attenzione era principalmente rivolta al mantenimento del potere e alla grandezza raggiunta. Questo si manifestava attraverso la costruzione di strade e porti, un'efficiente organizzazione militare e l'adozione di nuovi profili politici per una migliore amministrazione dei territori conquistati. Poco spazio veniva dato alla filosofia, alle questioni sull'umanità e al suo

---

[3] Publio Virgilio Marone (Andes Mantova, 15 ottobre 70 a.C. – Brindisi, 21 settembre 19 a.C.) fu un poeta latino, autore di *Le Bucoliche*, *Le Georgiche* e *L'Eneide*. Le Bucoliche, composte tra il 42 e il 39 a.C., sono una raccolta di dieci egloghe, ovvero composizioni poetiche che celebrano la vita agreste e che contengono un significato allegorico. In esse si racconta il dialogo tra due contadini, Titiro e Melibeo, il primo dei quali può rimanere nella sua abitazione grazie all'amicizia di un potente, mentre il secondo è costretto a lasciare la propria casa e le proprie terre per cederle a un soldato romano come ricompensa per il suo valore in battaglia. La seconda egloga parla del lamento amoroso del pastore Coridone per un bellissimo schiavo di nome Alessi, mentre la terza riporta un dibattito poetico fra due pastori. La quarta egloga è dedicata a Pollione, un politico romano, mentre la quinta celebra la morte di Dafni, principe dei pastori. Nella sesta egloga, il dio degli alberi e figlio di Pan, Sileno, canta l'origine del mondo, mentre nella settima descrive la gara canora tra due pastori. L'ottava egloga comprende due canti d'amore dedicati a Gaio Asinio Pollione, con cui Virgilio strinse amicizia per affinità poetiche, mentre nella nona egloga si parla di un esproprio terriero. La decima e ultima egloga è dedicata all'amico Cornelio Gallo e alle sue pene d'amore. *Le Georgiche*, composte a Napoli tra il 37 e il 30 a.C., sono divise in quattro libri e rappresentano un poema che parla del lavoro dei campi, dell'albero d'ulivo, della vite e dell'apicoltura. Infine, il poema epico: *L'Eneide*, composto tra il 29 e il 19 a.C. in dodici libri, narra la storia di Enea, esule da Troia e progenitore dell'antica stirpe romana (gens Iulia), di cui fecero parte i personaggi più illustri dello stato.

[4] Esiodo è stato un poeta greco che ha vissuto presumibilmente tra l'VIII e il VII secolo a.C. Ha scritto tre opere principali: *Le Opere e i giorni*, *La Teogonia* e *Il Catalogo delle donne* o *Eoie*. In *Le Opere e i giorni*, Esiodo affronta diverse tematiche, tra cui l'oppressione subita per la perdita dell'eredità paterna, i consigli sulla condotta morale e le norme per una vita virtuosa. *La Teogonia* è un poema che descrive la genealogia degli dei greci e la creazione del mondo secondo la mitologia. Esiodo narra dell'origine del cosmo, dei primi dei come Gea (la Terra), Urano (il Cielo), Crono e Zeus, e delle loro lotte per il potere. *Il Catalogo delle donne* o *Eoie* è un'opera frammentaria che descrive vari miti riguardanti le origini delle donne. Purtroppo, gran parte di questa opera è andata persa, e ci sono solo frammenti sopravvissuti.

rapporto con l'assoluto, alle riflessioni sulla relazione tra l'uomo e la natura, sul pensiero e sul cosmo. Invece, si assisteva a un crescente ricorso al misticismo, alla superstizione, al concetto di destino e alla deificazione degli imperatori.

Dal punto di vista culturale, l'epoca si caratterizzava per l'interazione tra le due lingue: si scriveva in latino e si studiava in greco. Ciò portò alla creazione di una grammatica con uno scopo ben preciso, ossia quello di trasferire il sapere greco nella cultura latina.

Il *De lingua Latina* di Marco Terenzio Varrone,[5] scritto tra il 47 e il 45 a.C., è un trattato composto da 25 libri che esplora diverse discipline delle arti liberali antiche e greche, tra cui la grammatica, la retorica, la logica, la geometria, la musica, l'aritmetica e l'astronomia. Tuttavia, è importante sottolineare il ruolo di due grandi figure che, attraverso la loro eloquenza in lingua latina, diffusero la saggezza greca in tutto il mondo occidentale: Cicerone e Lucrezio.[6]

_____

[5] Marco Terenzio Varrone (Marcus Terentius Varro) è stato un letterato e scrittore romano nato a Reate (odierna Rieti) in Italia centrale nel 116 a.C. e morto nel 27 a.C. Scrisse: *De lingua Latina* (Sulla lingua latina): Un'opera in 25 libri sulla lingua latina, che copre aspetti grammaticali, storici e filosofici del linguaggio. *De re rustica* (Sull'agricoltura): Un trattato in tre libri sull'agricoltura, che fornisce istruzioni dettagliate su come gestire una fattoria. *De antiquitate litterarum* (Sull'antichità delle lettere): Un'opera sulla storia della letteratura romana e sulle origini delle lettere e della scrittura. *De vita populi Romani* (Sulla vita del popolo romano): Un'opera in nove libri che descrive la storia e la cultura di Roma. *De origine linguae latinae* (Sull'origine della lingua latina): Un'opera sulla storia e le origini della lingua latina. *De similitudine verborum* (Sulla similitudine delle parole): Un'opera che esamina le somiglianze e le differenze tra le parole in diverse lingue. Queste sono solo alcune delle sue opere più conosciute, ma Varrone ha scritto anche su argomenti come filosofia, religione, retorica e geografia.

[6] Tito Lucrezio Caro (Pompei, Ercolano, 94 a.C. - Roma, 15 ottobre 50 a.C.) fu un poeta e filosofo romano seguace dell'epicureismo. Non disponiamo di molte informazioni sulla sua vita e la scarsità di fonti ha spinto molti studiosi a dubitare persino del suo nome, che potrebbe essere stato lo pseudonimo di Tito Pomponio Attico, anche se non ne siamo certi. Tuttavia, a lui è attribuita un'opera di grande importanza scientifica e filosofica: *De rerum natura*. Si tratta di un poema in sei libri che inizia con l'invocazione a Venere, la dea dell'amore, unica figura in grado di placare l'idea bellica e di morte rappresentata da Marte, dio della guerra. Lucrezio desiderava una vita pacifica e serena, lontana dalle brame di potere della classe politica. Egli vedeva nella dottrina di Epicuro

Nel corso del tempo, a Roma, vi furono uomini che rispettosamente considerarono la filosofia e la scienza greca, scrivendo opere su temi come l'agricoltura, l'architettura e le macchine, facendo esplicito riferimento al mondo greco. Uno di questi uomini fu Marco Vitruvio Pollione,[7] autore di *De architectura*. Inoltre, vi furono interpreti e commentatori che preservarono le testimonianze dei pensatori del passato, offrendo preziose informazioni sugli studi degli autori greci le cui opere originali andarono perdute nel corso del tempo. Questi studiosi sono oggi conosciuti come dossografi, termine introdotto da Hermann Diels. Ci furono anche altri autori romani che fornirono informazioni sulla filosofia e la scienza greca. Ad esempio, Severino Boezio nel suo *De institutione musica* trattò dei pitagorici

---

l'unica soluzione a tutti i problemi dell'uomo, facendo appello alla razionalità umana per allontanarsi dalla religione e dalla superstizione. All'inizio della sua composizione, Lucrezio fa un palese invito a non considerare aprioristicamente falsa la dottrina di cui parla, sottolineando l'empietà della religione che è in grado di sopprimere e condizionare la vita dell'uomo, instaurando nella mente di ciascuno la paura. Inoltre, afferma che se gli uomini fossero certi che dopo la morte non ci fosse nulla, smetterebbero di averla. Lucrezio si avvale della poesia per esprimere il pensiero epicureo, affermando che, come i genitori danno il medicamento ai propri figli mescolandolo al miele per eliminare l'amaro, così lui usa la filosofia amara e terrena mescolandola con il miele delle Muse. Il poema è scritto in esametri diviso in sei libri ed è dedicato al suo protettore Gaio Memmio.

[7] Marco Vitruvio Pollione (circa 80 a.C. - dopo il 15 a.C.) fu un importante architetto e scrittore romano del I secolo a.C. Nel suo trattato: *De Architectura*, composto da 10 libri scritti tra il 29 e il 23 a.C., egli esamina le qualità che un architetto deve possedere, tra cui una vasta cultura enciclopedica. Nel primo libro delinea l'importanza della terminologia architettonica, distinguendo tra opere pubbliche, opere di difesa della città e opere religiose. Nel secondo libro descrive i vari materiali da costruzione. Nel terzo libro parla dell'architettura religiosa, giudicando l'architettura ionica come la migliore per le sue armonie. Nel quarto libro descrive i vari stili architettonici dell'epoca, come il dorico, il tuscanico e il corinzio. Nel quinto libro descrive gli edifici pubblici, come teatri, bagni e templi, e parla dell'uso di tali costruzioni. Nel sesto libro si concentra sulle costruzioni private, mentre nel settimo libro parla delle rifiniture. Il libro ottavo è dedicato all'idraulica, mentre il nono libro tratta di astronomia, astrologia e scienza gnomonica, che riguarda gli orologi solari. Infine, l'ultimo libro, il decimo, descrive la struttura delle macchine belliche. Vitruvio è considerato uno dei maggiori esponenti dell'architettura e della scienza romana, il cui lavoro ha influenzato, per molti secoli dopo la sua morte, la pratica architettonica.

e della loro concezione della musica. Censorino[8] riferì sulle teorie biologiche dei presocratici. Plinio il Vecchio,[9] nella sua *Naturalis historia*, descrisse il metodo utilizzato da Talete per misurare l'altezza delle piramidi tramite la proiezione delle loro ombre. Sesto Empirico,[10] nelle sue opere, descrisse i sistemi filosofici e scientifici greci.

È importante considerare anche l'ultimo secolo dell'era pagana, in cui a Roma emersero due scuole di pensiero greche: la Scuola Stoica e quella Epicurea. Queste due correnti, pur essendo diverse per concezione e visione dell'esistenza, attirarono l'attenzione dei romani che aspiravano alla conoscenza filosofica.

Gli epicurei, la cui base filosofica era l'atomismo di Leucippo e Democrito, credevano che gli dei avessero forma umana e che godessero della perfetta felicità poiché erano distanti dalle vicende umane. Per gli stoici, la cui base era la metafisica di Platone, Dio

---

[8] Censorino, di cui non si conoscono con certezza le date di nascita e di morte, fu un grammatico romano attivo nella seconda metà del III secolo. Tra le sue opere, sappiamo dell'esistenza di un trattato intitolato *De accentibus*, oggi perduto, e di un altro intitolato *De die natali*, incompleto e scritto nel 238 d.C. Inoltre, gli è stato attribuito il trattato *Fragmentum Censorini*, che tratta di astronomia, geometria e ritmica, anche se non è certo che sia stato effettivamente scritto da lui.

[9] Gaio Plinio Secondo, noto come Plinio il Vecchio, è stato uno scrittore e naturalista romano. Le sue date di nascita e morte non sono completamente certe, ma si ritiene comunemente che sia nato intorno al 23 o 24 d.C. e sia morto nel 79 d.C. a Stabia durante l'eruzione del Vesuvio. Plinio il Vecchio è noto principalmente per la sua opera *Naturalis Historia* (Storia Naturale), un'enciclopedia che copre una vasta gamma di argomenti scientifici e tecnici. L'opera è composta da 37 volumi e rappresenta uno dei più importanti corpus di conoscenze scientifiche dell'antica Roma. Plinio ha raccolto informazioni su botanica, zoologia, geologia, astronomia, medicina e molti altri argomenti, fornendo una preziosa fonte di informazioni sull'epoca romana e sulle conoscenze scientifiche dell'epoca.

[10] Sesto Empirico, un filosofo scettico greco vissuto alla fine del II secolo d.C. e all'inizio del III secolo, è stato uno dei maggiori esponenti dello scetticismo. Sesto Empirico è noto per le sue opere filosofiche, tra cui *Adversus mathematicos* (Contro gli scienziati) e Πυρρώνειοι ὑποτυπώσεις (pronunciato Pyrrōneioi hypotypōseis), comunemente noto come *Outlines of Pyrrhonism* (Lineamenti del piroanesimo) in inglese. Quest'ultimo lavoro è una delle sue opere principali, in cui esamina le dottrine scettiche e fornisce un'esaustiva esposizione del pensiero scettico.

rappresentava l'ordine del mondo e si trovava in tutte le cose. Era un soffio caldo presente in ogni cosa e allo stesso tempo era fato, ragione e provvidenza.

Per gli epicurei, il saggio era colui che cercava i piaceri naturali e necessari per vivere in armonia con la propria esistenza, mentre per gli stoici il saggio era virtuoso e la sua felicità consisteva nel cercare la virtù eliminando le passioni. Gli epicurei consideravano la politica come fonte di turbamento e causa della mancanza di felicità, per loro lo stato era necessario ma non importante, e bisognava godere della bellezza della vita con la propria comunità.

Per gli stoici, invece, l'individuo era importante come regola sociale e tutto l'ordinamento giuridico doveva attenersi alla legge universale. Il saggio si doveva interessare dello stato e della società. Questo era l'ambiente in cui vissero Cicerone e Lucrezio durante l'epoca romana. Tuttavia, il declino dell'evoluzione scientifica risiedeva nella stessa struttura dell'impero romano, una struttura classista che vedeva schiavitù e plebeizzazione del popolo, potere dei burocrati e amministrazione degli eserciti, per cui quel tipo di vita calma e serena che si poteva respirare ad Alessandria o ad Atene, ideale per promuovere la cultura e la ricerca, scomparve. Ci fu una tacita avversione per la cultura scientifica a vantaggio della religione intesa come superstizione e relazione con gli dei. Il mondo greco promosse l'evoluzione della scienza, mentre il mondo latino, nonostante l'apprezzamento, comunque tacito, delle scuole di pensiero greche, impedì la ricerca scientifica e filosofica, anche se alla fine del periodo imperiale romano, nel I secolo d. C., ci furono importanti produzioni come il *Naturalis Historia* di Plinio il Vecchio, in cui si raccolse tutto il sapere scientifico antico, al fine di promuovere la conoscenza dei vari filosofi e scrittori, come Seneca, Varrone, Omero, Aristotele, Ippocrate, Teofrasto e altri.

Durante la dominazione romana prevalse il simbolismo e il misticismo, ma si videro importanti frutti del pensiero scientifico nella prefettura d'Egitto con Claudio Tolomeo e a Roma con Galeno di Pergamo.

31. I modelli astronomici

I filosofi antichi si sono posti molte domande riguardanti l'evoluzione della realtà naturale e dei suoi fenomeni, come il moto del sole, dei pianeti e l'avvicendarsi delle stagioni. Hanno coltivato un grande interesse per lo studio dell'astronomia. Molte teorie e deduzioni sono state utilizzate per cercare una spiegazione, che a volte era fantasiosa, ma altre volte era precisa e ancora oggi stupisce per la precisione dei risultati ottenuti con la semplice osservazione, con il ragionamento e talvolta con l'uso di semplici strumenti. La propensione all'indagine e alla scoperta ha spinto molti filosofi e scienziati del tempo a iniziare studi approfonditi sulle leggi della natura.

Hanno intuito, con la semplice osservazione, l'effetto prospettico che i pianeti davano nel loro movimento verso est. Questi pianeti, pur seguendo un moto diretto, a un determinato momento del loro percorso si fermavano e subitaneamente invertivano il loro moto verso ovest, retrocedendo (*moto retrogrado*) per poi riprendere il loro moto diretto. Durante tali moti retrogradi, gli studiosi hanno osservato un fenomeno consistente nella variazione periodica della luminosità dei pianeti e hanno stabilito che era data dalla distanza in cui si trovavano, in quel momento, dalla Terra.

La teoria che tutti gli astri si muovessero con un moto curvilineo uniforme non era stabile e si è cercato di creare dei modelli per risolvere i tanti problemi riguardanti la struttura del cosmo, la posizione della Terra se fissa o in movimento, se al centro dell'universo o roteante intorno alla sua stella fissa e la traiettoria delle stelle e dei pianeti. Partendo dai primi Greci, si può comprendere come gradualmente si sia arrivati fino al modello tolemaico. I primi greci a interrogarsi sul rapporto tra la Terra e l'universo furono Talete, Anassimandro e Anassimene. Essi pensarono che la Terra fosse costituita da un disco circondato dal fiume Oceano, sempre in moto, sotto una volta celeste. Gli astri, tra cui stelle, pianeti e il Sole, quando scomparivano all'orizzonte, si sarebbero immersi nel fiume Oceano per poi riapparire ad est, dopo aver compiuto un giro completo dell'orizzonte.

In seguito, Pitagora e Aristotele concepirono la Terra come una sfera al centro dell'universo. Aristotele notò durante un'eclissi che l'ombra proiettata dalla Terra sulla Luna era circolare, e dedusse che solo una Terra sferica avrebbe potuto proiettare quell'ombra.

Platone, invece, pensò che la Terra fosse immobile, sferica e al centro dell'universo, con il Sole, la Luna e tutti i pianeti che le ruotavano intorno.

Eratostene, infine, calcolò le dimensioni della Terra basandosi sulla posizione verticale di un bastone che non proiettava ombra al solstizio d'estate a Syene, nell'ora in cui il Sole era al punto più alto e centrale rispetto alla Terra (*zenit*), mentre a Alessandria, nella stessa ora e nello stesso giorno, un altro bastone proiettava un'ombra inclinata di 7° e 12' rispetto alla verticale. Grazie alla distanza tra Syene e Alessandria e a un calcolo basato sul fatto che i 7° e i 12' rappresentavano 1/50 dell'angolo giro, Eratostene determinò che la distanza tra le due città fosse di 250.000 stadi, pari alla cinquantesima parte del diametro terrestre, e calcolò il valore del diametro terrestre in 39.357 km.

Eudosso di Cnido sviluppò una teoria basata su un sistema di sfere celesti, in cui le stelle fisse erano strutturate da un'unica sfera, mentre il sole e la luna avevano tre sfere e i pianeti quattro.

Utilizzando questo sistema, egli riuscì a spiegare i movimenti dei pianeti e la loro inclinazione orbitale rispetto a quella terrestre. Nel suo modello, la terra era immobile e considerata il centro dell'universo, mentre i corpi celesti ruotavano su sfere concentriche, i cui poli erano trasportati da una sfera concentrica di raggio maggiore che ruotava con velocità differente intorno ai due poli, differenti da quelli della prima sfera. Il corpo celeste relativo a un gruppo condivideva la rotazione di tutte le sfere a cui apparteneva.

Eudosso, con il suo sistema, riuscì a delineare i movimenti dei pianeti, il quale venne successivamente adottato da Aristotele all'interno della sua concezione cosmologica, sebbene non fosse in grado di spiegare il fenomeno della variazione di luminosità di Venere e Marte.

In contrasto con il concetto platonico dell'universo trascendente, Aristotele elaborò un modello sferico di universo basato sul sistema delle sfere concentriche di Eudosso. Egli ritenne che la scienza dovesse basarsi su tutto ciò che era percepibile tramite i sensi e rielaborato dalla ragione.

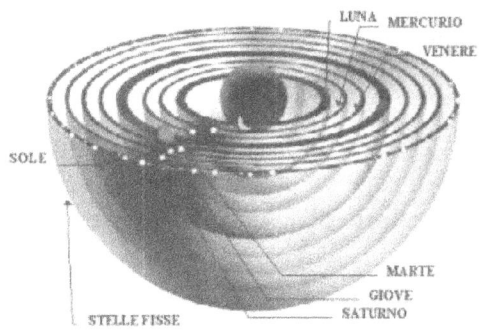

Le sfere concentriche di Eudosso sono disposte secondo la seguente sequenza: al centro c'è la Terra, seguita dalle sfere della Luna, di Mercurio, di Venere, del Sole, di Marte, di Giove e di Saturno.

Il suo modello era caratterizzato da due strutture fisiche: una incorruttibile, formata dall'etere, la quinta essenza, e un'altra mutevole, formata dai quattro elementi: Terra, Acqua, Aria e Fuoco. Ciascuno di questi elementi tendeva alla propria sfera, con quelli aerei che si spingevano verso l'alto e i corpi pesanti verso il basso. Per spiegare la differenza di luminosità tra Venere e Marte, Aristotele aggiunse 28 sfere ai 27 sfere di Eudosso, portando il totale a 55. Tuttavia, nonostante l'introduzione di queste sfere aggiuntive, il problema della variazione di luminosità non fu risolto. Il sistema astronomico geocentrico di Aristotele fu seguito da molti discepoli del Liceo, tra cui si ritiene fosse presente Eraclide Pontico.[1] Eraclide potrebbe aver sviluppato una possibile soluzione al problema della variazione di luminosità dei pianeti Marte e Venere utilizzando la teoria degli epicicli,[2] anche se non vi

---

[1] Eraclide Pontico, (Eraclea Pontica, probabilmente 385 a.C. - Atene, 322 a.C. o 310 a.C.), è stato un filosofo e storico greco, ma anche astronomo per le sue geniali idee astronomiche riportate nel Περὶ τῶν ἐν οὐρανῷ (Sulle cose che sono in cielo) – riferimento: (treccani.it/enciclopedia/eraclite-pontico). Era originario di Eraclea Pontica, un'antica città greca situata lungo la costa del Mar Nero, nell'attuale Turchia. Eraclide Pontico fu un seguace di Platone e fu influente nel campo della filosofia e della storiografia. Poiché le sue opere non sono sopravvissute fino a noi, le informazioni sulla sua produzione è limitata e frammentaria.

[2] L'epiciclo è un termine utilizzato in astronomia per indicare una circonferenza il cui centro si trova sulla circonferenza di un cerchio più grande chiamato deferente. L'epiciclo fu introdotto da Apollonio di Perga, un matematico e astronomo greco del III secolo a.C., ed è stato ampiamente utilizzato da Claudio

è certezza in proposito. La teoria degli epicicli fu successivamente adottata sia da Ipparco che da Tolomeo. Secondo la teoria di Eraclide, il Sole ruotava attorno alla Terra e Venere ruotava intorno al Sole con un'orbita più piccola rispetto a quella del Sole intorno alla Terra. Pertanto, secondo la sua ipotesi, il Sole girava intorno alla Terra mentre Venere girava attorno al Sole.

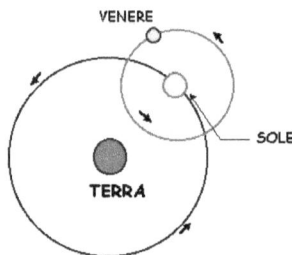

Secondo una supposizione, Eraclide potrebbe aver sviluppato un sistema in cui il pianeta Marte, essendo più distante dalla Terra, ruotava attorno a un punto chiamato C con la stessa velocità di rotazione del Sole rispetto alla Terra. Allo stesso tempo, il punto C compiva un'orbita intorno alla Terra con la stessa velocità di rotazione che Marte aveva nella sua orbita intorno al Sole. Questa possibile teoria offriva una spiegazione per le variazioni di luminosità sia di Marte che di Venere, insieme ai moti retrogradi osservati.

Eraclide Pontico e la teoria degli epicicli.

Tolomeo nel suo lavoro astronomico intitolato *Almagesto*.L'etimologia del termine è: "epi" significa "sopra" e "kyklos" significa "cerchio" in greco. Quindi, "epikuklos" o "epiciclo" può essere tradotto come "cerchio sopra". L'idea dell'epiciclo era un modo per spiegare il movimento retrogrado apparente dei pianeti nell'antica astronomia geocentrica, in cui si credeva che la Terra fosse al centro dell'universo.

Ci furono altri scienziati greci che si occuparono di astronomia, come Aristarco di Samo,[3] che, pur rispettando il sistema delle sfere, elaborò una teoria eliocentrica secondo cui il Sole era considerato al centro del sistema, mentre la Terra e gli altri pianeti orbitavano intorno ad esso. Propose che la Terra ruotasse intorno al proprio asse e che orbitasse intorno al Sole in un'orbita circolare. Sostenne che le stelle apparentemente fisse nel cielo erano così distanti dalla Terra da sembrare immobili, mentre il movimento apparente degli altri pianeti era attribuito alla loro orbita intorno al Sole.

Ipparco, invece, fece importanti osservazioni astronomiche, come la compilazione di un catalogo di quasi mille stelle con le loro coordinate e la determinazione della durata dell'anno solare a 365 giorni. Ipparco respinse le teorie di Eraclide e propose un modello in cui i pianeti, incluso il Sole e la Luna, ruotavano in cerchi più piccoli chiamati epicicli, che a loro volta giravano intorno alla Terra seguendo orbite di raggio maggiore chiamate deferenti. Questo modello permetteva di spiegare il fenomeno del moto retrogrado osservato.

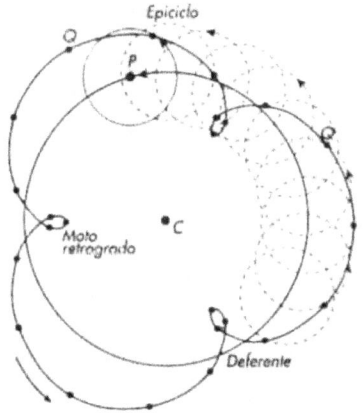

Epiciclo e deferente.

---

[3] Aristarco di Samo (310 a. C. circa – 230 a. C. circa) fu un astronomo greco che studiò ad Alessandria con Stratone di Lampsaco. Egli è noto per essere stato il primo a introdurre la teoria eliocentrica, secondo cui il Sole e le stelle fisse erano immobili mentre la Terra ruotava attorno al Sole.

32. Tolomeo e il suo modello

Intorno al 150 d.C., durante il periodo della dominazione romana ad Alessandria d'Egitto, Claudio Tolomeo si distinse come matematico, astronomo e geografo di rilievo.

Egli continuò il lavoro di Ipparco di Nicea, il quale si era dedicato all'analisi dei movimenti del Sole e della Luna e aveva inventato l'astrolabio.[1]

Tolomeo apportò comtributi significativi alla trigonometria mediante l'introduzione di varie tabelle trigonometriche e lo sviluppo di metodi per il calcolo dei dati astronomici, inclusa la determinazione delle posizioni dei pianeti e le fasi delle eclissi.

Aderì al principio geocentrico di Ipparco e utilizzò il metodo degli epicicli per descrivere i movimenti dei corpi celesti. Scrisse *L'Almagesto*, noto anche come *Syntaxis mathematica*, un'opera in tredici libri in cui esponeva le conoscenze astronomiche, matematiche e geometriche risalendo alle idee di Platone, Aristotele, Eudosso di Cnido e Ipparco di Nicea.

Questi sostenevano che l'universo fosse all'interno di una sfera che ruotava su se stessa, con la terra immobile al centro dell'universo.

Formulò, anche un teorema, conosciuto come il teorema di Tolomeo, che stabilisce la relazione tra i lati e le diagonali di un quadrilatero inscritto in una circonferenza.[2]

---

[1] L'astrolabio è uno strumento antico utilizzato per calcolare e identificare i corpi celesti. Esso consentiva di determinare l'ora locale conoscendo la latitudine. Il nome "astrolabio" deriva dal greco. La parola Άστρον (astron) significa "stella" e λαβίον (labion), deriva dal verbo greco λαμβάνω (lambano), che significa "prendere". Quindi, "astrolabio" può essere tradotto approssimativamente come "prenditore di stelle" o "colui che prende le stelle". L'astrolabio era un importante strumento di navigazione utilizzato fino all'avvento del sestante, uno strumento moderno che misura l'angolo di elevazione di un oggetto celeste sopra l'orizzonte.

[2] Secondo il teorema, quando consideriamo un quadrilatero inscritto in una circonferenza, la somma del prodotto dei due lati opposti è equivalente al prodotto delle diagonali. al prodotto delle diagonali.. In termini matematici, se AB, BC, CD e DA sono i lati di un quadrilatero inscritto in una circonferenza, e AC e BD sono le diagonali, allora si ha l'equazione AB * CD + BC * DA = AC * BD.

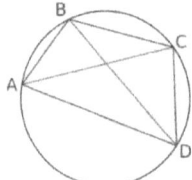 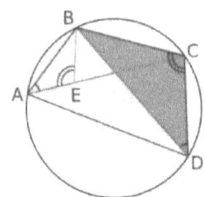 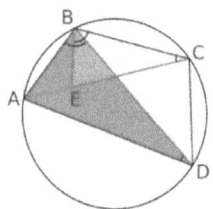

Il principio di Tolomeo enuncia la connessione tra i lati e le diagonali di un quadrilatero che è circoscritto all'interno di una circonferenza.

Il sistema astronomico di Tolomeo, basato sul metodo degli epicicli sviluppato da Apollonio di Pergamo[3] e Ipparco, fu seguito fino al 1500 quando venne sostituito dal sistema eliocentrico di Copernico.

L'obiettivo di Tolomeo era quello di spiegare un sistema che potesse determinare la posizione di ogni pianeta allora conosciuto, descrivere le eclissi e calcolare le coordinate celesti per individuare la posizione degli astri nella sfera celeste.

Nella prefazione al suo *Almagesto*, Tolomeo affermò che i cieli erano sferici come il loro movimento e che la Terra occupasse il centro dei cieli, rimanendo immobile rispetto alla sfera delle stelle fisse.

Nel suo sistema, il Sole, i pianeti e la Luna erano ritenuti muoversi attorno alla Terra, seguendo un movimento ordinato. Per spiegare tali movimenti, introdusse concetti come gli epicicli, i deferenti, gli eccentrici e gli equanti.

---

[3] Apollonio di Pergamo, matematico e astronomo greco, ha guadagnato fama grazie ai suoi contributi nell'ambito delle sezioni coniche e per l'innovazione dei concetti di epicicli e deferenti nell'astronomia. Il suo periodo di attività si estese tra il terzo e il secondo secolo a.C., ma le date esatte della sua nascita e morte non sono conosciute con certezza. Apollonio è famoso per aver studiato e descritto le proprietà delle sezioni coniche, come l'ellisse, la parabola e l'iperbole. Egli attribuì a queste curve i nomi che sono ancora oggi utilizzati per indicarle. Inoltre, Apollonio propose ipotesi sulle orbite eccentriche, i deferenti e gli epicicli per spiegare il moto apparente dei pianeti, la velocità della Luna e la variazione di luminosità delle stelle.

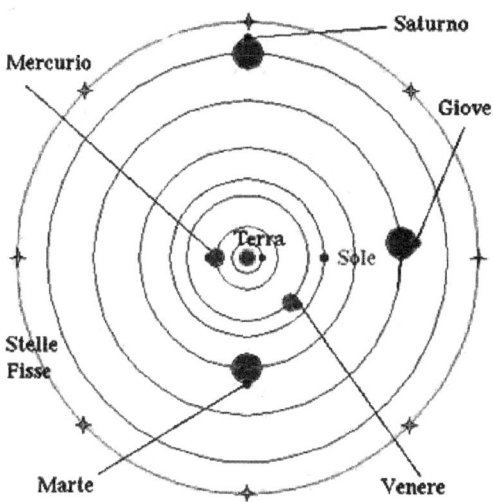

Questi strumenti geometrici furono introdotti nel suo modello per rendere conto delle traiettorie complesse osservate nel cielo e per descrivere l'apparente retrogrado dei pianeti.

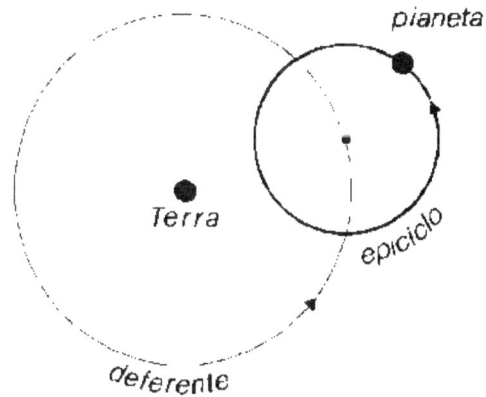

L'epiciclo e il deferente.

Tolomeo utilizzò il concetto dell'epiciclo per descrivere il movimento dei pianeti nel suo sistema astronomico. Secondo la sua teoria, il pianeta si muoveva lungo un piccolo cerchio chiamato epiciclo, con velocità costante. Il centro dell'epiciclo, a sua volta, si muoveva attorno alla Terra lungo un cerchio più grande chiamato deferente.

Durante il movimento del pianeta sull'epiciclo, quando si trovava nella parte esterna del deferente, sembrava muoversi più velocemente rispetto all'osservatore sulla Terra. Egli considerò sia i pianeti esterni (Marte, Giove e Saturno) che quelli interni (Mercurio e Venere) e determinò la loro posizione e il loro moto retrogrado nel suo sistema.

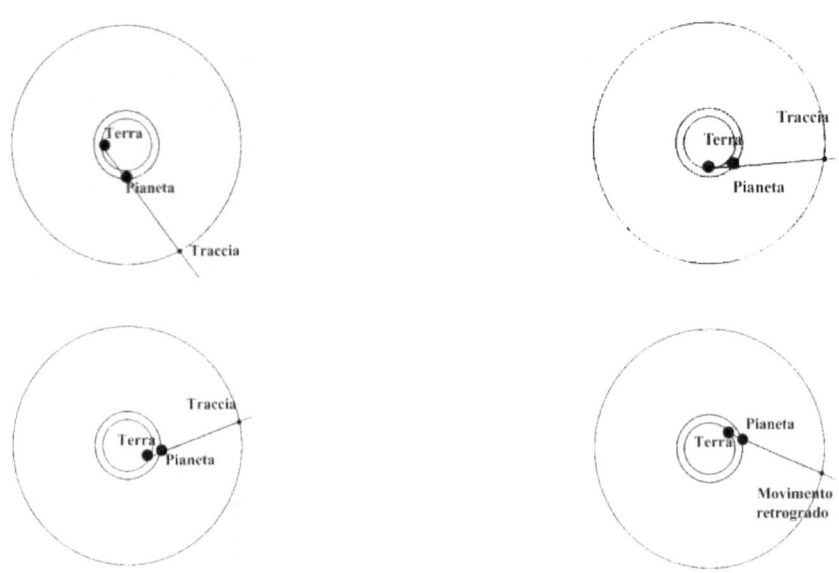

Moto retrogrado di un pianeta esterno

Tuttavia, il suo sistema epicicloide non forniva informazioni precise sulle diverse velocità dei pianeti in base alla loro posizione orbitale. Per affrontare questa sfida, egli ideò un modello a deferente eccentrico. In questo nuovo modello, la Terra (rappresentata da T) è il punto di osservazione, il centro dell'eccentrico è indicato con M, l'epiciclo con C e l'equante con E. L'equante è simmetrico rispetto a M ed equidistante da T.

In questo modello, il centro dell'epiciclo (C) ruota attorno a M con velocità angolare uniforme rispetto all'equante (E), ma la sua velocità lineare rispetto alla Terra non è costante. Questo significa che il moto astrale osservato dalla Terra non sarebbe apparso uniforme, e le orbite planetarie non avrebbero avuto velocità costante lungo i rispettivi deferenti. In altre parole, questo nuovo modello a deferente eccentrico permetteva di spiegare il moto retrogrado e la differenza di luminosità dei pianeti, ma anche di comprendere le diverse velocità dei pianeti in base alla loro posizione orbitale.

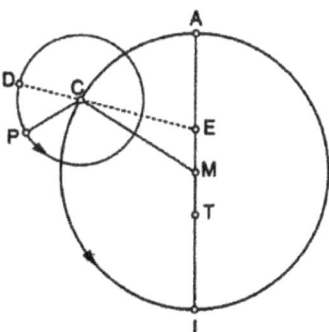

Modello a deferente eccentrico.

Tolomeo utilizzò mezzi semplici e rudimentali per la sua epoca e non riuscì a determinare con precisione la distanza dei pianeti dalla Terra perché la sua teoria epiciclica non teneva conto delle dimensioni dell'epiciclo e del deferente, ma si basava solo sul rapporto tra i loro raggi. Pertanto, assegnò il perigeo di ogni pianeta sopra l'apogeo del pianeta sottostante, eliminando il vuoto.

Il modello fisico determinato dai calcoli matematici dell'Almagesto si basava sulla velocità angolare uniforme attorno a un centro e utilizzava concetti come epicicli, eccentrici ed equanti per spiegare le traiettorie dei pianeti. Tuttavia, ci furono molte difficoltà nel trovare le combinazioni adeguate per determinare le posizioni dei pianeti.

Come si può riscontrare nei vari libri dell'Almagesto, Tolomeo affrontò i principi dell'astronomia e della trigonometria sferica,[4]

---

[4] La trigonometria sferica è una branca della geometria sferica che si interessa

che gli permisero di calcolare lati e angoli dei poligoni costruiti su una sfera, fornendo importanti contributi alla sua ricerca astronomica. Trattò anche la sfericità celeste, la centralità e la staticità della Terra rispetto al cosmo, il movimento del Sole e la durata dell'anno.

Nel quarto libro dell'Almagesto, affrontò il tema del movimento lunare e propose una teoria importante sulla perturbazione generata dal Sole sul moto della Luna e il cambiamento della sua posizione orbitale, noto come evezione.[5]

Egli, calcolò la distanza approssimativa della Luna e del Sole, stimando che la distanza della Luna fosse circa 59 volte il raggio terrestre e quella del Sole fosse circa 1200 volte il raggio terrestre. Descrisse anche l'astrolabio, uno strumento astronomico ideato da Ipparco, che consentiva di calcolare la posizione degli astri. Studiò le eclissi solari e lunari e compilò un catalogo di 1028 stelle. Nei suoi ultimi cinque libri dell'Almagesto, sviluppò il suo sistema astronomico basato su principi geometrici che includevano l'uso di epicicli, eccentrici ed equanti. Inoltre, tracciò una mappa del cielo stellato e si occupò di fenomeni come la rifrazione atmosferica[6] e l'estinzione atmosferica[7] che influenzano l'osservazione celeste.

La teoria di Tolomeo fu considerata valida fino all'avvento della teoria eliocentrica di Copernico. Sebbene la sua teoria fosse imprecisa e presentasse alcune discrepanze, non costituì un ostacolo per lo sviluppo della conoscenza astronomica, ma piuttosto fornì una base di ricerca per le successive scoperte. È

---

delle relazioni tra lati e angoli dei poligoni e dei triangoli costruiti sulla sfera. Questa materia è di grande importanza per effettuare calcoli astronomici e geodetici.. Il primo trattato di trigonometria sferica è attribuito al matematico arabo Abd'Allah Muhammad Ibrahim al-Yayyani (1060 d.C.), che viveva ad al-Andalus, il nome dell'attuale Spagna, durante il periodo di dominio musulmano nel Medioevo.

[5] L'evezione è la variazione periodica dell'eccentricità del moto orbitale della luna, generata dal sole durante la sua orbita di rivoluzione attorno alla Terra. Tale fenomeno era già noto ai tempi di Ipparco di Nicea.

[6] La rifrazione si verifica quando un'onda luminosa passa da un mezzo con un indice di rifrazione diverso a un altro. Si tratta di un fenomeno comune, con la rifrazione della luce che rappresenta il più noto esempio.

[7] L'estinzione atmosferica si riferisce alla dispersione o all'assorbimento della radiazione elettromagnetica causata dai gas o dalle particelle di polvere che si trovano tra l'osservatore e l'oggetto celeste.

vero che l'Almagesto non fu un lavoro completamente originale, poiché le teorie di Ipparco ebbero una grande influenza sulla sua composizione, tuttavia, Tolomeo adattò e sviluppò tali ricerche senza apportare modifiche sostanziali. Quello che rese unico il suo lavoro fu la sua teoria riguardante i pianeti, che completò e sviluppò in modo più approfondito rispetto ad Ipparco che ne diede solo un abbozzo. Tolomeo si dedicò a studi astronomici più specifici e creò una mappa delle costellazioni che descrisse nei suoi quattro libri del *Tetrabiblos*. Egli si ispirò alla conoscenza astronomica dei Babilonesi, degli Egiziani e alla dottrina armonica di Pitagora per stabilire i ritmi e i cicli naturali correlati ai movimenti astrali. Adottò un approccio scientifico utilizzando metodi geometrici e di calcolo anziché attribuire valore esoterico alle sue ricerche.

Tolomeo catalogò i pianeti e studiò i loro movimenti nel suo lavoro astronomico, senza tuttavia attribuire loro un significato specifico nel ciclo stagionale o nella vita umana.

Oltre all'astronomiaa sua ricerca astronomica, si interessò anche all'acustica, all'ottica e alla geografia. Nel suo trattato di geografia intitolato Περὶ τῆς γεωγραφικῆς ὑφηγήσεως (pronunciato "Perì tēs geōgraphikēs hyphēgēseōs"), tradotto come: *Trattato di Geografia*, Tolomeo definì i termini "*geografia*" e "*corografia*"[8] e descrisse i metodi utilizzati per creare mappe del mondo conosciuto (ὄικουμένη, pronunciato "oikoumene"). Secondo Tolomeo, *"La geografia è la descrizione imitativa e rappresentativa di tutte le parti conosciute della terra con ciò che generalmente le appartiene"*.[9]

Egli si basò su varie fonti per il suo lavoro di geografia. Una delle fonti principali fu l'esperienza di viaggio di Marino di Tiro,[10]

---

[8] Il termine corografia ha una derivazione greca, composta dalle parole χῶρος (pron. kōros), che significa "luogo", e γράφειν (pron. gráphein), che significa "scrivere". La corografia è uno studio o una descrizione scritta di una regione che mette in risalto sia il suo profilo fisico che antropico.

[9] *"Η γεωγραφια μίμνησις ἐστι διαγραφης του κατειλημμένου της γηςμέρους, μετα των ως επιπαν αύτου συνημμένων"* Da: *Traité de Géographie de Claude Ptolemée d'Alexandrie*, traduit pour la première fois, du grec en français, par M. l'Abbé Halma, Paris, Eberhart, imprimeur du Collége Royal de France, 1828, pp. 15, 16

[10] Marino di Tiro fu un geografo e cartografo del quale non si hanno molte

che aveva visitato molte terre, tra cui la Persia e l'impero romano. Queste informazioni sono riportate nel sesto libro di Tolomeo, intitolato *Περὶ τῆς κατὰ Μαρίνον γεωγραφίας ὑφηγήσεως* (pronunciato "*Perì tēs katà Marínon geōgraphías hyphēgēseōs*"), tradotto come: *Descrizione della terra di Marino di Tiro*.

Ideò un metodo per la divisione in 360 gradi di longitudine e latitudine del mondo conosciuto, concentrandosi sulla parte centrale della superficie terrestre, che andava dalle Colonne d'Ercole (Gibilterra) alla foce del Gange. Nel suo trattato di geografia intitolato *Geographia*, considerò l'immensa massa d'acqua dell'Oceano e propose un sistema di coordinate basato su meridiani e paralleli per la mappatura e la creazione di carte geografiche. Questo sistema forniva un quadro di riferimento per la localizzazione di luoghi sulla superficie terrestre e ha rappresentato una delle prime forme di griglia geografica utilizzate nella cartografia.

Nel suo secondo libro, come riportato nella traduzione italiana della *Geografia* di Gerolamo Ruscelli: *"L'esposizione della più occidental parte d'Europa, secondo le sue provincie. Tavola prima. Ibernia, isola di Brettagna Albione, isola di brettagna. Tavola seconda. Ispagna Betica, Ispagna Lusitania, Ispagna Tarraconese Tavola terza. Celtogallia Aquitania, Celtogallia Lugdunense, Celtogallia Belgica, Celtogallia Narbonense. Tavola quarta. Germania grande. Tavola quinta. Retia. Vindelicia, Norico, Pannonia Superiore, Pannonia inferiore, Illiria Liburnia, Dalmatia"*.[11]

---

informazioni, se non quelle riportate nel *Trattato di geografia* di Tolomeo, dove si parla dei suoi viaggi e delle sue opere.

[11] "L'esposizione della parte più occidentale dell'Europa, suddivisa nelle sue province, inclusa l'Ibernia (Irlanda), l'isola di Britannia (Gran Bretagna), la Spagna Betica, la Spagna Lusitania, la Spagna Tarraconense, la Celtogallia Aquitania, la Celtogallia Lugdunense, la Celtogallia Belgica, la Celtogallia Narbonense, la Germania Magna, la Retia, la Vindelicia, il Norico, la Pannonia Superiore, la Pannonia Inferiore, l'Illiria Liburnia e la Dalmazia".Da: *La Geografia di Claudio Tolomeo Alessandrino*, Nuovamente tradotta dal Greco in Italiano da Girolamo Ruscelli, Al Sacratissimo et sempre felicissimo Imperator Ferdinando I, Con privilegio dell'Illustrissimo Senato Veneto, et d'altri Principi per anni xv, In Venetia Appresso Vincenzo Valgrifi, M.D.LXI, Libro secondo, p. 71

L'innovazione principale nel lavoro di Tolomeo riguardava l'utilizzo della latitudine e della longitudine per individuare i luoghi sulla superficie terrestre. Tolomeo fissò un meridiano di longitudine "0", che servì come punto di riferimento per le misurazioni delle longitudini. Questo sistema di coordinate geografiche, basato sulla latitudine e longitudine, rappresentava un contributo significativo all'astronomia e alla cartografia dell'epoca.

La geografia di Tolomeo

Sviluppò un sistema di estensione terrestre che copriva 180° di longitudine, partendo dalle Colonne d'Ercole (Gibilterra) e arrivando fino alla Cina, e 80° di latitudine, dal Mar Artico all'Etiopia interna con le Montagne della Luna e il percorso del Nilo.

Le misurazioni di Tolomeo effettivamente presentano evidenti errori nella valutazione delle dimensioni della Terra. Egli non considerò i valori più accurati e approssimativi di misura terrestre del suo predecessore Eratostene, che aveva calcolato la circonferenza della Terra in 252.000 stadi, con un errore approssimativo del 10%. Invece, Tolomeo accettò una misura suggerita dal geografo Marino di Tiro, corrispondente a 180.000 stadi, riducendola del 30%. Questa scelta errata portò a un errore di sistema nella determinazione delle longitudini, con notevoli differenze rispetto alla realtà, a differenza delle latitudini. Di conseguenza, Tolomeo commise un errore significativo nella valutazione delle dimensioni della Terra, influenzando il sistema di estensione terrestre da lui adottato.

La teoria di Tolomeo, nonostante le sue imprecisioni, ebbe successo fino al sedicesimo secolo, quando emersero nuove scoperte geografiche e rappresentazioni terrestri più accurate di esploratori come Vasco da Gama, Cristoforo Colombo, Ferdinando Magellano, nonché le opere di cartografi come Abraham Ortelius e Gerardo Mercatore.

Tolomeo si interessò anche di ottica, infatti l'opera: *L'Ottica* è attribuita a Tolomeo; ne parla Eliodoro di Larissa,[12] suo contemporaneo, che fa riferimento all'*Ottica* nella sua opera sopravvissuta fino a noi. Egli riporta che Tolomeo scrisse l'*Ottica* in cui dimostrò *"per via di stromenti che la vista, uscendo dall'occhio, va per linee rette e abbraccia un cono rettangolo"*.[13] "Anche il matematico bizantino Simplicio e Ruggero Bacone menzionano l'Ottica di Tolomeo nelle loro opere, tra cui il trattato: *Perspectiva* di Bacone e *Specula mathematica*.[14]

Sebbene ci siano alcuni dubbi sull'attribuzione dell'*Ottica* a Tolomeo, si può notare che nel primo libro dell'Almagesto, nella traduzione latina, Tolomeo fa riferimento esplicito alla rifrazione, *"In realtà, sembra che vicino all'orizzonte si possa vedere la maggiore grandezza delle stelle, non è la distanza che le rende piccole, ma l'evaporazione al livello degli occhi e quanto sono più sommerse nell'acqua tanto maggiori appaiono"*.[15] dimostrando la sua conoscenza di tale fenomeno.

Inoltre, è da considerare, secondo quanto riportato da Gilberto

---

[12] Eliodoro di Larissa fu un filosofo e retore greco vissuto al tempo di Tolomeo. Scrisse un breve trattato: *Sull'ottica*, in 2 libri,

[13] La pubblicazione *L'ottica di Claudio Tolomeo* è stata scritta da Eugenio Ammiraglio, uno scrittore del XII secolo originario della Sicilia. Questo testo è stato poi ridotto in latino sulla base della traduzione araba di un testo greco imperfetto. La pubblicazione è stata ora resa conforme per la prima volta a un codice della Biblioteca Ambrosiana, grazie alla deliberazione della R. Accademia delle Scienze di Torino. La pubblicazione è stata curata da Gilberto Govi ed è stata stampata dalla reale ditta G.B. Paravia e C. di I Vigliardi a Torino nel 1885. L'introduzione si trova alla pagina III.

[14] *L'ottica* di Claudio Tolomeo, ivi, p. IV

[15] *"Nam quod juxta horizontem major magnitudo stellarum videatur, non distantiae parvitas id facit, sed hujsmodi terra obeuntis evaporatio quum inter visum nostrum et stellas ipsas exhalet, veluti majora in aquis submersa videntur, et quidem tanto majora, quanto profundiora petierint"* L'ottica di Claudio Tolomeo, ivi, p. XI

Govi, che sia Eliodoro di Larissa che Simplicio indicarono come autore dell'*Ottica*, Tolomeo *"senza prenome alcuno"*.[16] Thomas Henri Martin[17] afferma che: *"L'ottica di Tolomeo di cui si ha una traduzione latina incompleta, fatta su due manoscritti incompleti di una traduzione araba, è quella dell'astronomo greco. Aggiungiamo che, malgrado gli errori, che si possono rimarcare, non può essere considerata una delle sue opere meno stimabili"*.[18] Tolomeo nel suo trattato sull'ottica presenta dei prospetti che mostrano uno studio condotto tramite l'immersione di una moneta in un catino d'acqua: *"procedendo quindi alla misura delle rifrazioni"* [19] (Appendice D) *"Per il vetro invece fra gli angoli d'incidenza*[20] *e di rifrazione egli trova le relazioni seguenti*[21]*:* (Appendice E) *"Calcolando l'indice, dell'acqua e del vetro per ciascuno degli angoli dati da Tolomeo, lo si vede crescere dell'angolo minimo d'incidenza fino a quello di 50°, pel quale acquista un valore massimo; questo valore decresce poi fino all'angolo di 80°, al quale si arrestano le tavole di Tolomeo"*.[22] *"...pel passaggio dall'acqua nel vetro Tolomeo dà le relazioni seguenti"*.[23] (Aappendice F)

I suoi calcoli differiscono notevolmente dai calcoli di Snell[24]

---

[16] *L'ottica* di Claudio Tolomeo, ivi, p. XI

[17] Thomas-Henri Martin (Bellême, 4 febbraio 1813 - 9 febbraio 1884) è stato uno studioso della cultura ellenica, storico della scienza e della filosofia, nonché filosofo spiritualista francese.

[18] *"L'optique de Ptolomée, dont nous avons une traduction latine incomplète, faite sur deux manuscrits incomplèts d'une traduction Arabe, est bien celle de l'astronome Grec. Ajoutons que, malgré les fautes, qu'on y remarque, elle n'est pas une de ses œuvres les moins estimables ".* L'ottica di Claudio Tolomeo, ivi, p. XII

[19] L'ottica di Claudio Tolomeo, ivi, p. XXIV

[20] L'incidenza è l'angolo che si forma tra un raggio di luce e la superficie su cui esso cade. In pratica, quando un fascio di luce colpisce una superficie, l'angolo tra il raggio incidente (quello che arriva) e la normale alla superficie (una retta perpendicolare alla stessa) determina l'incidenza. Questo parametro è importante per comprendere come la luce si riflette o si trasmette attraverso i materiali, ed è utilizzato in molte applicazioni tecnologiche, dalla progettazione di finestre e specchi alla realizzazione di dispositivi ottici e sensori.

[21] *L'ottica* di Claudio Tolomeo, ivi, p. XXV

[22] *L'ottica* di Claudio Tolomeo, ivi, p. XXV

[23] *L'ottica* di Claudio Tolomeo, ivi, p. XXVII

[24] Willebrord Snellius, conosciuto anche come Snell, era un matematico e

(che corrispondono alla legge della rifrazione nella forma moderna), come indicato nei valori delle tabelle di Tolomeo. Gli angoli di rifrazione calcolati da Tolomeo per l'acqua e il vetro presentano discrepanze significative rispetto ai calcoli moderni per una vasta gamma di angoli di incidenza.

È corretto affermare che i mezzi di cui disponeva non erano perfetti. Ad esempio, il vetro utilizzato nelle sue esperienze non era ben levigato, e mancavano strumenti matematici come le funzioni trigonometriche per esprimere i suoi risultati in modo preciso. Questi fattori contribuirono all'imprecisione dei suoi calcoli rispetto alle moderne misurazioni più accurate. Tuttavia, è importante riconoscere che i calcoli di Tolomeo erano validi dal punto di vista sperimentale, considerando il contesto storico in cui viveva e le risorse disponibili.

Studiando più a fondo le cognizioni di Tolomeo e considerando i suoi tempi lo si può considerare oltre che un grande astronomo e geografo anche un grande ottico e lo si può ben annoverare tra gli uomini più grandi dell'antichità perché grazie al suo pensiero, parimenti a quello di Pitagora, Talete, Aristotele e altri, si deve l'evoluzione della scienza.

---

astronomo olandese del XVII secolo. È noto principalmente per la sua scoperta della legge di Snell, anche nota come legge di rifrazione, che descrive come la luce si curva quando passa da un mezzo trasparente all'altro. La legge di Snell è ancora ampiamente utilizzata nella fisica e nell'ottica per calcolare l'angolo di rifrazione della luce.

33. Galeno

Claudio Galeno nacque nel 129 d.C. a Pergamo, antica città dell'Asia Minore (oggi Bergama). Suo padre, l'architetto Nicone,[1] volle che frequentasse dapprima le scuole di filosofia, dove studiò Platone, Aristotele, Epicuro ed Euclide. Successivamente, lo indirizzò agli studi di medicina presso il tempio del dio Asclepio nella stessa città di Pergamo. Galeno ebbe diversi maestri che contribuirono alla sua formazione medica. Uno di essi fu Serapione di Alessandria, appartenente alla Scuola Empirica,[2] rinomato per il suo lavoro nel campo della farmacologia. Un altro importante mentore di Galeno fu Satiro di Callatiade, il quale esercitò un'enorme influenza su di lui sia nell'ambito della farmacologia che della terapia farmacologica. È stato grazie a Satiro che Galeno sviluppò una comprensione dettagliata delle piante medicinali e dei loro effetti sul corpo umano. Infine, Pelopeo di Alessandria: che fornì a Galeno una solida base di conoscenze mediche, in particolare nella diagnosi e nel trattamento delle malattie.

Questi tre maestri ebbero un ruolo significativo nello sviluppo e nella formazione di Galeno perché grazie a loro egli acquisì una vasta conoscenza nella teoria e nella pratica medica, che lo resero uno dei medici più rinomati della sua epoca.

Alla morte del padre, lasciò il tempio e iniziò a viaggiare, visitando Smirne e Alessandria, dove si dedicò alla conoscenza e allo studio dell'anatomia e della farmacologia. *"L'orizzonte intellettuale di Galeno, gli elementi del suo sapere, restano così durevolmente segnati dall'esperienza alessandrina"*.[3]

---

[1] *"Nicone, o Nicon di Pergamo, padre di Galeno Principe della Medicina"*. Da Enciclopedia metodica critico-ragionata dell'Abate D. Pietro Zani fidentino, Parma, dalla Tipografia Ducale, MDCCCXXIII, Parte I, Vol. XIV, p. 72

[2] La Scuola empirica, un'antica istituzione medica, fiorì sia nell'antica Grecia che nel mondo romano. I membri di questa scuola, noti come Empirici (dal termine greco "Ἐμπειρικοί"), basavano la loro conoscenza medica unicamente sull'esperienza, contrastando così la Scuola dogmatica. In contrasto con i dogmatici, non ritenevano necessaria la comprensione delle cause e degli elementi primi (terra, acqua, aria e fuoco) per la pratica medica. Ciò che contava non era la causa della malattia, ma ciò che poteva sopprimerla.

[3] *Opere scelte di Galeno* a cura di Ivan Garofalo e Mario Vegetti, Unione Tip. Edit Torinese 1978, p. 13.

Dopo aver acquisito una solida formazione medico-chirurgica a Pergamo e consolidato la sua conoscenza anatomica ad Alessandria, Galeno tornò a Pergamo e divenne medico della scuola dei gladiatori. Per circa quattro anni, acquisì esperienza diretta nella cura delle ferite e dei traumi ossei. La sua reputazione di bravo medico si diffuse nell'ambiente aristocratico romano, grazie anche ai suoi dibattiti pubblici esplicativi di anatomia.

Raggiunse Roma nel 162 d.C., dove divenne famoso come medico e curò molti nobili, tra cui Commodo,[4] Lucio Vero[5] e Settimio Severo,[6] il console Boeto[7] e successivamente l'imperatore Marco Aurelio[8] diventando così il suo medico personale. Nonostante avesse molti avversari e nemici tra i suoi colleghi, Galeno riuscì a proteggersi grazie al suo carattere combattivo e alla sua competenza medica acquisita attraverso l'esperienza. Lasciò Roma nel 166 d.C. a causa di un'epidemia[9] e tornò a Pergamo.

Durante il suo secondo periodo a Roma, egli produsse numerosi scritti medici che divennero disponibili nelle biblioteche pubbliche.

---

[4] Cesare Lucio Marco Aurelio Commodo Antonino Augusto, nato a Lanuvium nel 161 e deceduto a Roma nel 192, è stato un imperatore romano della dinastia degli Antonini. Il suo regno, che si estese dal 180 al 192, ebbe origine da una progenitura dell'imperatore Marco Aurelio.

[5] Lucio Ceionio Commodo Vero, comunemente chiamato Lucio Vero, nacque a Roma il 15 dicembre 130 e si spense ad Altino nel gennaio 169. Egli fu un imperatore romano che condivise il governo con il fratello d'adozione Marco Aurelio, dal 161 fino al momento della sua morte..

[6] Lucio Settimio Severo Augusto, nato a Leptis Magna nel 146 e deceduto a Eboracum nel 211, governò come imperatore romano dal 193 fino al momento della sua morte.

[7] Flavio Boeto rappresentò una figura politica e filosofica nel panorama romano del II secolo. Durante il secondo periodo in cui Galeno fece ritorno a Roma, Boeto fu designato come governatore di Giudea. È proprio grazie a quest'incarico che Galeno ebbe l'opportunità di entrare in contatto con la corte dell'imperatore Marco Aurelio.

[8] Marco Aurelio Antonino Augusto (121-180), famoso con il nome di Marco Aurelio, si distinse come imperatore, ma anche come filosofo e autore romano.

[9] La peste antonina (165-180), denominata in tal modo in virtù del periodo di regno dell'imperatore Antonino Pio, e nota altresì come la peste di Galeno in quanto fu da lui inizialmente descritta, rappresentò una pandemia che potrebbe essere stata scatenata da malattie come il vaiolo o il morbillo. Questo flagello giunse a Roma attraverso le truppe che avevano affrontato i Parti, un gruppo appartenente all'Impero Arsacide, una potenza politica dell'antica Persia.

La sua combinazione di razionalità, conoscenza della natura e dell'uomo, e la sua capacità di interpretare bene la società in cui viveva lo resero famoso e gli permisero di ottenere riconoscimenti professionali anche da altri gruppi medici.

I libri di Galeno, come egli stesso afferma in *Περὶ τῶν ἰδίων βιβλίων* (pronunciato "*perì ton idíon biblíon*"), che in latino diventa *De libris propriis*, erano spesso manomessi e venduti sotto il suo nome. Per preservare l'accuratezza del suo insegnamento dalle errate interpretazioni di altri, scrisse una bibliografia delle sue opere. Egli scrisse: "*Il consiglio che mi desti, ottimo Basso, di redigere un catalogo dei libri da me scritti, si è dimostrato valido nei fatti. Ho infatti visto, nel Sandaliario,*[10] *dove si trova la maggior parte delle librerie di Roma, alcune persone che discutevano se il libro che era in vendita fosse mio o di qualcun altro. L'intestazione era "Galeno il medico". Uno, credendolo mio lo voleva comprare, ma un letterato, colpito dalla stranezza dell'intestazione decise di prendere conoscenza del suo contenuto; appena lette le due prime righe gettò via il libro esclamando solo: "Questo non è lo stile di Galeno: questo libro ha un'intestazione falsa*".[11] Egli curava lo stile inconfondibile delle sue opere, il che giocava un ruolo importante nell'identificare la loro autenticità.

Ha scritto numerose opere, e tra queste, alcune riguardano la fisiologia. Una di esse è *De naturalibus facultatibus* (*Sulle facoltà naturali*), che fa parte della produzione di Galeno durante il suo secondo periodo a Roma, quando era ormai un medico maturo.

Oltre alla sua esperienza medica, egli era noto anche come filosofo e filologo. Riteneva che la conoscenza della filosofia fosse fondamentale per intraprendere gli studi di medicina. L'influenza di Ippocrate, Platone, Aristotele e la sua permanenza ad Alessandria e Pergamo si riflette in tutti i suoi scritti.

La sua fisiologia si basava sul funzionamento degli organi, che si servivano di alimenti attraverso un processo attrattivo o repulsivo della materia accordandosi con il pensiero di Ippocrate, che

---

[10] Il vico Sandaliario, come si trova scritto nel libro: *Descrizzione di Roma antica*, Parte I, La casa di Nerone, di Famiano Nardini, Stamperia di Lorenzo Capponi, Roma, MDCCLXXI, p. 122 - "Nel Vico Sandaliario essere state botteghe di librari nel tempo di Gellio accenna egli nel quarto del 18. libro: *in sandaliario fortè apud librarios fuimus.*"

[11] Ivan Garofalo e Mario Vegetti, op. cit. K. XIX pp. 8-9 - p. 67

ammetteva l'esistenza delle qualità elementari umorali: caldo, freddo, asciutto e umido, e i quattro umori: bile nera, bile gialla, sangue o umore rosso e flegma. Egli considerava il cervello come sede dell'intelligenza e del movimento, il cuore come sede della facoltà vitale e del movimento involontario, e il fegato come sede dell'alimentazione e della facoltà emopoietica.[12]

Inoltre, valutò la concezione degli stoici riguardante lo pneuma come principio ordinatore dei processi naturali e la concezione platonica delle tre anime: l'anima razionale aveva sede nel cervello ed era responsabile del pensiero, l'anima irascibile aveva sede nel cuore ed era generatrice di coraggio e impulsività, e l'anima concupiscibile aveva sede nei visceri ed era generatrice di appetiti sia alimentari che sessuali.

Sostenne, in linea con la visione teologica di Aristotele, che la perfezione degli organi dipendesse dal demiurgo, il creatore, che aveva loro conferito una precisa struttura per adempiere a una funzione rigorosa. Ogni parte del corpo aveva una funzione specifica, e tutte erano correlate grazie al flusso umorale.

Riteneva che la natura (Φύσις) (pronunciato "physis")[13] e la forza (δυναμις) (pronunciato "dynamis") fossero concetti fondamentali per la comprensione della fisiologia. L'anima (ψυχή) (pronunciato "psyké", anima) secondo la tradizione aristotelica e platonica era concepita da Galeno come il principio del movimento della vita e dell'intelligenza, della generazione, della nascita e della riproduzione, che costituiscono la maggior parte della natura "Φύσις".. Inoltre, identificava quattro tipi di forza: vegetativa, vitale, psichica e intellettiva, alle quali si aggiungevano altre forze secondarie come l'attrazione, la configurazione, l'alterazione e l'espulsione, che corrispondevano a particolari organi.

Nel suo libro *De naturalibus facultatibus*, non solo analizza gli organi interni, gli umori e le forze, ma esamina anche l'embriologia. Egli associa le facoltà di alterazione, configurazione ed espulsione al processo di generazione. Spiega che ciò che era

---

[12] L'emopoiesi, conosciuta anche come ematopoiesi, rappresenta il procedimento mediante il quale avviene la creazione e la completa evoluzione degli elementi corpuscolati presenti nel sangue.

[13] *Physis* (Φύσις) è un termine greco che significa letteralmente "*natura*", impiegato dai filosofi presocratici.

inizialmente un semplice seme, quando inizia a generare, subisce alterazioni diventando l'artefice di un'opera d'arte, simile alla cera che un artista utilizza per scolpire una statua.

Sosteneva che la natura, intesa come facoltà generatrice, determinasse le varie parti del corpo come le cartilagini, le ossa e così via. Quando la natura entrava in azione, subito dopo la forza configurativa, dava forma e consistenza a ogni parte corporea in modo che nulla fosse superfluo in questa fase. Successivamente, Galeno considerò la facoltà di crescita, coadiuvata dalla nutrizione, e infine la facoltà espulsiva che si manifestava nel parto.

Le idee di Galeno espresse in *De naturalibus facultatibus* rappresentano una razionalizzazione critica delle teorie espresse dalle diverse scuole mediche precedenti. Egli aderiva alla teoria di Ippocrate e adottava il principio del "*contraria contrariis curantur*" - "*i contrari si curano con i contrari*".[14] Riteneva che l'equilibrio degli umori, che trovano corrispondenza nelle qualità elementari, fosse fondamentale per l'equilibrio salutare (*eucrasia*)[15] mentre uno squilibrio (*discrasia*)[16] generava malattie. Riconobbe la differenza tra il mondo animale e vegetale e basò il suo pensiero sulle prerogative dell'anima e della natura. Egli comprendeva che il modo di percepire del mondo animale era influenzato dall'anima, mentre il mondo vegetale era influenzato principalmente dalla natura.

Per comprendere il ruolo di ogni parte del corpo, Galeno sezionò animali e utilizzò le conoscenze anatomiche ricavate per applicarle al corpo umano. Sebbene abbia riportato alcuni errori di corrispondenza, che successivamente furono corretti e affinati da Vesalio,[17] è importante riconoscere l'importanza del suo studio

---

[14] "*Contraria contrariis curantur*" - "*i contrari si curano con i contrari*" - è un principio terapeutico attribuito a Ippocrate e Galeno. Nel XIX secolo, Samuel Hahnemann, il fondatore dell'omeopatia, lo contrastò con il concetto filosofico del "*similia similibus curantur*" - "*i simili si curano coi simili*". Utilizzando il termine "*allopatia*", Hahnemann fece riferimento alla medicina tradizionale per distinguerla dalla sua prospettiva di "*omeopatia*"..

[15] L'eucrasia, rappresenta l'equilibrio adeguato dei umori all'interno del corpo umano secondo le visioni di Ippocrate e Galeno.

[16] La discrasia, secondo le concezioni di Ippocrate e Galeno, consiste in una disarmonia nell'equilibrio degli umori all'interno del corpo umano..

[17] Andreas van Wesel, noto come Vesàlio (Bruxelles, 31 dicembre 1514 – Zante,

anatomico per l'impostazione pratica che ha dato a questo tipo di conoscenza.

Studiò anche l'occhio degli animali e descrisse la struttura delle sue parti, come la retina, la cornea, i dotti lacrimali, l'umor vitreo e acqueo e il cristallino. Inoltre, secondo il suo sistema fisiologico, il chimo[18] (materia alimentare parzialmente digerita) veniva attirato dal fegato e trasformato in sangue. Il sangue, attraverso la vena cava, si dirigeva verso la zona destra del cuore per passare ai polmoni, dove veniva purificato e nutrito. Una parte del sangue si dirigeva anche nella cavità sinistra del cuore attraverso piccoli canali presenti nella parete divisoria di quest'organo.

Galeno affermava che nelle arterie circolasse sangue e che la dilatazione del muscolo cardiaco dipendesse dal fatto che queste attraggano sia il sangue dalle vene che l'aria esterna attraverso i pori della pelle. Sosteneva che il movimento del sangue e dell'aria esterna attraverso le arterie fosse responsabile della respirazione del corpo e del mantenimento del calore fisico. Questa interpretazione non corrisponde alle attuali conoscenze fisiologiche, che coinvolgono principalmente i polmoni nel processo respiratorio e il sistema nervoso nel controllo della temperatura corporea. Tuttavia, va notato che la comprensione accurata della circolazione sanguigna e del ruolo delle arterie e delle vene venne sviluppata solo dopo i contributi di William Harvey[19] nel XVII secolo.

Riguardo all'azione polmonare, Galeno affermava che essa aveva

---

15 ottobre 1564), fu un anatomista e medico fiammingo, riconosciuto come il pioniere della moderna anatomia. Egli svolse il ruolo di medico di corte durante il regno di Carlo V d'Asburgo e sostenne una rottura netta con l'approccio medico galenico dell'antichità. Vesàlio rinnovò la comprensione anatomica e medica attraverso uno studio dettagliato e scrupoloso del corpo umano, basato sulla dissezione dei cadaveri. Nel 1543, pubblicò *De humani corporis fabrica*, un testo fondamentale nell'anatomia, accompagnato da una serie di disegni e illustrazioni anatomiche.

[18] Il chimo viene generato nello stomaco e subisce l'azione combinata del succo pancreatico, del succo intestinale e della bile, i quali ne neutralizzano l'acidità trasformandolo in un composto basico. Successivamente, durante la fase enterica della digestione, il chimo si trasforma in chilo.

[19] William Harvey è stato un medico britannico che, in qualità di primo scienziato, ha fornito una descrizione accurata del sistema circolatorio umano e delle caratteristiche del sangue che il cuore spinge attraverso tutto il corpo.

la funzione di dissolvere l'abbondanza di calore del cuore e di condurre un'azione purificatrice da tutte le scorie del sangue. Questa concezione potrebbe riflettere le idee mediche dell'epoca, ma non corrisponde alla comprensione moderna della funzione dei polmoni nel sistema respiratorio.

Riuscì a differenziare le emissioni di sangue dalle vie respiratorie (*emottisi*), da quelle espulse dall'apparato digerente (*ematemesi*) e dall'emissione di sangue fuoriuscente dalle cavità nasali (*epistassi*). Questo indica una certa conoscenza delle varie origini del sangue nelle diverse condizioni cliniche.

Identificò circa quaranta tipi di pulsazioni cardiache e sostenne che le cause scatenanti la malattia fossero imputabili sia all'alterazione degli umori o dello pneuma che all'alterazione dei singoli organi. Questa concezione potrebbe riflettere la comprensione dell'epoca riguardo alle cause delle malattie, che coinvolgeva sia i liquidi corporei (*umori*) che i singoli organi.

Era in grado di individuare numerose malattie in base ai sintomi e stabilire una prognosi utilizzando l'analisi delle urine e la palpazione del polso. Questi erano metodi diagnostici comuni nell'antichità e sono stati utilizzati per molti secoli prima dello sviluppo delle moderne tecniche diagnostiche.

Usò la pratica del salasso, che consiste nel prelevare una quantità di sangue dal corpo per scopi terapeutici, era in effetti uno dei rimedi comunemente utilizzati in quel periodo per diverse patologie. Questo approccio terapeutico era basato sulla teoria umorale di Ippocrate, che considerava l'equilibrio degli umori nel corpo come fondamentale per la salute.

Si interessò anche alla farmacologia, studiando l'azione di alcune sostanze medicamentose di origine vegetale, descrivendone la natura e gli effetti sull'organismo. Studiò diverse centinaia di sostanze di origine vegetale, e anche sostanze di origine animale e minerale, al fine di identificare le proprietà terapeutiche di tali sostanze.

Tra i rimedi naturali più diffusi si annovera la Hiera Picra.[20] "...*la*

---

[20] La Hiera picra è una mistura di erbe amare e spezie utilizzata come purgante e tonico. La ricetta comprende cannella, mastice, cassia, asarum, spikenard, storace, zafferano, legno di aloe e doppia quantità di aloe rispetto alle altre erbe e spezie. Questa miscela fu molto popolare nell'antichità e fu ampiamente

hiera picra di Galeno, non cede di dignità ad alcun altro antidoto massimamente nell'indisposizioni dello stomaco, più quando l'aloe è lauato, perciocche è più all'hora confortatiuo, quantunque nel soluere sia più debole. È valorosissima alla soversione, nausea dello stomacho, alle sue infermità, à quelle del capo, del fegato, delle gionture delle reni, della matrice, delle membra, dell'altre parti frigide, caccia l'humidità, putredine in loro generate...".[21]

Inoltre, altri preparati che potevano essere utilizzati includono il diapipereos, preparato con litargirio,[22] diacalcite, hiera semplice, infrigidante, isis, och di cartamo, hydreleo e ocnoleo, come riportato nel libro *"Da il ricettario medicinale necessario a tutti i medici & speziali secondo l'uso dei più eccellenti medici".*[23]

Galeno sosteneva che, per essere un buon medico, era necessario essere anche un filosofo perché le caratteristiche dell'anima influenzano le condizioni del corpo. Pertanto, solo un medico filosofo è in grado di fornire risposte appropriate e razionali per ogni alterazione fisica causata dalla sofferenza e dalla consapevolezza della fine della vita. Ha prodotto molti libri, (Appendice G) ma nel 192 un incendio ha distrutto il Tempio e la Biblioteca della Pace, insieme alle biblioteche del Palatino, bruciando molte opere di Galeno.[24]

---

utilizzata fino al XIX secolo. La ricetta originale di Galeno è stata modificata e adattata nel corso dei secoli, ma l'Hiera picra continua ad essere utilizzata in alcune forme nella medicina alternativa.

[21] Hiera Picra. Delle osservazioni di Girolamo Calestani Parmigiano dettate da peritissimi medici, Parte II, Presso Gio: Antonio Giuliani, in Venegia, MDCXVI, p. 115

[22] Il litargirio è una varietà minerale dell'ossido di piombo che si origina attraverso l'ossidazione del minerale galena, presentando una superficie ricoperta da una patina cristallina.

[23] *Il ricettario medicinale necessario a tutti i medici...* op. cit Tauola E, F, G, H, I, p. 255

[24] Antonio Nibby, Membro ordinario dell'Accademia Romana di Archeologia, descrive nel suo libro *Del Foro Romano, della via Sacra, dell'anfiteatro Flavio e dei luoghi adjacenti*, stampato presso Vincenzo Poggioli Stampatore della R.C.A. nel MDCCCXIX, pp. 192, 193. *"Tutto ciò serva a provare quanto quel Tempio dovè essere magnifico, e ricco di cose di ogni genere, e soprattutto di oggetti di arte. Nè solo qui si limitava la magnificenza sua: ma vi era annessa una biblioteca, dove i letterati tenevano le loro adunanze, e andavano a studiare; e vi era un tesoro di ricchezze particolari, che ivi deponevano come luogo più sicuro, e per la santità, e per essere al coperto da ogni insulto*

Tra le opere di Galeno, quelle più importanti sono: *De demonstratione* (Sulla dimostrazione) - *Anatomicae administrationes* (Procedure anatomiche) - *De naturalibus facultatibus* (Facoltà naturali) - *De temperamentis* (Sui temperamenti) - *De elementis secundum Hippocratem* (Gli elementi secondo Ippocrate) - *De sanitate tuenda* (Sull'igiene) - *De methodo medendi o Methodus medendi* (Sul metodo terapeutico) - *De usu partium* (L'utilità delle parti) - *De arte* (L'arte medica) - *De propriis placitis* (Le mie opinioni).

La figura di Galeno ha dominato la scena medica fino al XIV secolo e le sue opere, quelle rimaste, sono state tradotte in arabo e hanno rappresentato le fonti più importanti e di riferimento per la medicina di Avicenna.[25]

---

de'ladri; e vi era un Foro che dal Tempio prendeva nome di Foro della Pace. Una opera così bella non durò molto tempo; l'anno 191 della era volgare, secondo l'opinione più ricevuta a' tempi di Commodo, poco prima della sua morte vi si attaccò di notte il fuoco, dopo essere avvenuta una leggera scossa di terremoto, sia che un fulmine vi cadesse, sia che di terra uscissero fiamme, tutto intiero arse il Tempio, e insieme con esso le ricchezze, che dentro vi erano, onde molti che quella notte eransi coricati ricchi, la mattina si trovarono poveri."

[25] Ibn Sinā, noto anche come Avicenna, il cui vero nome era Abū ʿAlī al-Ḥusayn ibn ʿAbd Allāh ibn Sīnā o Pur-Sina, è stato un medico, filosofo, matematico e fisico persiano. Tra le sue opere si ricordano *Il libro della guarigione* e *Il canone della medicina*. Per le sue intuizioni scientifiche, è stato una figura molto rispettata sia in Oriente che in Occidente. È stato considerato il padre della medicina moderna.

34. L'avvento dell'Islam

La città di Alessandria d'Egitto, con la sua Biblioteca e il Museo, divenne un importante centro di studio e ricerca durante l'Antica Grecia. Gli studiosi e gli scienziati del tempo potevano condurre le loro ricerche con il sostegno dello stato e beneficiare delle risorse offerte dalla Biblioteca e dal Museo.

Euclide, Tolomeo, Eratostene e Archimede sono stati importanti studiosi e scienziati che si sono distinti ad Alessandria. Euclide è famoso per la sua opera sulla geometria, Tolomeo per la sua concezione dell'universo, Eratostene per le sue misurazioni geografiche e Archimede, prima di trasferirsi definitivamente a Siracusa, per i suoi studi sulla fisica e l'ingegneria.

Quando i Romani portarono a termine la loro conquista, imposero la pratica del diritto in quelle terre, trascurando la scienza per il loro senso pratico. Non avevano bisogno di sapere se la Terra fosse sferica o piatta, o la distanza di essa dal sole o dalla luna; a loro bastava che la luna splendesse di notte per facilitare le loro traversate nel Mediterraneo. Per i Romani, tutto il sapere conservato nella Biblioteca Alessandrina era considerato inutile.

La prima notizia storica della distruzione della Biblioteca di Alessandria risale alla spedizione di Giulio Cesare in Egitto, durante la quale scoppiarono disordini nella città, e un incendio causò la distruzione di buona parte dei libri conservati. Molte sono le ipotesi che confermano tale distruzione, ma è certo che essa fu distrutta parzialmente durante il periodo di Giulio Cesare.

La distruzione totale della Biblioteca di Alessandria è un evento storico dibattuto tra gli storici, e ci sono diverse teorie al riguardo. Alcuni storici sostengono che la distruzione avvenne intorno al 270 d.C., durante i conflitti tra l'imperatore Aureliano[1] e la regina Zenobia di Palmira.[2] Altri attribuiscono la distruzione alla politica

---

[1] Lucio Domizio Aureliano, nato a Sirmio nel 214 e morto a Bisanzio nel 275, fu un imperatore romano che ostacolò l'invasione degli Alemanni e riunificò l'Impero. Egli fece costruire una cinta muraria attorno a Roma e riformò il sistema monetario dell'impero..

[2] Zenobia di Palmira (240-275) fu una regina che governò Palmira in modo indipendente dall'Impero Romano. Per salire al potere, orchestrò la morte del marito Odenato e del figliastro Hairan su consiglio del nipote Meonio. Una volta stabilitasi come sovrana, si autoproclamò Imperatrix Romanorum e si attribuì il

ostile dell'imperatore romano d'Oriente Teodosio,[3] che mostrava avversione verso la cultura greca considerata pagana.

L'editto di Tessalonica del 380 d.C., promulgato da Teodosio, dichiarava il Cristianesimo come la religione ufficiale dell'impero e condannava tutto ciò che non era conforme a essa. Sebbene molti preziosi manoscritti siano stati persi, la Biblioteca sopravvisse anche a Teodosio.

Essa, anche se privata di molti dei suoi preziosi manoscritti, sopravvisse anche a Teodosio, fino a quando nel 642 le truppe arabe comandate da Amr ibn al-ʿĀṣ,[4] conquistatore della Palestina e dell'Egitto, distrussero definitivamente, per ordine del califfo Omar ibn al-Khaṭṭāb,[5] la Biblioteca con i suoi manoscritti. Dopo la conquista da parte degli arabi, la maggioranza degli studiosi si trasferì a Bisanzio, che era diventata la capitale dell'impero romano d'Oriente. In questa città, nel rispetto della religione islamica, gli

---

titolo di: Discendente di Cleopatra. Zenobia si distinse per le sue capacità militari e politiche, riuscendo a controllare un vasto territorio che abbracciava parti dell'attuale Siria, Egitto e Arabia. Tuttavia, fu infine sconfitta e catturata dalle forze romane condotte dall'imperatore Aureliano, e successivamente portata a Roma come prigioniera..

[3] Flavio Teodosio (347-395), nato a Coca, fu un imperatore romano che ebbe un ruolo significativo nell'affermare il Cristianesimo come religione dell'Impero. Grazie alla sua politica, il Cristianesimo divenne la religione di stato dell'Impero, mentre le religioni pagane furono gradualmente soppiantate. Teodosio fu talmente devoto alla fede cristiana da guadagnarsi l'appellativo di Teodosio il Grande tra i fedeli.

[4] Amr ibn al-ʿĀṣ (585-664) fu un influente comandante militare arabo che guidò la vittoriosa conquista musulmana dell'Egitto. Vissuto durante lo stesso periodo di Maometto, si convertì alla sua fede e divenne un assertivo leader militare. È noto per la fondazione della città di Fustat e per l'edificazione della moschea a lui dedicata, considerata una delle prime moschee nell'islam.

[5] Omar ibn al-Khaṭṭāb fu un eminente califfo musulmano il cui giudizio e giustizia sono rimasti rinomati. Durante il suo califfato, l'Impero islamico sperimentò un notevole allargamento territoriale, che comprendeva la conquista dell'Impero sasanide e di significative porzioni dell'Impero bizantino. In un breve lasso di tempo (642-644), Omar ibn al-Khaṭṭāb ebbe il merito di sottomettere la Persia. Un aspetto notevole fu il suo rispetto per la libertà religiosa degli ebrei a Gerusalemme. La sua vita fu spezzata dalla mano di Piruz Nahavandi nel 644. Mentre la tradizione sunnita lo considera un modello di virtù, la tradizione sciita lo osserva in modo più sfumato.

studi proseguirono e si affinarono, e i dotti arabi studiarono il sapere greco-alessandrino, promuovendo la scienza. È vero che gli arabi del califfo Omar incendiarono e distrussero la grande Biblioteca Alessandrina, ma è anche vero che l'atteggiamento ostile alla cultura del tempo non durò a lungo, perché venendo a contatto con le antiche civiltà come quella greca, egiziana e bizantina, a poco a poco ne assimilarono i valori.

L'Islam cercò la sua eredità intellettuale nella Grecia antica, che era considerata una fonte di conoscenza luminosa. Nei grandi centri intellettuali come Baghdad, Samarcanda e Cordova si sviluppò un entusiasmo per la conoscenza passata e i libri della cultura greca, alessandrina e bizantina furono letti e tradotti in arabo. La lingua araba divenne dotta ed espressione di scienza.

La scienza araba si sviluppò nel corso di otto secoli, dall'area del Medio Oriente fino ai califfati spagnoli, e riuscì a influenzare profondamente l'intero territorio europeo. Ciò avvenne attraverso un processo di lavoro ed evoluzione che richiese secoli. Gli interessi culturali dei califfi furono alla base di tale evoluzione. Ad esempio, il califfo Al-Mamun inviò emissari a Bisanzio per acquisire manoscritti originali greci di filosofia e scienza, da tradurre in arabo. Questa iniziativa aveva lo scopo di arricchire la biblioteca Bayt al-Ḥikma (*La Casa della Sapienza*), la principale biblioteca del mondo arabo-islamico, e allo stesso tempo diminuire l'influenza culturale bizantina. I Bizantini erano considerati infedeli e culturalmente inferiori, quindi non erano considerati gli eredi diretti della cultura greca. Grazie all'interesse dei califfi e ai loro sforzi nella traduzione e nell'arricchimento della biblioteca, la scienza araba iniziò a delineare una conoscenza moderna ed evoluta, ponendo fine al pensiero antico.

Il califfo Hakim, sesto Imām fatimide del Cairo, fece erigere la Dār al-Ḥikma (*Porta della Sapienza*) e la dotò di oltre 600.000 libri e di una serie di codici di grande importanza culturale ismailita. Il califfo di Cordova, al-Hakam,[6] costruì anche una biblioteca contenente 500.000 volumi.

---

[6] Al-Ḥakam II ibn ʿAbd al-Raḥmān III, noto anche come Alhakén II, (nato il 13 gennaio 915 a Cordova e morto il 16 ottobre 976 nella stessa città) fu il secondo califfo della dinastia degli Omayyadi. Governò il suo califfato dalla città di Cordova.

Gli Arabi furono affascinati dalle teorie di Tolomeo e tradussero l'opera di Aristarco, contribuendo a costruire un universo più grande di quanto fosse stato immaginato dai precedenti studiosi di astronomia. L'astronomo al-Farghani[7] catalogò 489 stelle e perfezionò la misura della durata dell'anno in 365 giorni, 5 ore e 24 secondi. Inoltre, in opposizione alle teorie tolemaiche, al-Farghani calcolò il valore delle precessioni degli equinozi e stabilì il diametro della luna, inferiore rispetto al sole, spiegando il fenomeno delle eclissi.

Al-Nayrizi[8] commentò Tolomeo ed Euclide e scrisse un trattato sulla sfera armillare,[9] dimostrando il teorema di Pitagora e usando la piastrellatura pitagorica.[10] Al-Razi[11] studiò i procedimenti

---

[7] Abū al-'Abbās Aḥmad ibn Muḥammad ibn Kathir al-Farghānī (800/805-870) fu un astronomo musulmano che operò alla corte abbaside di Baghdad. È considerato uno dei più famosi astronomi del IX secolo, avendo calcolato il diametro terrestre e la lunghezza dell'arco di meridiano. Tra le sue opere si annoverano: *Compendio della scienza delle stelle* e *Elementi di astronomia sui moti celesti*, entrambe basate sulla dottrina tolemaica.

[8] Abū'l-'Abbās al-Faḍl ibn Ḥātim al-Nairīzī (865-922) è stato un matematico e astronomo persiano, noto per i suoi commenti su Tolomeo ed Euclide, che furono tradotti in latino da Gerardo di Cremona. Ha anche scritto un libro sui fenomeni atmosferici e un trattato sull'astrolabio sferico, diviso in quattro libri. Inoltre, è famoso per aver dimostrato il teorema di Pitagora utilizzando la piastrellatura pitagorica.

[9] L'astrolabio sferico, noto anche come sfera armillare, è un dispositivo che rappresenta la sfera celeste, originariamente concepito da Eratostene nel 255 a.C. È costituito da anelli metallici chiamati armille, ciascuno dei quali rappresenta uno dei circoli immaginari della sfera celeste. Le armille fisse corrispondono al meridiano e all'orizzonte, mentre quelle mobili indicano l'equatore, l'eclittica e i coluri solstiziali, seguendo il moto apparente quotidiano delle stelle. I coluri, che sono linee immaginarie della sfera celeste, si dividono in due tipi: il coluro equinoziale e il coluro solstiziale. Entrambi attraversano i poli celesti, ma il primo attraversa i punti equinoziali e il secondo i punti solstiziali.

[10] La piastrellatura pitagorica è una particolare disposizione di quadrati su un piano euclideo, che consiste in due tipi di quadrati di dimensioni diverse, disposti in modo che ogni quadrato tocchi esattamente quattro quadrati dell'altro formato sui suoi quattro lati.

[11] Abu Bakr Muhammad ibn Zakariyya al-Razi (Rey, 854 – Rey, 930) è stato un filosofo, medico e alchimista persiano. Scrisse opere riguardanti problemi filosofici, di logica, grammatica e astronomia. Grazie ai suoi studi, apportò importanti progressi nel campo medico e fu un sostenitore della medicina sperimentale. Tra le sue opere, ci sono scritti sul vaiolo, il morbillo e la scoperta

medici greci e scoprì l'impiego dell'alcool per la disinfezione medica, diventando un chimico di grande pregio, a lui si deve la preparazione dell'acido solforico. Scrisse su diversi argomenti di carattere alchemico e scientifico, e esercitò l'arte medica presso l'ospedale di Rayy, una città della provincia di Teheran, e a Baghdad, dove gli fu affidata la direzione dell'ospedale al-Muqtadarī. Infine, al-Biruni[12] studiò la proiezione azimutale,[13] migliorò la misura fatta da Eratostene riguardante il calcolo del raggio terrestre e scrisse libri su temi astronomici, matematici e geografici.

Occorre menzionare Al-Khazini,[14] autore del libro *Kitāb mīzān al-ḥikma*, ovvero *Il libro della bilancia del sapere*, in cui si occupò di meccanica, idrostatica e di pesi specifici, spiegando l'uso di aerometri per la misura della densità dei liquidi. Ibn Sinā meglio conosciuto come Avicenna, fu il massimo esponente della medicina persiana che rielaborò e completò la medicina ippocratica e galenica, scrivendo il *Canonis medicinae* in cui spiegò le condizioni del corpo umano nello stato di infermità e salute.

Il *Canonis* è un'opera in cinque volumi in cui Avicenna analizzò le cause di diverse malattie, come la tisi e la pleurite, descrivendo i rimedi e sottolineando l'importanza della dieta e l'influenza dell'ambiente sulla salute. Inoltre, Avicenna è anche considerato un importante filosofo arabo grazie al suo lavoro A*l-Ilāhiyyāt* o *Scienza delle cose divine*, che lo posizionò accanto al *Corpus Aristotelicum* come uno dei principali punti di riferimento filosofici.

---

di molte sostanze chimiche come l'alcool e il cherosene.

[12]Abū al-Rayḥān Muḥammad ibn Aḥmad al-Bīrūnī (Corasmia, 973 – Ghazna, 1048) è stato un filosofo, matematico e scienziato persiano che ha apportato importanti contributi allo sviluppo della medicina, dell'astronomia e delle scienze in generale.

[13] La proiezione azimutale equidistante è un metodo cartografico in cui un punto geografico selezionato come centro mantiene le proprietà dell'angolo (azimut) e della distanza rispetto alle altre aree. Gli altri punti sulla Terra vengono rappresentati sulla mappa in modo proporzionale rispetto alla loro posizione relativa a questo centro. Questa proiezione si ottiene proiettando i punti terrestri su una superficie piana che è tangente alla Terra.

[14] Abū l-Fatḥ ʿAbd al-Raḥmān al-Khāzinī (1115-1155) fu un astronomo e fisico bizantino che si convertì all'Islam. Egli scrisse il *Libro della bilancia del sapere*, un'opera di grande importanza per quanto riguarda la meccanica e l'idrostatica.

35. Il Medioevo

Durante il periodo medievale, che va dal 476 d.C. con la caduta dell'Impero Romano d'Occidente al XV secolo con la scoperta dell'America, si verificarono una serie di eventi significativi. Le invasioni barbariche, che si susseguirono nel corso dei secoli, portarono alla fine dell'Impero Romano d'Occidente e alla formazione di regni misti in diverse parti d'Europa, in cui la civiltà romana e quella barbarica interagirono.

Tra i vari regni che emersero, i Franchi furono in grado di creare un regno autonomo che esercitò una grande influenza su tutto il territorio europeo. Clodoveo,[1] uno dei re franchi, comprese l'importanza di una buona relazione con la Chiesa per consolidare il proprio potere, ottenendo l'appoggio dei vescovi che avevano autorevolezza sulle popolazioni gallo-romane.

Successivamente, Carlo Martello, nipote di Clodoveo, sconfisse gli arabi a Poitiers e gettò le basi per l'ascesa dell'impero franco.

Questo processo fu portato a termine da Carlo Magno,[2] che sconfisse gli arabi in diverse occasioni e unificò il regno dei Franchi, che assunse il nome di Sacro Romano Impero.

È importante notare che l'Impero Romano d'Oriente, noto come Impero Bizantino, si concentrò principalmente sul suo territorio

---

[1] Clodoveo (o Clodovico), nato intorno al 466, fu il secondo sovrano della dinastia dei Merovingi nel regno dei Franchi Sali. Governò dal 481 (o 482) fino alla sua morte avvenuta il 27 novembre 511, a Parigi.

[2] Carlo Magno, nato il 2 aprile 742 a Seligenstadt, Germania, e deceduto ad Aquisgrana il 28 gennaio 814, fu un illustre sovrano che ricoprì il ruolo di re dei Franchi e imperatore del Sacro Romano Impero. Discendente di Pipino il Breve e Bertrada di Laon, egli salì al trono nel 768, iniziando un regno destinato a plasmare profondamente l'Europa medievale. Le sue imprese militari ebbero un impatto significativo sulla geografia politica dell'epoca. Attraverso la sua guida, Carlo Magno riuscì a sottomettere il regno longobardo e ad estendere il dominio dei Franchi su gran parte dell'Europa occidentale. Il suo regno divenne un punto di riferimento per l'unificazione politica e culturale di varie regioni. L'evento più iconico della sua vita avvenne nella mattina di Natale dell'anno 800. In quella data, Papa Leone III lo incoronò imperatore dei Romani, segnando l'inizio di una nuova era nell'Europa medievale. Questo riconoscimento sancì la sua posizione come una figura di grande potere e prestigio, unendo la sua autorità imperiale alla sua eredità come sovrano dei Franchi.

nell'area mediterranea orientale e non intraprese una conquista diretta dei regni romano-barbarici d'Occidente.

Durante il regno di Carlo Magno, si ebbe una forma embrionale del feudalesimo, caratterizzata dalla suddivisione dei territori in piccole e grandi signorie che dipendevano dall'impero carolingio.

Carlo Magno riconobbe l'importanza della cultura per il mantenimento del suo impero e promosse il patrocinio delle arti e delle scienze, tra cui la fondazione dell'Accademia Palatina[3] ad Aquisgrana. Tuttavia, il feudalesimo si sviluppò in modo graduale nel corso dei secoli successivi, non essendo interamente attribuibile a Carlo Magno.

Nel X secolo si diffuse un senso di timore per la fine del mondo, alimentato da diverse influenze culturali dell'epoca a cui contribuì anche se non specificamente il Vangelo di Matteo. [4] Durante questo periodo, si verificarono importanti sviluppi in vari campi. Si assistette alla crescita dei monasteri, allo scisma tra la Chiesa occidentale ed orientale, all'aumento demografico, alla creazione di scuole e ad un rinnovato interesse per l'agricoltura. Questi cambiamenti si verificarono in modo più complesso e progressivo nel corso dei secoli successivi.

Durante questo periodo, si assistette anche al conflitto per il potere tra la Chiesa e l'Impero, che si concluse con il Concordato di Worms, sottoscritto nel 1122 in cui l'imperatore rinunciò al diritto di investire i vescovi con l'anello e il bastone pastorale, cedendo tale facoltà esclusivamente al Pontefice. Cadde il potere spirituale dell'imperatore, che mantenne solo quello temporale. La Chiesa assunse anche il compito di controllare le consuetudini del clero eliminando il concubinato e combattendo la simonia.

Durante il pontificato di Papa Innocenzo III,[5] la Chiesa avviò

---

[3] L'Accademia Palatina fu un cenacolo di intellettuali fondata da Alcuino di York, Eginardo e Paolo Diacono. La sua sede fu presso la corte di Carlo Magno ad Aquisgrana. In questo ambiente si fondò una cultura di estrazione classica e di grande originalità.

[4] Vangelo di Matteo: *Vi sarà allora una tribolazione grande (...) il sole si oscurerà, la luna non darà più la sua luce, gli astri cadranno dal cielo e le potenze dei cieli saranno sconvolte. In verità vi dico: non passerà questa generazione prima che ciò accada.*" (Matteo, 24)

[5] Innocenzo III. Tra il XII e il XIII secolo, si ebbe uno dei papi più influenti del Medioevo, salito al soglio pontificio nel 1198. È noto per aver sostenuto l'idea

una dura repressione delle eresie, adottando metodi coercitivi. La Chiesa sostenne la sua autorità come derivante direttamente da Dio. Si verificarono episodi di distruzione delle chiese dei catari e vennero istituite corti inquisitorie permanenti composte da giudici selezionati tra i frati Predicatori e Minori.

A partire dal periodo di Carlo Magno, la Chiesa svolse un ruolo dominante anche nella cultura; si dedicò al notevole lavoro di diffusione e copiatura di antichi testi greci e latini tramite l'impeccabile lavoro degli amanuensi dei monasteri. Si crearono biblioteche che ospitavano libri di letteratura, filosofia, matematica, astronomia, scienze naturali e altri ambiti di conoscenza. Nel corso del tempo, questi centri culturali si organizzarono in associazioni di insegnanti e studenti, dando così origine alle università. Nel XI secolo, fu fondata l'Università di Bologna, riconosciuta come la più antica d'Europa.

Gli studiosi dell'epoca medievale erano profondamente influenzati dai dogmi cristiani, dedicando gran parte dei loro studi alla filosofia e alla teologia. Ad esempio, S. Agostino (Appendice H) cercò analogie tra l'antichità pagana e la dottrina cristiana, mentre S. Girolamo (Appendice I) attribuì un grande valore culturale ai testi antichi, se interpretati da una prospettiva religiosa.

Per quanto riguarda la scienza, molti ostacoli di natura religiosa si opposero al suo sviluppo. I razionalisti sostennero che la ricerca della verità dovesse avvenire attraverso il puro ragionamento, anche se astratto. Gli empiristi, come Ruggero Bacone (Appendice L), invece, sostenevano che la verità fosse insita nella realtà stessa

---

che il pontefice dovesse avere sia il potere spirituale che temporale, mentre i sovrani avrebbero dovuto limitarsi al potere temporale. Questo concetto di supremazia papale è stato uno dei punti chiave del suo pontificato. Dal punto di vista religioso, Innocenzo III si oppose ai musulmani e agli eretici, promuovendo la cristianizzazione nelle terre orientali. Sostenne la crociata contro i musulmani in Spagna, che si concluse con la vittoria dei cristiani nel 1212, e incoraggiò l'opera di cristianizzazione in Prussia e nelle regioni baltiche. Sostenne anche la crociata contro gli Albigesi, un movimento eretico nel sud della Francia. Innocenzo III convocò il IV Concilio Lateranense nel 1215, un concilio ecumenico importante che affrontò diverse questioni dottrinali ed ecclesiastiche. Durante il concilio, furono promulgate leggi per combattere l'eresia e fu ribadita la supremazia spirituale del Papa.

e dovesse essere scoperta attraverso l'indagine.

La religione costituiva il fulcro dell'universo medievale, e solo pochi studiosi cercarono di conciliare la scienza con la fede. Tra questi si possono citare Gerberto di Aurillac e Tommaso d'Aquino (Appendice M), che riuscirono a combinare il pensiero aristotelico con i principi del pensiero cristiano dell'epoca.

La separazione tra fede e ragione si manifestò con Guglielmo da Ockham, il quale sosteneva che la scienza derivava dall'esperienza e dalla ragione, mentre la fede era un'esperienza fenomenica che non apparteneva alla sfera della razionalità. Nel frattempo, la Chiesa accettò la fisica di Aristotele e condannò Galileo e Copernico per le loro teorie che contrastavano con il pensiero dell'antico filosofo greco.

Nonostante ciò, la conoscenza scientifica fece dei progressi, seppur relativi, mediante le traduzioni degli antichi testi greci, l'apprezzamento per la filosofia della natura di Platone e gli studi arabi sull'alchimia, sull'ottica, sulla fisica e sulla medicina.

Durante l'intero periodo medievale, in Europa emerse un crescente interesse per la filosofia della natura per mezzo della conoscenza degli scritti antichi. In particolare, Platone e il suo idealismo divennero oggetto di studio. La Scuola di Chartres[6] si dedicò a una ricerca basata sull'osservazione diretta dei fenomeni attraverso un metodo sperimentale, considerato l'unico approccio per concretizzare le leggi ideali. Questa separazione tra l'indagine scientifica e le ipotesi astratte portò allo sviluppo di una cultura antiecclesiastica, indipendente dal dogma religioso.

Gli scienziati arabi apportarono un notevole impulso alla fisica sperimentale. Studiarono attentamente l'accelerazione della caduta dei corpi, superando così la teoria aristotelica. Scoprirono che una forza costante generava un movimento accelerato e che tale forza perdeva la sua dinamica a causa della "*gravitas*". Ciò costituì la base per la futura creazione della meccanica e della dinamica. Nel periodo medievale si ebbero anche importanti innovazioni tecniche, come la bussola che sostituì l'astrolabio e fu introdotta in Europa dagli Arabi nel basso Medioevo, e l'orologio che sebbene

---

[6] La Scuola di Chartres nacque alla fine del X secolo, promossa dal vescovo Fulberto. Fu un importante centro educativo che si distinse per la sua enfasi sulla combinazione della teologia cristiana con il pensiero platonico.

impreciso, sostituì la meridiana e la clessidra intorno al 1200, offrendo all'uomo la possibilità di misurare e gestire il tempo.

π ⚗

36. Gerberto d'Aurillac

Gerberto di Aurillac nacque in Auvergne, una regione della Francia centrale. All'età di tredici anni, entrò nel monastero benedettino di San Gerald ad Aurillac, che seguiva regole molto rigide e dipendeva direttamente dal papa. Esperto di astronomia, matematica e musica, insegnò queste materie con grande competenza e guadagnò ammirazione tra i suoi studenti. La sua vita fu dedicata sia alla pastorale che alla ricerca scientifica. Fu una figura significativa nel contesto della conoscenza sperimentale del suo tempo. Le sue conoscenze e abilità furono all'avanguardia rispetto ai suoi contemporanei, che spesso non riuscivano a comprendere il suo talento e lo considerarano erroneamente un mago. Tuttavia, ciò che è più importante riguardo a questo uomo è la conoscenza della sua personalità e dei suoi studi.

Secondo quanto riportato in: *The letters of Gerbert with his papal privileges as Sylvester II*[1] tradotte da Harriet Pratt Lattin, Gerberto fu colui che introdusse elementi di scienza araba nella cultura latina. Questo fu reso possibile per mezzo della sua formazione nel monastero di San Gerald ad Aurillac e all'insegnante Raymond di Lavaur, che lo istruì nella grammatica latina e gli fornì tutte le abilità incluse nel "*trivium*".[2] Gerberto rimase a San Gerald fino al 967, quando il conte Borrell II, colpito dalla sua cultura, chiese all'abate il permesso di farlo recare a Vich in Catalogna per approfondire i suoi studi.

Gerberto dimostrò una notevole predisposizione all'apprendimento, che lo rese un candidato ideale per un'educazione più approfondita. Di conseguenza, l'abate del monastero di San Gerald, ritenendolo adatto allo studio del "*quadrivio*",[3] concesse il permesso richiesto dal Conte Borrell. A

---

[1] Harriet Pratt Lattin, *The letters of Gerbert with his papal privileges as Sylvester II*, Columbia University Press, New York, MCMLXI

[2] Il trivium rappresentava il modello formativo dell'epoca medievale finalizzato ad istruire gli allievi nelle arti liberali. Le discipline che lo costituivano erano la Grammatica latina, la Retorica - ovvero l'arte di comporre un discorso e di parlare in pubblico - e la Dialettica. Il filosofo della tarda latinità Marziano Capella, invece, si dedicò alla classificazione delle tipologie di conoscenza umana.

[3] Il quadrivio era l'insegnamento tipico del periodo medievale che completava la

Vich, Gerberto divenne discepolo di Attone, vescovo di Vich, che lo istruì nelle scienze matematiche. Secondo quanto riportato in *The letters of Gerbert with his papal privileges as Sylvester II* tradotte da Harriet Pratt Lattin, "*...acciò vi attenesse una più estesa e perfetta istruzione. Attone, vescovo di Vich (Ausonum) fu suo maestro e da lui venne iniziato nella sapienza degli Arabi, ed acquistò quelle cognizioni matematiche e astronomiche che lo resero così ammirando ai suoi contemporanei*".[4]

Successivamente, Gerberto si trasferì nell'Abbazia di Santa Maria di Ripoli, dove ebbe l'opportunità di consultare e studiare numerosi testi antichi. Questa abbazia era un importante centro di scambio culturale tra il mondo arabo e cristiano e un luogo di traduzione di molti manoscritti antichi in lingua araba. Qui, Gerberto entrò in contatto con i numeri arabi, che notevolmente arricchirono la sua competenza matematica, tramite l'insegnamento di Attone. Inoltre, Gerberto studiò la filosofia di Macrobio,[5] Marziano Capella,[6] Boezio, (Appendice N) Isidoro di Siviglia[7] e la musica degli inni catalani.[8] Si spostò anche a

---

formazione scolastica degli allievi sulle arti liberali, insieme al trivio. Il quadrivio comprendeva quattro discipline: aritmetica, geometria, astronomia e musica, che venivano accostate alla teologia e alla filosofia. Assieme al trivio, costituivano le sette discipline fondamentali degli studi medievali. Questa suddivisione del sapere umano in tipologie fu elaborata dal filosofo della tarda latinità Marziano Capella.

[4] *Gerberto o sia Silestro II Papa e il suo secolo* del Dottore C.F. Hock – Traduzione dal tedesco del Dottore Gaetano Stelzi, in Milano presso Giovanni Resnati librajo, MDCCCXLVI, Capitolo I, pag. 5

[5] Ambrogio Teodosio Macrobio (circa 390 – circa 430) è stato un importante scrittore e filosofo romano del V secolo, noto per il suo contributo alla filosofia neoplatonica. Fu uno studioso di astronomia e sosatenne la teoria geocentrica.

[6] Marziano Minucio Felice Capella, vissuto tra il IV e il V secolo, fu uno scrittore latino. Il suo trattato didattico: *De nuptiis Philologiae et Mercurii* ebbe un grande successo nelle scuole formative medievali.

[7] Isidoro di Siviglia (circa 560 - 636) fu un teologo e arcivescovo spagnolo che durante il suo arcivescovato promosse la conservazione della cultura antica occidentale, che rischiava di scomparire a causa di problemi politici e sociali. Organizzò dei concili per salvaguardare la liturgia spagnola e gli fu conferito il titolo di "Doctor egregius". Inoltre, scrisse numerose opere riguardanti argomenti culturali, scientifici e teologici..

[8] Gli innari sono raccolte di inni che fanno parte della liturgia e delle preghiere cristiane.

Cordova per approfondire le sue conoscenze scientifiche.

La formazione culturale di Gerberto fu influenzata non solo dalle conoscenze arabe, ma anche dal rispetto e dall'adesione alle regole benedettine. Queste regole non negavano l'uso dei metodi arabi per determinare gli orari del giorno e della notte, né la conoscenza delle stelle fisse per stabilire gli orari precisi per le celebrazioni del culto canonico. Gerberto fu affascinato dall'astronomia e dalla matematica araba, che ebbe modo di approfondire in Catalogna, dove acquisì molti strumenti astronomici e una vasta collezione di manoscritti che fecero parte della sua biblioteca. Tra questi vi era una copia dell'*Introduzione all'Aritmetica* di Nicomaco[9] e la *Geometria di Boezio* compilata nel XI secolo, opere che ebbero una grande influenza nella stesura del suo libro *De geometria*.

Dalle lettere inviate da Gerberto a Costantino de Fleury e a Remy, monaco di Trier,[10] emerge il suo profondo interesse per la matematica. La scienza e la conoscenza matematica fiorirono in Europa per mezzo degli stimoli provenienti da Carlo Magno e all'incontro tra la civiltà araba e cristiana. Gli Arabi ereditarono la scienza greca e persiana, traducendo numerosi testi antichi nella loro lingua. Inoltre, attraverso i loro scambi commerciali, entrarono in contatto con la civiltà indiana e cinese, assimilando molte delle loro usanze e dei loro studi. Gli scienziati arabi furono tenuti in grande considerazione nel campo culturale e l'Al-Andalus,

---

[9] Nicomaco, (in greco, Νικόμαχος – pron nikómaxos) fu un filosofo greco, figlio di Aristotele. Secondo la Suda, enciclopedia storica scritta in greco bizantino, egli fu allievo di Teofrasto e suo amante. "Νικόμαχος, Σταγειρίτης, φιλόσοφος, υἱὸς μὲν Ἀριστοτέλους τοῦ φιλοσόφου, μαθητὴς δὲ Θεοφράστου, ὡς δέ τινες καὶ παιδικά. ἔγραψεν Ἠθικῶν βιβλία # 2 #, καὶ περὶ τῆς φυσικῆς ἀκροάσεως τοῦ πατρὸς αὐτοῦ" – "Da Stageira; [1] *un filosofo, figlio di Aristotele il filosofo*; [2] *un allievo di Teofrasto e, come alcuni [dicono] anche il suo amante.* [3] *Ha scritto Etica in sei libri* [4] *e [un commento] sulle lezioni di suo padre in fisica.*" Parola chiave: Νικόμαχος, numero Adler: nu, 398, Parole chiave tradotte: Nikomachos, Nikomakhos, Nicomachus da: Tony Natoli il 3 marzo 2003-15: 51: 22.

[10] Harriet Pratt Lattin, op. cit.
Lettera 3, ivi, p. 39
Lettera 4, ivi, p. 41
Lettera 5, ivi p. 43
Lettera 6, ivi, p.44
Lettera 7, ivi, p. 45
Lettera 160, ivi, p. 189

l'attuale Andalusia, divenne una delle regioni più vivaci in termini di cultura. Nell'Al-Andalus, furono condotti studi avanzati di astronomia utilizzando l'astrolabio per mappare i cieli e attribuendo alle stelle nomi appartenenti alla loro lingua, come ad esempio Aldebaran, Sirius, Altair, Rigel, zodiaco, almanacco, zenith, azimuth e così via. Inoltre, gli Arabi introdussero lo zero degli Indiani nell'aritmetica e lo utilizzarono nei loro calcoli, aprendo così le porte alla matematica moderna. Dalla Cina, invece, presero l'abaco, diventando abili utilizzatori per i calcoli commerciali e sviluppando concetti algebrici mediante la conoscenza dei numeri primi e delle equazioni. Questa vivacità intellettuale venne assimilata da Gerberto, contribuendo alla sua formazione.

Quando Attone e il Conte Borrell decisero di recarsi a Roma per chiedere al Papa Giovanni XII l'elevazione di Vich a sede metropolitana,[11] portarono con loro anche Gerberto, la cui erudizione colpì positivamente il papa. In seguito, Gerberto si trasferì nell'Abbazia di Reims, dove studiò l'astronomia di Boezio e si impegnò nella riforma e nel restauro dell'abbazia. Durante il suo soggiorno a Reims, costruì un organo con una pressione autonoma costante generata da forza idraulica, che presentava una disposizione matematica dei tubi per ottenere un'armonia di livello superiore rispetto agli organi tradizionali che richiedevano l'uso di un mantice. Gerberto aveva una conoscenza approfondita dei numeri arabi, che gli permetteva di effettuare complessi calcoli mentali, risultando più efficiente rispetto al vecchio sistema dei numeri romani. Costruì anche un grande abaco nell'Abbazia di Reims, che gli consentiva di eseguire calcoli con numeri di dimensioni sempre più grandi e piccole rispetto alle capacità offerte fino a quel momento.

Gerberto era un uomo rinomato e celebre per la sua vasta conoscenza. A Reims, iniziò la sua carriera di insegnante su richiesta dell'arcivescovo Adalberone, impartendo le arti liberali. Utilizzando la sua erudizione, introdusse nuovi metodi didattici.

---

[11] La Sede metropolitana è un'entità della Chiesa cattolica che rappresenta una provincia ecclesiastica costituita dall'unione di più diocesi. Il territorio che comprende un'arcidiocesi viene definito "metropolitano" e il suo arcivescovo viene chiamato "metropolita".

Era convinto che la formazione degli studenti dovesse essere completa e che tale completezza potesse essere raggiunta solo attraverso una solida base culturale greca, che era essenziale per la comprensione teologica.

Promosse l'aspetto pratico rispetto alla teoria e introdusse la figura di un sofista durante le lezioni, consentendo agli studenti di rivolgere direttamente domande per stimolare dibattiti verbali e sviluppare l'abilità della discussione. Il suo approccio didattico si basava sull'adattare l'insegnamento agli studenti, anziché il contrario, facendone un precursore delle moderne teorie didattiche. Il suo approccio sperimentale si estese a tutti i campi del sapere. Nell'insegnamento della matematica, fornì ai suoi allievi l'abaco; in astronomia, utilizzò l'astrolabio; e costruì una sfera rotante per familiarizzare i suoi studenti con la posizione delle stelle fisse. Inoltre, nell'ambito della musica, fece uso del monocordo. [12]

Scrisse libri di testo per i suoi allievi che ebbero un impatto significativo sulla conoscenza matematica nelle scuole occidentali. Tra questi, si annoverano il *Liber de astrolabio* e *De divisione cum abaco*, che divennero punti di riferimento fondamentali. Scrisse anche il *De mensura fistolarum*, un trattato che trattava delle canne dell'organo.

Il rapporto diretto tra maestro e discepolo, mirato a soddisfare la curiosità degli allievi e a risolvere immediatamente le questioni di conoscenza, anche a distanza attraverso lettere didattiche, dimostrò la disponibilità del docente nell'ascoltare attentamente le esigenze dei suoi studenti desiderosi di apprendere. Tuttavia, questa modalità didattica fu criticata da altri insegnanti. In particolare, Otrico di Magdeburgo accusò Gerberto di attribuire troppa importanza alla matematica nella fisica e di mescolare gli aspetti umani con quelli divini.

La disputa sulla natura della filosofia e della fisica, come riportato da Germana Gandino in *Contemplare l'ordine*, ebbe luogo nell'anno 980. *"Egli narra che nel corso dell'anno 980,*

---

[12] Il monocordo, come suggerisce il termine stesso, è uno strumento composto da una sola corda. Il termine "monocordo" deriva dal greco e significa "strumento a corda unica", anche se alcuni monocordi hanno più corde con la stessa accordatura. Si ritiene, come afferma Boezio, che questo strumento sia stato inventato da Pitagora. È stato ampiamente utilizzato durante il periodo medievale per la verifica sperimentale dell'armonia.

Otrico maestro di Magdeburgo, aveva ritenuto errate alcune posizioni di Gerberto in tema di partizione della filosofia. Si era poi recato al seguito dell'Imperatore Ottone II e, in Italia, aveva incontrato Gerberto, a sua volta al seguito dell'arcivescovo Adalberone di Reims. L'imperatore aveva deciso di far discutere ai due maestri la questione filosofica: per questo aveva fatto confluire nel suo palazzo di Ravenna "omnes sapientes" intorno a lui convenuti e "numerus quoque scolasticorum non parvus" ansiosi di vedere "imminentem disputationis litem".[13]

Gerberto emerse vincitore su Otrico, guadagnandosi non solo la stima di Ottone II, ma anche la nomina ad Abate di Bobbio. Tuttavia, questa nomina fu di breve durata a causa della morte di Ottone. Tornato a Reims con il titolo di Abate di Bobbio, Gerberto continuò ad insegnare nella Scuola della Cattedrale, rimanendo fedele alla Chiesa di Roma. La sua coerenza anche in questioni politiche gli valse l'apprezzamento del Papa Gregorio V, che lo nominò arcivescovo di Ravenna. Tuttavia, nel 999, Papa Gregorio morì e Gerberto, con il nome di Silvestro II, venne eletto Papa da Ottone III. Il suo pontificato durò soltanto quattro anni, ma durante questo breve periodo le discipline del quadrivio, inclusa la matematica, furono integrate nel "*curriculum studiorum*" delle scuole e delle emergenti università, dando un impulso fondamentale alla conoscenza matematica e alla sperimentazione scientifica. Questo segnò le basi per lo sviluppo dell'istruzione accademica e della scienza moderna.

Gerberto/Silvestro II scrisse diversi libri di matematica, tra cui il *Libellus de numerorum divisione*, *De geometria*, *Epistola ad Adelbodum*, *De sphaerae constructione*, *Libellus de rationali et ratione uti*, *Regula de abaco computi*, *Liber abaci* e *De commensuralitate fistularum et monocordi cur non conveniant*. Inoltre, scrisse libri ecclesiastici come: *Sermo de informatione episcoporum* e *De corpore et sanguine Domini* e pubblicò diverse lettere, tra cui le *Epistolae ante summum pontificatum scriptae* e le *Epistolae et decreta pontificia*".[14]

---

[13] Germana Gandino, *Contemplare l'ordine*, Liguori editore, Napoli, 2004, p. 172

[14] Scritti di Papa Silvestro, wikipedia.org

37. Gugliemo da Ockham

Guglielmo da Ockham (Ockham 1285 - Monaco di Baviera 1347) entrò nell'Ordine francescano in giovane età e studiò a Oxford, dove successivamente insegnò Logica e Teologia fino al 1324. Durante il suo periodo di insegnamento, scrisse numerosi libri, tra cui: *In libros Sententiarum* (un commento alle Sentenze di Pietro Lombardo), *Summa aurea super artem veterem Aristotelis, Expositio in librum Porphyrii de Praedicabilibus* e *De sacramento altaris*. Alla fine del suo soggiorno ad Oxford, scrisse anche la *Summa logicae*.

A causa del suo rigore filosofico e delle sue idee sull'ordine francescano, Guglielmo fu accusato di sostenere teorie sospette e fu convocato ad Avignone[1] per essere sottoposto a un esame da parte della commissione antieretica. Infatti, egli sosteneva che l'ordine francescano dovesse attenersi strettamente all'osservanza della regola del suo fondatore, che richiedeva la rinuncia a tutti i beni materiali, come indicato anche nel passo del Vangelo di Marco 10, 16-21: "*Una cosa ti manca! Va', vendi tutto ciò che hai e dàllo ai poveri e avrai un tesoro in cielo; poi vieni e seguimi*".

Tuttavia, la sua idea fu mal interpretata in un periodo critico del Medioevo, caratterizzato dal crollo delle due istituzioni tipiche dell'epoca: l'impero e il papato. Dopo quasi quattro anni di interrogatori, Guglielmo fu scomunicato da Papa Giovanni XXII[2] a

---

[1] Avignone è conosciuta come antica città papale, scelta come sede pontificia da papa Giovanni XXII nel 1316. Questa città è legata al periodo medievale conosciuto col nome di *"cattività avignonese"*. Sul seggio pontificio di Avignone governarono otto papi: Giovanni XXII (1316-1334) che portò la sede papale ad Avignone nel 1316, Benedetto XII (1334-1342), Clemente VI (1342-1352), Innocenzo VI (1352-1362), Urbano V (1362-1370), Gregorio XI (1370-1378), Clemente VII (1378-1394), Benedetto XIII (1394-1423).

[2] Giovanni XXII, (Cahors, 1249 – Avignone, 4 dicembre 1334) fu un Papa della Chiesa cattolica dal 7 agosto 1316 alla morte. Studiò presso l'Università di Montpellier e divenne dottore in *"In utroque iure"* (dottore in diritto civile e in diritto canonico) presso l'Università di Orléans. Ricoprì numerose cariche ecclesiastiche fino a quando fu eletto papa nel 1316, spostando la sede pontificia ad Avignone. Giovanni XXII dichiarò eretica la teoria che sosteneva l'assoluta povertà dei francescani che non dovevano possedere nulla, né come singoli, né come ordine. Solo la Santa sede doveva gestire le proprietà e i beni dell'ordine tramite i procuratori papali. La decisione papale di eresia per l'idea di povertà

causa della sua ferma convinzione sulla povertà come fondamento dell'ordine francescano. Fuggì da Avignone e trovò rifugio a Monaco di Baviera sotto la protezione dell'imperatore Ludovico il Bavaro,[3] dove rimase per il resto della sua vita.

Durante il suo periodo a Monaco di Baviera, Guglielmo scrisse numerosi libri, tra cui: *Opus nonaginta dierum* e *De imperatorum et pontificum potestate*, opere polemiche di carattere ecclesiastico e politico che contestavano la supremazia del potere papale su quello imperiale e criticavano Papa Giovanni XXII, colui che lo aveva scomunicato.

Guglielmo da Ockham, noto per la sua ferma convinzione sulla povertà del suo ordine, sostenne anche che il potere imperiale non necessitasse dell'investitura papale per essere legittimo. Inoltre, affermò che il papa stesso non fosse la chiesa e che la supremazia spettasse al Concilio, promuovendo così il ritorno della Chiesa alle sue origini e alla sua essenza spirituale, libera dalle pretese temporali. Guglielmo dimostrò il suo anticonformismo anche in campo filosofico, separando la scienza dalla fede.

Nel trattare il problema degli universali, in particolare, Guglielmo si contrappose alle concezioni di Alberto Magno e

---

sostenuta dai francescani, generò grande scandalo nell'ordine, che divenne ostile nei confronti del pontefice, ma nel 1325 la maggior parte dei frati si allineò alla volontà papale mentre pochi rimasero costanti alle loro idee. Furono convocati ad Avignone Michele da Cesena, Bonagrazia da Bergamo e Guglielmo di Ockham che furono scomunicati. Fuggirono da Avignone nella notte tra il 26 e il 27 maggio del 1327 con un gruppo di altri fraticelli e si rifugiarono presso l'Imperatore Ludovico il Bavaro.

[3] Ludovico IV, noto come il Bàvaro, nacque a Monaco di Baviera nel 1282 e morì a Fürstenfeldbruck nel 1347. Egli è stato un importante sovrano della sua epoca, ricoprendo diverse cariche di grande rilevanza. Inizialmente, divenne duca di Baviera nel 1294, guadagnando prestigio nell'ambito del suo ducato.Tuttavia, il suo impatto si estese oltre i confini della Baviera. Nel 1314, fu eletto Rex Romanorum. Questa elezione rappresentò un passo importante nella sua carriera, conducendolo a una posizione di maggior potere e influenza. Nel 1328, Ludovico IV raggiunse il culmine della sua ascesa diventando Imperatore del Sacro Romano Impero. Questo titolo confermò il suo status come uno dei sovrani più prestigiosi d'Europa e lo vide guidare l'impero fino alla sua morte nel 1347.

Tommaso d'Aquino. Essi consideravano gli universali come esistenti prima delle cose create *(in ante rem)*, come realtà interne alle cose create da Dio nel momento della creazione (*in re*) e come realtà autonome nella mente, che attraverso l'astrazione trasformava l'immagine mentale in concetti, parole e segni (*post rem*).

Secondo Guglielmo, gli universali non esistevano in modo reale, ma erano segni naturali prodotti dalle cose nell'anima in base a una sorta di affinità. Egli collocò la questione degli universali in un contesto di conoscenza generale, con l'obiettivo di stabilire le condizioni per la determinazione di diversi tipi di scienza.

Guglielmo analizzò anche la natura della verità e attribuì l'evidenza come sua caratteristica distintiva. Osservò che la certezza di una verità che corrispondeva a un evento reale, al di fuori del pensiero, era diversa dalla certezza di una verità a livello di pensiero. Riprese la distinzione operata da Tommaso d'Aquino tra *l'intelligentia indivisibilium*, in cui la mente realizzava nozioni singole dalle cose, e la *compositio et divisio*, in cui la mente univa nozioni singole per formare nozioni complesse esprimibili attraverso giudizi. Ciò portò alla creazione di due forme di esperienza distinte: l'intuitiva e l'astrattiva.

L'esperienza intuitiva rappresentava un tipo di conoscenza che conteneva intrinsecamente l'informazione necessaria e naturale sull'esistenza dell'oggetto, consentendo di determinare se la cosa esistesse o meno. Questo tipo di conoscenza portava alla formulazione di proposizioni contingenti legate all'esperienza sensoriale, offrendo una conoscenza legata all'individuo. Tuttavia, i sensi da soli non erano sufficienti per stabilire connessioni tra i termini e formulare proposizioni. Era quindi di primaria importanza l'intelletto, che permetteva la formulazione di un giudizio che attestava l'esistenza dell'oggetto conosciuto.

L'aspetto speculativo della conoscenza intuitiva e astrattiva era simile, ma vi era una differenza significativa nella loro capacità di fornire informazioni sullo stato effettivo delle cose. L'intuizione conoscitiva si riferiva all'oggetto nel suo stato contingente e precedeva la conoscenza astratta. Con quest'ultima, non era possibile sapere se una cosa, nella sua attualità, esistesse o meno, poiché si basava sui termini appresi dalla conoscenza intuitiva e ignorava l'esistenza o la non-esistenza degli oggetti di conoscenza tramite l'astrazione. In altre parole, la differenza consisteva nella loro capacità diversa di fornire informazioni sullo stato reale delle cose. Nel caso della conoscenza intuitiva, tale capacità era più o meno estesa e certa, mentre nella conoscenza astrattiva, la capacità informativa era nulla. Ad esempio, se una persona osserva un essere animato (come un cane) di fronte a sé, la sua esistenza è inconfutabile e quindi intuitivamente reale. Tuttavia, se l'essere animato si sposta e non è più di fronte all'osservatore, la sua esistenza diventa confutabile poiché la conoscenza dell'essere animato diventa astrattiva e non più intuitivamente reale, in quanto la sua esistenza non è più contingente.

Guglielmo da Ockham classificò la conoscenza intuitiva in due categorie: perfetta e imperfetta. La conoscenza perfetta si basava su un'informazione completa e sicura, derivante direttamente dall'esperienza diretta di un fatto reale. D'altra parte, la conoscenza imperfetta era legata alla memoria, in quanto un fatto reale riportato mnemonicamente poteva presentare delle mancanze, non aderendo quindi all'informazione completa e sicura. È importante sottolineare che entrambi i tipi di conoscenza erano limitati agli oggetti esistenti nel contesto naturale, poiché non era possibile avere intuizione per oggetti inesistenti. Infatti, Dio non avrebbe potuto concedere la proposizione dell'esistenza di un oggetto se quest'ultimo non avesse avuto concretezza, poiché ciò avrebbe promosso una conoscenza falsa, cosa che, per la natura stessa di Dio, non sarebbe stata possibile.

Le due forme di conoscenza, l'intuitiva e l'astratta, sebbene distinte, erano strettamente connesse e si integravano reciprocamente. Infatti, la conoscenza astratta non poteva sussistere senza la conoscenza intuitiva, e viceversa. Nell'esperienza concreta, non era possibile conoscere ciò che si presentava ai sensi senza avere i concetti appropriati per identificarlo. Questo modello conoscitivo si differenziava sia dalla visione aristotelica che da quella platonica. Nel primo caso, come sostenuto da Tommaso d'Aquino, si dava importanza alla sensazione come base primaria della conoscenza, seguita dall'intelletto. Nel secondo caso, si riconosceva una distinzione tra la conoscenza sensibile e quella intellettiva.

Il modello di Guglielmo da Ockham si fondava interamente sull'esperienza, che favoriva la comprensione delle singole cose ed eventi, e sull'intelletto, che ne regolava l'interpretazione. Da questa concezione, Guglielmo trasse conseguenze radicali in ambiti come la teologia, la fisica e la metafisica. Le verità teologiche erano quelle che non potevano essere raggiunte dall'intelletto umano mediante evidenza. Pertanto, sia l'intuizione che l'astrazione non permettevano di conoscere Dio. L'unica possibilità era comprendere il concetto di Dio, con la sua onnipotenza e illimitatezza, attraverso la coscienza morale e la consapevolezza delle creazioni divine. Era possibile formulare proposizioni su Dio per delineare un concetto, analizzando le proprietà delle cose che richiamavano una realtà al di là di sé stesse, in cui le qualità unitarie prescindevano dalla loro finitudine. Tuttavia, tutto ciò che riguardava la fede non richiedeva dimostrazione o ammissibilità razionale. Infatti, coloro che cercavano la verità attraverso la ragione avrebbero trovato verità eterogenee, che avrebbero messo in discussione il concetto stesso di rivelazione. Quindi, tra fede e ragione non poteva esserci alcuna relazione, ma solo una netta separazione che le rendeva libere nell'ambito della ricerca della conoscenza. La fede, dunque, non aveva nulla in comune con la ragione.

Per Guglielmo, la conoscenza astratta, pur essendo correlata ai dati sensoriali, possedeva una propria autonomia e una dimensione distintiva nell'atto di comprendere e conoscere. La sua efficacia superava l'esperienza, in quanto precedeva ogni altro tipo di pratica.

Per Guglielmo da Ockham e Duns Scoto (Appendice O), la teologia riguardava verità fondate su realtà pratiche per dimostrare l'esistenza di un ente assoluto e primario, apprendibili unicamente attraverso le Sacre Scritture, ma non evidenziate da cause efficienti che potessero confermare un effetto infinito. Esistono entità che non possono conservare l'essere ricevuto da un'altra essenza, pertanto l'esistenza di una causa primaria nella conservazione delle cause è evidente. Se l'esistenza di una causa primaria può essere provata, le sue qualità non possono essere dimostrate. Pertanto, si deduce che l'essenza primaria sia libera rispetto a tutto ciò che rientra nell'ambito dei sensi e può essere percepito.

La distinzione tra il concetto di potenza assoluta e potenza strutturata, cioè quella che risponde a una realtà precostituita, non può essere considerata reale. Solo la ragione indica quest'ultima per confermare che ciò che esiste appartiene a uno degli ordini che l'essenza assoluta ha creato, senza intervenire nell'ordine da essa generato. L'accettazione della potenza e onnipotenza dell'essere primario consente di formulare diverse teorie sull'universo. Diventa plausibile e credibile considerare l'esistenza di mondi multipli e invalidare la tesi aristotelica della singolarità del mondo, poiché la causa primaria, per la sua potenza intrinseca, avrebbe potuto generare altra materia, in conformità alla sua stessa estensione qualitativa.

Alla base della conoscenza del mondo si trova l'esperienza, che trova compimento e autenticità all'interno dell'ambito di ricerca. Per spiegare il movimento dei corpi celesti e sublunari, non è importante conoscere la diversità di materia di cui sono composti o ammettere che siano incorruttibili, come sostenuto da Aristotele, poiché, nonostante possano esserlo, potrebbero anche non esserlo. È necessario, quindi, unificare la fisica dei corpi celesti e terrestri considerando l'estensione e l'onnipotenza, eliminando i fondamenti della scienza aristotelica basata sulla conoscenza della sostanza e della causa. L'esperienza è il mezzo attraverso il quale acquisiamo conoscenza delle cose individuali e delle loro proprietà, pertanto è superfluo presupporre l'esistenza di un substrato chiamato sostanza essenziale. Inoltre, l'esperienza è causa ed effetto, basata sull'alternanza costante tra eventi e cose, senza poter dimostrare che questa successione abbia un carattere necessario. Infatti, sebbene sia necessaria una causa per avere un effetto, ciò non implica necessariamente che tale causa sia vera e necessaria, poiché effetti simili possono derivare da cause diverse. L'esperienza non sostiene nemmeno che l'omogeneità comportamentale degli enti naturali dipenda dalla capacità di conseguire scopi, poiché non esistono proposizioni che dimostrino il finalismo nella natura. Gugliemo da Ockham ha messo in discussione i fondamenti della filosofia aristotelica, inclusa la concezione dell'anima, gli universali potenziali e l'autodeterminazione. Questo pensiero, considerato empirico, ha spinto Gugliemo a sostenere che i discorsi sulla verità si diversificano in base al modo personale di esprimersi e a ragioni esterne ed esperienziali.

In Duns Scoto "... *la parola significa la cosa, ma come cosa in qualche modo conosciuta, anche se non esistente, relativa al concetto e oggetto della logica, e la logica non è né scientia realis né sermocinalis, bensì rationalis, relativa ai concetti, e così anche in Ockham, mentre tornerà a essere scienza sermocinalis con Buridan. Il linguaggio è soprattutto il linguaggio della scienza in cui si amalgamano semantica, logica ed epistemologia, e la scienza assume una struttura linguistica fondata sulle proposizioni e non più sulle cose, che sono significate dai termini mentali (concetti) intesi quindi come segni naturali".*[4]

In Guglielmo da Ockham il linguaggio scientifico era impostato sul dualismo del segno: *"universale e individuale, sostanziale e relazionale, linguistico e reale, sensibile e intenzionale, ideale e materiale. E nella scienza di segni la mente dà luogo di passiones e contenitore di species e facoltà diventa soggetto di atti cognitivi. La logica, che nella scienza aristotelica doveva occuparsi solo di universali, finisce col trattare anche individui. Appaiono continuamente, infatti, in William Ockham termini singolari nel sillogismo, e individuali sono gli oggetti dell'intelletto. Le proposizioni singolari assumono in lui un'attenzione senza precedenti: la contingenza della Creazione e la conoscenza intuitiva fanno dei singolari percepiti la sorgente di ogni conoscenza".*[5]

Guglielmo da Ockham si interrogò sugli universali partendo dalla concetto di "*supposizione*", al fine di trovare risposte definitive per termini ambigui e separare la verità dalla falsità in una proposizione discorsiva. Per Guglielmo da Ockham, il nucleo della riflessione logica era la funzione denotativa del termine, considerato come un segno che non specificava l'ontologia del significato, ma osservava e comprendeva la proprietà per cui tale termine rappresentava qualcos'altro. La "*supposizione*" era la proprietà di significato che i termini assumevano, e una proposizione era vera quando il soggetto e il predicato avevano la stessa supposizione logica. Se il valore logico era diverso tra i due, la proposizione era falsa.

---

[4] Luigi Borzacchini, *La scienza di Francesco. Dal Santo di Assisi al papa argentino, le radici medievali della scienza moderna*, Edizioni Dedalo, Bari, 2016 di Luigi Borzacchini, p. 99
[5] ivi, p. 100

Guglielmo da Ockham, con il suo radicale nominalismo,[6] negò l'esistenza degli universali, considerandoli una riproduzione inutile della realtà, e sostenne la necessità di eliminare ciò che era superfluo e non utilizzabile. Egli affermava che una cosa poteva essere spiegata in modo semplice e con poche parole. Questo pensiero è noto come *"rasoio di Ockham"*, un principio epistemologico. Tolomeo aveva anticipato questo principio affermando che lo scienziato dovrebbe seguire la via più breve per le sue dimostrazioni e eliminare ciò che non è necessario. Guglielmo da Ockham applicò rigorosamente questa regola per preservare la distinzione tra il linguaggio umano e il mondo reale generato da Dio. Egli rifiutò la pretesa di andare oltre la percezione dell'anima a livello conoscitivo, sostenendo che l'uomo, per comunicare ciò che ha appreso, usa le parole che non riflettono il mondo, ma il suo pensiero, e che non manifestano le cose, ma la sua anima.

Con Guglielmo da Ockham si assistette alla caduta dei concetti di forma, sostanza, causa ed effetto, appartenenti alla metafisica aristotelica, in favore di una realtà costituita dalla specificità individuale che emergeva dal rapporto tra linguaggio e realtà. Il suo contributo segnò l'inizio di una nuova concezione scientifica, fondata su principi guida che orientavano il processo di ricerca: il principio di economia, noto come il rasoio di Ockham, che sottolineava l'importanza della verifica empirica; il principio di possibilità, che riconosceva la limitata attendibilità dei risultati di ricerca a causa della natura contingente della realtà; e infine il principio di causalità, che richiedeva una stretta relazione tra causa ed effetto. Con le sue idee, Guglielmo da Ockham concluse il periodo scolastico medievale e inaugurò una nuova fase nell'evoluzione scientifica, distinguendosi dalle concezioni di Alberto Magno e Tommaso d'Aquino e introducendo un'originale prospettiva concettuale che sarebbe stata strettamente collegata alla nascita della scienza moderna.

---

[6] Nominalismo. Concezione filosofica medievale che nega ogni esistenza reale alle entità astratte come idee e concetti convertendoli in semplici segni linguistici.

APPENDICI

APPENDICE A

Sistema alfabetico di numerazione.
Tavola dei segni alfabetici con il rispettivo valore numerico.

Gruppo di lettere	Base	Segno	Valore	Base	Segno	Valore
1°: α - θ	Unità	α′	1	Migliaia	‚α	1.000
		β′	2		‚β	2.000
		γ′	3		‚γ	3.000
		δ′	4		‚δ	4.000
		ε′	5		‚ε	5.000
		ϛ′	6		‚ϛ	6.000
		ζ′	7		‚ζ	7.000
		η′	8		‚η	8.000
		θ′	9		‚θ	9.000
2°: ι - ϟ	Decine	ι′	10	Decine di migliaia	‚ι	10.000
		κ′	20		‚κ	20.000
		λ′	30		‚λ	30.000
		μ′	40		‚μ	40.000

		ν′	50		͵ν	50.000
		ξ′	60		͵ξ	60.000
		ο′	70		͵ο	70.000
		π′	80		͵π	80.000
		ϟ′	90		͵ϟ	90.000
3°: ρ - ϡ	Centi naia	ρ′	100	Centinaia di migliaia	͵ρ	100.000
		σ′	200		͵σ	200.000
		τ′	300		͵τ	300.000
		υ′	400		͵υ	400.000
		φ′	500		͵φ	500.000
		χ′	600		͵χ	600.000
		ψ′	700		͵ψ	700.000
		ω′	800		͵ω	800.000
		ϡ′	900		͵ϡ	900.000

APPENDICE B

Unità di misure greche.

Nome greco + pron.	Nome italiano	Piede (frazioni/multipli)	Unità metrica
Δάκτυλος / *dactulos*	dito	$1/16$	0,0185 m
Κόνδυλος / *Kondulos*	condilo	1/8	0,037 m
Παλαιστή /δλρον *palaisté / daron*	palmo	$1/4$	0,074 m
ημιπόδιον /διχάς *Emipodion / dixas*	mezzo piede	$1/2$	0.148 m
Σπιθαμή / *spithamé*	spanna	$3/4$	0,222 m
Πούς / *poùs*	piede	1	0,296 m
Πυγμή / *pugmé*	pugno	$9/8$	0,333 m
Πυγών π¨χης / *Pugòn pxes*	braccio	$5/4$	0,370 m
Πήχης / *pexes*	cubito	$1 + ½$	0,444 m
Ὀργυιά / *orguìa*	tesa (orgia)	6	1,776 m
Ακαινα/κάλαμος *akaina / kalamos*	pertica	10	2,96 m
αμμα / *amma*	catena	60	17,76 m
Πλέθρον / *pletron*	plettro	100	29,60 m
Στάδιον / *stadion*	stadio	600	177,6 m
Παρασάγγης	/parasanga	30 stadi	5328 m

APPENDICE C

Scrittura cuneiforme

La scrittura cuneiforme veniva eseguita con un ago appuntito su tavole di argilla che venivano cotte dopo l'incisione. È stata la prima forma di scrittura adoperata in Oriente consistente in segni stilizzati a forma di cunei, da cui cuneiforme. I segni caratterizzanti tale scrittura erano circa un migliaio e avevano forma orizzontale, verticale, obliqua e angolare. Si riporta un esempio tratto dal libro: *Codex Hammurabi* di Rud Wessely – Romae – Sumptibus Instituti Biblici – Tabula II – Valore phonetici alphabetice ordinati – 27.

	val. phon.	sign. cuneif.	ideogr. šum.	vers. accad.	observationes
298.	tu				
299.	tug₂		tug₂-kin		38. 16
300.	tum				
301.	(tur₃)		tur₃	tarbaṣum	
302.	ti				
303.	tim/ti				
304.	tin		kaš-tin-na	kurunnum	
305.	tir		an-še-tir (= ᵈNisaba)	ašnan	

Parte di tavola riportata da Codex Hammurabi di Rud Wessely – Romae – Sumptibus Instituti Biblici – 1930

Numeralia.

306.	⅓		314.	8	
307.	½		315.	10	(= 10 ka)
308.	1		316.	20	(= 20 ka)
309.	2		317.	12	
310.	3		318.	30	
311.	4		319.	40	(= 40 ka)
312.	5		320.	50	(= 50 ka)
313.	6		321.	60	
			322.	180	

Parte di tavola riportata da Codex Hammurabi di Rud Wessely, Romae, Sumptibus Instituti Biblici, 1930

APPENDICE D

Tabella acqua-aria riportata da: *L'Ottica di Claudio Tolomeo* dl Gilberto Govi – Torino Stamperia della Reale ditta G.B. Paravia e C. Di I Vigliardi 1885 - nota 13, p. XXIV

Angoli di Incidenza	Angoli di Rifrazione	Differenze prime	Differenze seconde
o	o '	o '	'
0	0 . 0		
		8 . 0	
10	8 . 0		30
		7 . 30	
20	15 . 30		30
		7 . 0	
30	22 . 30		30
		6 . 30	
40	29 . 0		30
		6 . 0	
50	35 . 0		30
		5 . 30	
60	40 . 30		30
		5 . 0	
70	45 . 30		30
		4 . 30	
80	50 . 0		

APPENDICE E

Tabella aria - vetro riportata da: *L'Ottica di Claudio Tolomeo*
di Gilberto Govi – Torino Stamperia della Reale ditta G.B.
Paravia e C. Di I Vigliardi 1885 - nota 13, p. XXV

Angoli di Incidenza	Angoli di Rifrazione	Differenze prime	Differenze seconde
°	° ′	° ′	′
10	7		
		6 . 30	
20	13 . 30		30
		6 . 00	
30	19 . 30		30
		5 . 30	
40	25		30
		5 . 00	
50	30		30
		4 . 30	
60	34 . 30		30
		4 . 00	
70	38 . 30		30
		3 . 30	
80	42		

APPENDICE F

Tabella acqua - vetro riportata da: *L'Ottica di Claudio Tolomeo* di Gilberto Govi – Torino Stamperia della Reale ditta G.B. Paravia e C. Di I Vigliardi 1885 - nota 13, p. XXVII

Angoli di Incidenza	Angoli di Rifrazione	Differenze prime	Differenze seconde
o	o '	o '	'
10	9 . 30		
		9 . 00	
20	18 . 30		30
		8 . 30	
30	27		30
		8 . 00	
40	35		30
		7 . 30	
50	42 . 30		30
		7 . 00	
60	49 . 30		30
		6 . 30	
70	56		30
		6 . 00	
80	62		

APPENDICE G

Da *Corpus Galenicum*, **Bibliographie der galenischen und pseudogalenischen, Werke zusammengestellt von Gerhard Fichtner, (Corpus Medicorum Graecorum) der Berlin-Brandenburgischen Akademie der Wissenschaften, Erweiterte und verbesserte Ausgabe 2015/09, Index der lateinischen, pp. 139, 150.** *"Corpus Galenicum, bibliografia farmaceutica e pseudofarmaceutica, opere compilate da Gerhard Fichtner, (Corpus Medicorum Graecorum), dell'Accademia di Berlino-Brandeburgo di Wissenschaften, Edizione avanzata e migliorata edizione 2015/09 - Indice del latino pp. 139, 150".*

Ad bonas artes exhortatio liber I - Ad eos qui de typis scripserunt - Ad eos qui voce soloecissantes reprehendunt VI - Ad forenses oratores - Ad Gaurum quomodo animetur fetus - Ad Glauconem de medendi methodo libri II - Ad Glauconem de methodo medendi - Ad Glauconem liber tertius - Ad Paternum - Ad Patrophilum - Ad Quinti discipulum Lycum - Ad Thrasybulum liber - Adhortatio ad artes addiscendas - Adversus ea quae Iuliano in Hippocratis aphorismos enuntiata sunt - Adversus eos qui contumeliose accipiunt nomina - Adversus eos, qui a Platone de ideis dissentiunt - Adversus eos, qui de typis scripserunt - Adversus Iulianum - Adversus Lycum - Adversus Lycum libellus - Adversus Lycum liber, quod nihil in eo aphorismo peccat Hippocrates, cuius initium, qui crescunt plurimum habent caloris innati - Adversus sectarios - Alfabetum Galieni - An animal sit id quod in utero inest - An animal sit id quod in utero inest - An animal sit quod est in utero - An in arteriis natura sanguis contineatur - An omnes partes animalis, quod procreatur, fiant simul - An physiologia utilis ad moralem philosophiam - An possit aliquis esse criticus et grammaticus - An sanguis in arteriis natura contineatur - An utilis lectio sit illis qui erudiuntur vetus comoedia - Anatomicarum aggressionum - Archigenis tractationis de pulsibus et expositio et usus - Ars medica - Ars medicinalis liber I - Artis curativae ad Glauconem libri II - Astrologia sive Prognostica de decubitu infirmorum - Astrologiae ad Aphrodisium liber unus - Astrologica - Atticorum insigne - Brevis denotatio dogmatum Hippocratis -

Chrysippi syllogisticae primae commentarii III, alterius commentarius unus - Civilium apud Eupolim vocabulorum libri III - Civilium vocabulorum quae apud Aristophanem occurrunt libri V - Civilium vocabulorum quae apud Cratinum libri II - Comitiali puero consilium Commentaria III in Hippocratis prognostica - Commentarii III in Hippocratis de fracturis - Commentarii in libros Chrysippi syllogisticorum - Commentarii in libros X praedicamentorum Aristotelis - Compendium de pulsibus - Compendium Phaedonis Platonis - Compendium pulsuum Galeno adscriptum - Compendium Rei publicae Platonis - Compendium Timaei Platonis - Consilium puero comitiali morbo laboranti scriptum - Contra ea quae a Iuliano in Hippocratis aphorismos dicta sunt - Contra objecta iis de dissensione empiricorum et Theodae summarii commentarii III - De abortivo foetu - De accidenti et morbo libri VI - De adumbrata figura empirici - De aequipollentibus propositionibus - De affectorum locorum notitia libri VI - De affectuum et peccatorum dignotione libri - De affectuum renibus insidentium dignotione et curatione liber - De agnoscendis febribus et pulsibus et urinis - De alimentorum facultatibus - De alimentorum facultatibus libri III - De anatomia - De anatomia internarum et externarum partium - De anatomia mortuorum - De anatomia parva - De anatomia vivorum - De anatomiae dissentione - De anatomicis administrationibus - De angina - De anima - De animae partibus et facultatibus libri III - De animalibus - De animalibus noxiis - De animi cuiuslibet peccatorum dignotione et curatione - De anni temporibus - De antidotis libri II - De aquis - De arte curativa ad Glauconem - De arteriarum ac venarum dissectione - De artium constitutione libri III - De Asclepiadae placitis - De atra bile - De attenuante victus ratione - De bonis et malis succis - De bonis malisque sucis - De bono corporis habitu - De bono et malo succo liber unus - De bono habitu - De caduca voluptate secundum Epicurum libri II - De calumnia in quo et de vita sua - De captionibus penes dictionem - De carbunculis - De catharticis - De causa affectionum - De causis continentibus - De causis morborum liber - De causis procatarcticis - De causis pulsuum libri IV - De causis respirationis - De cerebro eiusque tunicis - De chirurgia - De chirurgorum operationibus et de decubitu infirmorum - De cibis boni et mali succi - De clam legentibus - De Clitomacho et demonstrationis eius solutionibus - De clysteribus et colica - De cognoscendis curandisque animi morbis - De colera nigra - De colico dolore libellus - De comate apud Hippocratem - De comate secundum Hippocratem - De commoratione Menarchi in aula ad Bacchidem et Cyrum - De communi ratione libri II - De compage membrorum - De compagine membrorum - De compagine membrorum sive de natura humana - De compositione medicamentorum per genera libri VII - De compositione medicamentorum secundum locos libri I-VI - De compositione medicamentorum secundum locos libri VII-X - De compositione medicaminum per genera libri VII - De compositione medicaminum per singulares corporis partes libri I-VI - De compositione medicaminum per singulares corporis partes libri VII-X - De compositione pharmacorum localium sive secundum locos libri I-VI - De compositione pharmacorum localium sive secundum locos libri VII-X - De concordia - De congressu in dialogis - De consentaneis cuique vitae generibus - De consolatione – De constitutione artis medicae ad Patrophilum liber - De consuetudine - De consuetudinibus - De contusionibus - De corporis partibus - De creticis diebus - De crisi - De crisibus libri III - De cruditate - De cuiuslibet animi peccatorum dignotione et medela - De cura icteri - De cura lapidis - De cura senectutis - De curandi ratione per sanguinis missionem - De curandi ratione per venae sectionem - De curatione lapidis - De decretis sive placitis Hippocratis et Platonis libri IX - De demonstratione - De demonstratione per impossibile - De demonstratione propter quod - De demonstratione quare - De demonstrationibus - De demonstrativa inventione - De diaeta et morbis curandis - De diaeta Hippocratis in morbis acutis - De diaeta in morbis acutis secundum Hippocratem - De diebus decretoriis libri III - De differentia pulsuum libri IV - De differentiis febrium libri II - De differentiis morborum - De difficultate respirationis libri III - De dignoscendis pulsibus libri IV - De dignotione ex insomniis - De dignotione hominum purgandorum - De dignotione in somniis - De dissectione vocalium instrumentorum - De dissolutione continua - De dolore capitis - De dolore evitando - De duodecim signis - De duplici medicina - De dynamidiis - De ea quae secundum Platonem est rationali contemplatione - De elementis - De elementis ex Hippocrate libri II - De elementis ex Hippocratis sententia libri II - De elementis secundum Hippocratem libri II - De elementis secundum Hippocratis sententiam - De elixir solis et lunae - De empirica subfiguratione - De empiricorum dissensione [libri] III - De eo quod oppositis unum et idem ex necessitate consequens esse impossibile sit - De eo quod quodque ens unum et plura sit - De eo quod secundum communes notiones - De eo quodque eorum quae fiunt et unum esse et plura – De eorum congressu qui demonstrant ad auditores - De Erasistrati anatomia - De Erasistrati curandi ratione libri V - De erysipelate - De examinando medico - De excrementis -De exemplo libri II - De exercitatione parvae pilae - De exercitatione, quae pila suscipitur, commentarius -De experientia medica - De experientia medica - De facile parabilibus liber - De facultatibus corpus nostrum dispensantibus - De facultatibus naturalibus libri III - De fasciis - De febribus - De febrium differentiis - De felici secundum Epicurum et beata vita libri II - De fine secundum philosophiam - De foetuum formatione - De generalibus morborum temporibus - De generatione - De gynaeceis - De haeresibus modernorum medicorum - De Hippocratis anatomia - De Hippocratis et Platonis dogmatibus - De Hippocratis scriptis genuinis - De hirudinibus, revulsione, cucurbitula, incisione, et scarificatione - De his quos purgare oporteat, quibusque medicamentis, et quo tempore - De historia philosopha - De historia philosophica - De hominis natura - De hominis natura testamentum. De victu singulis mensibus servando - De homoeomereis corporibus - De humero iis modis prolapso quos Hippocrates non vidit - De humoribus - De iecore - De ignoratis Lyco in dissectionibus - De iis in quibus Plato, quum de anima agit, a se ipso dissentire videatur - De iis quae adversus sophistas Metrodori - De iis quae multifariam dicuntur -De iis quae multifarie dicuntur - De iis quae secundum genus et secundum speciem et conjugatis ipsis significatis nobis spontanea voce - De iis qui causa aliqua fiunt - De iis, quae medice scripta sunt in Platonis Timaeo, fragmentum - De imagine -De inaequali intemperatura - De inaequali intemperie - De incantatione, adiuratione et suspensione - De indolentia - De inductione - De inequali distemperantia - De insomniis - De instrumento odoratus -De iudicio discrepantium in decretis - De iuvamento anhelitus - De lacte - De lapidibus - De laterum morbo ad Patrophilum - De lepra alba - De libris propriis - De locis affectis libri VI - De locis patientibus - De machinamentis - De marcore -De matellis - De materia medica - De medicamentis expertis - De medice dictis in Timaeo - De medicina apud Homerum - De medicis - De melancholia ex Galeno, Rufo, Posidonio et Marcello Aetii libellus - De melancholia ex Galeno, Rufo, Posidonio et Marcello Aetii libellus - De metallis - De methodica secta libri VI - De minutione - De minutionibus - De mixtis propositionibus et syllogismis - De morbis et symptomatis libri VI - De morbis Excerpta - De morbis oculorum et eorum curis - De morbo icterico - De morborum causis - De morborum differentiis - De morborum et symptomatum differentiis et causis libri VI - De morborum temporibus - De moribus - De morsu, qui in aegritudine percipitur - De morte subita - De morte subitanea - De motibus liquidis - De motibus manifestis et obscuris - De motibus musculorum - De motu musculorum libri II - De motu thoracis et pulmonis -De musculorum dissectione - De musculorum dissectione ad tirones - De natura et ordine cuiuslibet corporis - De naturalibus facultatibus libri III - De naturalium facultatum substantia liber - De necessariis ad demonstrationes - De nervis compendium - De nervorum dissectione - De nimia seminis profusione - De nominibus medicinalibus - De nominibus medicis - De nominum rectitudine libri III - De non intentis - De oculis - De oculis liber adscripticius in VI sectiones distributus - De optima corporis humani constitutione - De optima corporis nostri constitutione 25De optima doctrina - De optima doctrina ad Favorinum - De optima secta ad Thrasybulum liber - De optima ventris concoctione - De optimo corporis humani statu - De optimo docendi genere libellus -De optimo medico cognoscendo - De ordine librorum suorum ad Eugenianum - De ossibus ad tirones - De palpitatione, tremore, rigore, convulsione - De paratu facilibus - De paroxysmorum temporibus - De partibus artis medicae - De partibus philosophiae - De partium homoeomerium differentia - De parvae pilae exercitio - De passionibus et cura libri III - De passionibus puerorum - De passionibus puerorum - De peccatorum et poenae aequalitate - De perspicuitate et obscuritate - De peste - De pica, vitioso appetitu, ex Galeno per Aëtium - De placitis Hippocratis et Platonis libri IX - De plantis - De Platonis secta - De pleniori habitu - De plenitudine - De podagra - De ponderibus et mensuris - De ponderibus signis, quae incognita sunt - De possibili - De potentiis naturalibus - De praecognitione ad Epigenem - De praegnotione ad Epigenem - De praenotione - De praenotione ad Epigenem - De praenotione ad Posthumum - De praesagatione ex pulsibus -De praesagiis ex insomniis sumendis - De praesagitione ex pulsibus libri IV - De praesagitione ex pulsu - De praesagitura - De principiis ex suppositione - De priori - De probis et pravis succis - De probis pravisque alimentorum sucis - De prohibenda sepultura - De propositionibus (et syllogismis) contingentibus - De propositionibus praetermissis in lectione de demonstratione - De propriis et communibus in artibus - De propriis placitis - De propriorum animi cuiuslibet affectuum dignotione et curatione - De propriorum animi cuiusque affectuum agnitione et remedio - De ptisana - De ptissana - De publice dictis adversus sectarios - De publice dictis contra adulatores - De publice dictis coram Pertinace I - De pudore libri II - De puero epileptico - De pulsibus - De pulsibus ad Antonium disciplinae studiosum et philosophum - De pulsibus ad medicinae candidatos liber - De pulsibus ad tirones - De pulsibus et urinis - De pulsibus introductio - De pulsis et urinis - De pulsuum causis - De pulsuum differentiis libri IV - De pulsuum usu liber unus - De purgantium medicamentorum facultate - De purgantium medicaminum facultate - De purgantium medicaminum vi - De quaestione secundum nomen et significatum - De quattuor temporibus paroxismorum - De quinque sensibus - De rationali facultate et speculatione VII - De rationali facultate et speculatione VII - De rationali secundum Chrysippum contemplatione - De ratione curandi ad Glauconem libri II - De ratione curandi per sanguinis missionem - De ratione medendi ad Glauconem - De rebus boni malique suci - De remediis facile parabilibus - De remediis parabilibus libri III - De remediis paratu facilibus liber - De renum affectus dignotione et medicatione - De respirationis causis - De respirationis usu - De sanguine et flegmate - De sanguisugis, revulsione, cucurbitula et scarificatione - De sanitate tuenda libri VI - De scriptis Menodoti - Severo [libri] XI - De secretis feminarum et virorum - De secretis virorum. De secretis mulierum - De sectis ad eos, qui introducuntur - De sectis ad medicinae candidatos - De sectis medicorum - De semine liber III - De semine libri II - De sententiis - De septimestri partu - De sermonibus qui se ipsos evertunt - De significatis ex voce speciei et generis et ipsis adiacentibus - De signis ex urinis - De similitudine libri III - De simplicibus medicaminibus ad Paternianum - De simplicibus medicinis ad Paternianum - De simplicium medicamentorum temperamentis et facultatibus libri I-VI - De simplicium medicamentorum temperamentis et facultatibus libri VII-XI - De situ regionum - De somno et vigilia - De sophismatis seu captionibus penes dictionem - De spermate - De spirandi difficultate libri tres - De stomacho - De substantia animae secundum Asclepiadem - De substantia facultatum naturalium fragmentum - De succedaneis liber - De syllogismorum numero - De symptomatum causis liber I - De symptomatum causis liber II - De symptomatum causis liber III - De symptomatum differentia - De symptomatum differentiis - De temperamentis libri III - De temperatura medicaminum simplicium - De temporibus etesiarum et quomodo iis utendum sit - De temporibus morborum - De testamentorum confectione - De theriaca - De theriaca ad Pamphilianum - De theriaca ad Pisonem liber - De totius morbi temporibus - De transitionibus in Philebo - De transitionibus in Philebo - De tremore, palpitatione, convulsione et rigore - De tuenda valetudine secunda libri VI - De tumoribus praeter naturam - De typis - De ulceribus et de capitis vulneribus - De unguentis - De urinae significatione - De urinis - De urinis compendiaria tractatio - De urinis compendium - De urinis ex Hippocrate, Galeno aliisque quibusdam - De usu farmacorum - De usu partium corporis humani libri I-XI - De usu partium corporis humani libri XII-XVII - De usu partium libri I-XI - De usu partium libri XII-XVII - De usu praeceptorum ad syllogismos - De usu pulsuum - De usu respirationis - De usu syllogismorum - De uteri dissectione - De utilitate respirationis - De vasis vitreis - De venae sectione - De venae sectione adversus Erasistrateos Romae degentes - De venae sectione adversus Erasistratum - De venarum arteriarumque dissectione - De venereis - De ventis, igne, aquis, terra - De verosimili - De victu attenuante – De victus ratione - De victus ratione in morbis acutis ex Hippocratis sententia - De virtute centaureae - De virtutibus cibariorum - De virtutibus et bono regimine - De virtutum differentiis - De vita et morte - De (vitiis) his quae quodque (quemque) sequuntur - De vocabulis quae apud Atticos scriptores occurrunt libri XLVIII - De voce - De voce et anhelitu - De voluptate et labore - De voluptuaria secta - De vulneribus - De XII portis - Definitiones medicae - Definitiones medicae ad Theutram scriptae - Definitiones rerum medicarum - Diagnostica - Dialogi ad philosophum et seorsum de eo quod secundum communes notiones - Dioxe - Dissectionis venarum arteriarumque commentarium - Distinctio - Dogmatice pros haucona (Glaucona?) - Epistula ad Celsum Epicureum - Epistula Hippocratis et Galeni contemplantis quattuor esse humores in corpore humano - Epistula Pudentiani Epicurei - Epistulae variae - Epitome librorum XX anatomicorum Marini libri IV - Ethica - Ex Galeni commentariis de fasciis libellus - Excerpta ex libris anatomicis Marini - Exhortatio ad medicinam - Fauces definiuntur - Fragmenta ex Aphorismis Raby Moysis collecta - Fragmenta ex Rasis libro Continenti collecta - Fragmentum ex quattuor commentariis de iis quae medice dicta sunt in Platonis Timaeo - Galeni et Simplicii testimonia de Epicteto - Glossarium plantarum - Hippiatrosophium - Hippocratis aphorismi et Galeni in eos commentarii I-V - Hippocratis aphorismi et Galeni in eos commentarii VI-VII - Hippocratis de natura hominis liber primus et Galeni in eum commentaria - Hippocratis de natura humana - Hippocratis liber resolutionis, quem Galenus explicat - Historia incisionis - Iatrosophia - In alterum de demonstratione librum commentarii IV - In alterum de syllogismis - In aphorismos Hippocratis commentarii I-V - In aphorismos Hippocratis commentarii V-VII -In Aristotelis de interpretatione commentarii III - In Aristotelis priorum analyticorum librum alterum commentarii IV - In Hippocratem de septenario numero - In Hippocratis De natura hominis commentarius tertius - In Hippocratis aphorismos commentarii I-V - In Hippocratis aphorismos commentarii V-VII - In Hippocratis de aere aquis locis librum commentarii - In Hippocratis de articulis librum commentarii IV - In Hippocratis de capitis vulneribus librum commentarius - In Hippocratis de diaeta acutorum librum commentarii IV - In Hippocratis de foetus natura librum commentarius - In Hippocratis de genitura commentarius - In Hippocratis de humoribus librum commentarii III - In Hippocratis de medica officina - In Hippocratis de muliebribus - In Hippocratis de mulierum affectibus comm. - In Hippocratis de natura hominis librum commentarii II - In Hippocratis de natura humana - In Hippocratis de octimestri partu - In Hippocratis de officina medici commentarius - In Hippocratis De salubri victus ratione librum - In Hippocratis de septimanis commentaria - In Hippocratis de ulceribus librum commentarius - In Hippocratis de victu acutorum comm. - In Hippocratis de victus ratione in morbis acutis - In Hippocratis epidemiarum librum primum commentarii III - In Hippocratis epidemiarum librum secundum commentarii V - In Hippocratis epidemiarum librum sextum commentarii I-II - In Hippocratis epidemiarum librum sextum commentarii III-VIII - In Hippocratis epidemiarum librum tertium commentarii III - In Hippocratis iusiurandum commentarius - In Hippocratis legem commentarius - In Hippocratis librum de acutorum victu commentarii IV - In Hippocratis librum de alimento commentarii IV - In Hippocratis librum de fracturis commentarii III - In Hippocratis librum de humoribus commentarii III - In Hippocratis librum de natura hominis commentarii II - In Hippocratis librum de officina medici commentarii III - In Hippocratis librum de septimanis commentarii - In Hippocratis opus de victus ratione privatorum commentarius - In Hippocratis praeceptiones scholia - In Hippocratis praedictiones libri III - In Hippocratis praedictionum librum primum commentarii III - In Hippocratis prognosticum commentarii III - In Hippocratis prorrheticum I commentaria III - In Hippocratis vel Polybi opus de salubri victus ratione commentarius - In Hippocratis, sive ut alii, Polybi librum de ratione victus privatorum commentarius - In [librum] de dictione Eudemi commentarii III - In librum de interpretatione Aristotelis libri III - In librum de salubri diaeta commentarius - In librum Hippocratis de aetatum aegritudinibus - In librum Hippocratis de humoribus commentarii III - In librum Hippocratis de victus ratione in morbis acutis commentarii IV - In librum Hippocratis sextum de morbis vulgaribus commentarii - In librum I Erasistrati de febribus libri III - In Platonis rem publicam - In Platonis Timaeum commentarii fragmenta - In Platonis Timaeum Commentarius In primum Aristotelis librum de syllogismis commentarii VI - In primum de syllogismis - In primum librum Hippocratis de morbis vulgaribus commentarii III - In primum movens immotum - In priorem dictionis Eudemi commentarii III - In tertium librum Hippocratis de morbis vulgaribus commentarii III - In Theophrasti de affirmatione et negatione commentarii VI - In [Theophrasti] de eo quot modis - Institutio logica Introductio in pulsus ad Theutram - Introductio sive medicus - Introductorius liber varias morborum curas complectens - Legum Platonis synopsis - Lexicon botanicum - Liber cathagenarum - Liber de ftora - Liber de medicinis expertis - Liber pigmentorum - Liber qui prohibet sepulturam - Liber regiminis - Liber secretorum ad Monteum - Liber tertius ad Glauconem - Liber tertius Proslaucon - Librorum anatomicorum Lyci omnium epitome - Librorum Serapionis contra sectas duo - Linguarum seu dictionum exoletarum - Hippocratis explicatio - Medicarum definitionum liber I - Methodi medendi libri XIV - Moralia - Numquid tuenda sanitas ad medicum pertineat an ad vocatum gymnasticum, ad Thrasibulum - Oeconomica - Passionarius - Platonicorum dialogorum compendia octo - Posterioris [resolutionum] commentarii V - Posterioris [resolutionum] commentarii VI - Praeceptum Galeni de humani corporis constitutione. De diaeta quattuor anni tempestatum et duodecim mensium - Praesagitio omnino vera expertaque - Praesagium experientia confirmatum - Primum resolutionum Aristotelis in priorem ultra sex - Prioris [resolutionum] commentarii IV - Pro puero epileptico consilium - Prognostica - Prognostica de decubitu ex mathematica scientia - Prognostica de decubitu infirmorum - Propriorum comicorum vocabulorum exempla - Protrepticus - Puero epileptico consilium - Qua ratione adiuvandi ii sint, qui remedio hausto non purgantur -Quaesita in Hippocratis de urinis - Quatenus parvi ducere oporteat honorem et gloriam apud vulgum - Quemadmodum quis animi sui affectus dinoscat et corrigat - Quod a prima substantia inseparabilis sit qualitas - Quod animi mores corporis temperamenta sequantur - Quod animi mores corporis temperaturam sequuntur - Quod efficentia voluptatem imperfecte ab Epicuro dicta sunt - Quod geometrica resolutio praestantior sit quam stoicorum - Quod in aliis scriptis suis videatur Hippocrates eandem habere sententiam cum eo de natura hominis - Quod optimus medicus sit quoque philosophus - Quod qualitates incorporeae sint - Quomodo discernenda sit negotialis quaestio rei ab ea quae nominis et significati I- Quomodo morbum simulantes sint deprehendendi - Quos, quibus catharticis medicamentis et quando purgare oporteat - Quos, quibus, et quando purgare oporteat - Remedia - Saturnales septem - Scholion in Hippocratis παραγγελίας - Secreta - Sermo adversus empiricos medicos - Sermo contra empiricos - Signa mortifera - Signa mortis - Suasoria ad artes oratio - Subfiguratio empirica - Succidanea liber I - Synopsis demonstrativae contemplationis - Synopsis Heraclideorum de empirica secta libri VII - Synopsis librorum suorum sedecim de pulsibus - Synopsis methodi medendi - Theodae introductionis commentarii V - Therapeutica - Therapeutica ad Glauconem - Thrasybulus sive utrum medicinae sit an gymnasticae hygiene Utrum medicinae sit an gymnastices hygieine ad Thrasybulum liber - Vocalium instrumentorum dissectio - Vocum obsoletarum Hippocratis explanatio.

APPENDICE H

Aurelio Agostino d'Ippona (S. AGOSTINO)

Aurelio Agostino d'Ippona, nato il 13 novembre 354 a Tagaste e morto il 28 agosto 430 a Ippona, è stato un vescovo romano e teologo. Cresciuto in una famiglia di modesti mezzi economici, suo padre era un piccolo proprietario terriero di fede pagana, mentre sua madre era cristiana. La madre ebbe un'influenza significativa sulla sua educazione. Nonostante il padre fosse soddisfatto dei risultati scolastici di Agostino presso la Scuola di Tagaste (oggi Souk Ahras, in Algeria) e desiderasse che egli intraprendesse la carriera legale a Cartagine, il costo elevato delle rette scolastiche comportò una lunga raccolta di denaro, costringendo Agostino a trascorrere molti anni inattivo. Durante questo periodo, Agostino fu dominato da trasgressioni e passioni, come egli stesso ammise nella sua opera autobiografica *Confessioni*.

All'età di diciassette anni, Agostino si trasferì a Cartagine, dove condusse una vita dissoluta e intraprese una relazione con una concubina dalla quale ebbe un figlio chiamato Adeodato. Tuttavia, grazie alla lettura delle opere di Cicerone, riuscì a cambiare il corso della sua esistenza e ad indirizzarla verso lo studio filosofico. La sua ricerca lo portò a unirsi ai Manichei, nella speranza di trovare in quella dottrina una risposta ai misteri della natura. Dopo aver completato i suoi studi, Agostino tornò a Tagaste, dove iniziò a insegnare grammatica.

Nel 376, Agostino tornò a Cartagine, dove completò la stesura di un libro sull'estetica e si allontanò dal Manicheismo, riconoscendo in quella filosofia una certa immoralità poiché negava l'autenticità delle Sacre Scritture e mancava di una conoscenza approfondita della scienza naturale. Si immerse nello studio delle opere di Platone, perseguendo l'obiettivo che lo aveva sempre affascinato: la ricerca della verità.

Nel 383, Agostino raggiunse Roma e l'anno successivo venne nominato professore di retorica a Milano. Durante questo periodo, attraversò una profonda lotta interiore che lo portò a comprendere che la verità poteva essere trovata solo nella certezza offerta dal Vangelo e che Cristo rappresentava l'unica via per raggiungere tale verità. Con l'aiuto e la guida del vescovo di Milano, Ambrogio, si convertì alla fede cristiana tra il 386 e il 387. Nel 388, fece ritorno a Tagaste. All'inizio del 391, fu ordinato sacerdote e, nella primavera dello stesso anno, fondò un monastero. Tra il 395 e il 397, venne consacrato Vescovo di Ippona e grazie al suo incessante lavoro clericale, molti monasteri si diffusero in quasi tutta l'Africa.

La sua attività si divise tra predicazioni contro i donatisti, (che criticavano i vescovi che avevano dato ai romani i libri sacri e che reputavano che i sacramenti da questi amministrati non fossero stati validi), risoluzioni di problemi di fede, lotta alle eresie e partecipazione a tutti i Concili di Cartagine. Morì a Ippona il 28 agosto del 430. Scrisse molto durante le sue permanenze nelle varie città. Nel 330 scrisse il *De pulchro et apto* (perduto), nel 386 *Contra Academicos, De beata vita, De Ordine, Soliloquia,* nel 387 *De immortalitate animae, De musica,* nel 388 *De quantitate animae, De libero arbitrio 1, De moribus ecclesiae cattolicae et de moribus Manicheorum, De Genesi contra Manicheos, De diversis questionibus, De magistro,* nel 389 *De vera religione,* nel 391 *De utilitate credenti, De duabus animabus contra Manicheos, De libero arbitrio 2-3,* nel 392 *Acta Fortunatum Manickaeum, Enarrationes in Psalmos* – nel 393 *De fide et symbolo, De genesi ad litteram imoerfectus liber,* nel 394 *Psalmus contra partem Donati, De sermone Domini in monte, Expositio octoginta quattuor propositionum epistolae ad Romanos, Epistolae ad Romanos inchoata expositio, Expositio ad Galatas, De mendacio,* nel 395 *De agone christiano, De doctrina christiana,* nel 396 *Ad Simplicianum de diversis quaestionibus, Contra epistolam quam vocant lundamenti,* nel 397 *Contra Faustum Manichaeum, Quaestiones evangeliorum, Confessiones,* nel 398 *Contra Felicem Manichaeum,* nel 399 *De natura boni contra Manichaeos, Contra Secundinum Manickaeum, Adnotationes in Iob, De catechizandis rudibus, De Trinitate,* nel 400 *De fide rerum quae non videntur, De consensu evangelistarum, Contra epistolam Parmeniani, De baptismo contra Donatistas, Ad inquisitionesIanuarii, De opere monachorum,* nel 401 *De bono coniugali, De sancta virginitate, Contra litteras Petiliani, De Genesi ad litteram,* nel 405 *De unitate ecelesiae, Contra Cresconium grammaticum,* nel 406 *De divinatione daemonum,* nel 408 *Epistola 93, Quaestiones expositae contra paganos, De utilitate jeiunili*, nel 410 *Epistola118 ad Dioscurum, De unico baptismo contra Petilianum*, nel 411 *Breviculus collationis contra Donatistas, De peccatorum meritis et remissione*, nel 412 *Post collationem contra Donatistas, De spiritu et littera, De gratia novi testamenti*, nel 413 *De videndo Deo ad Paulinum, De fide et operibus, De civitate Dei I-V, De natura et gratia*, nel 414 *De bono viduitatis ad Iulianam, De Trinitate, Tractatus in Iohannis evangelium*, nel 415 *Ad Orosium contra Priscillianistas et Origenistas, De origine animae et de sententia Iacobi ad Hieronymum, Tractatus in Epistolam Iohannis ad Parthos, De perfectione justitiae hominis, De civitate Dei VI-X*, nel 417 *De gestis Pelagii, De correctione Donatistarum, De praesentia Dei ad Dardanum, De patientia, De civitate Dei XI-XIII*, nel 418 *Gesta cum Emerito Donatistarum episcopo, Contra sermonem Arianorum, De civitate Dei XIV-XVI*, nel 419 *Locutiones in Heptateuchum, Quaestiones in Heptateuchum, De nuptiis et concupiscentia, De anima et eius or igine, De coniugiis adulterinis*, nel 420 *Contra mendacium, Contra adversarium legis et prophetarum, Contra duas epistolas Pelagianorum, De civitate Dei XVII*, nel 421 *Contra Gaudentium Donatistarum episcopum, Contra Iulianum, Enchiridion ad Laurentium, De cura pro mortuis gerenda*, nel 422 *De octo Dulcitii quaestionibus*, nel 426 *De gratia et libero arbitrio, De correptione et gratia, Retractationes, De civitate Dei XVII-XXII*, nel 427 *Collatio cum Maximino Arianorum episcopo*, nel 428 *Contra Maximinum Arianorum episcopum, De baeresibus ad Quodvu ltdeum, De praedestinatione sanctorum, De dono perseverantiae*, nel 429 *Tractatus adversus Judaeos, Contra secundam Juliani responsionem opus imperfectum.*

APPENDICE I

Sofronio Eusebio Girolamo (S. GIROLAMO)

Sofronio Eusebio Girolamo, noto come San Girolamo (Stridone, 347 – Betlemme, 30 settembre 419/420), fu un monaco traduttore e teologo, riconosciuto come Padre e Dottore della Chiesa. Cresciuto in una famiglia cristiana, fu inviato a Roma per studiare, dove approfondì la sua formazione. Nonostante fosse attratto dalla vita mondana in giovinezza, il suo interesse per la religione prevalse e all'età di diciannove anni, nel 366, ricevette il battesimo e abbracciò la vita ascetica.

Successivamente, si recò in Oriente e visse come eremita nel deserto di Calcide, dove dedicò tempo allo studio del greco e dell'ebraico. Nel 382, si trasferì a Roma, dove il Papa Damaso, consapevole della sua reputazione di studioso, lo nominò consigliere e gli affidò il compito di tradurre in latino i testi biblici. Dopo la morte di Damaso, Girolamo lasciò Roma e si recò in Terra Santa, passando poi per l'Egitto, dove molti monaci risiedevano. Nel 386, si stabilì a Betlemme, dove, grazie al sostegno finanziario di donne aristocratiche romane, furono costruiti monasteri e un ospizio per i pellegrini che visitavano la Terra Santa. Rimase a Betlemme fino alla sua morte, diffondendo la parola di Dio e insegnando la cultura classica e cristiana. La sua vasta erudizione gli permise di tradurre numerosi testi biblici e di revisionare i quattro Vangeli in latino, il Salterio e l'Antico Testamento. Combatté energicamente gli eretici e difese la tradizione della Chiesa, scrivendo opere come: *De viris illustribus*, in cui narrava la vita di alcuni autori cristiani, e *L'Epistolario*, un'opera colta di letteratura latina. Inoltre, scrisse: *Altercatio Luciferiani et Orthodoxi*, in difesa della verginità di Maria, madre di Cristo.

APPENDICE L

RUGGERO BACONE

Roger Bacon, noto anche come Bacone, nacque intorno al 1214 a Ilchester, in Inghilterra, e studiò a Oxford. Durante il suo periodo di studio, ebbe l'opportunità di entrare in contatto con le opere di Robert Grosseteste, vescovo di Lincoln, che era sia un teologo che uno scienziato. Successivamente, si trasferì in varie università europee, tra cui Parigi, dove insegnò nella Facoltà delle Arti. A Oxford, si dedicò all'analisi delle opere di Aristotele e scrisse commentari su di esse. Durante questo periodo, entrò in contatto con il francescano Adam Marsh, un sostenitore del rinnovamento della Chiesa per far fronte alle minacce rappresentate dalla vicinanza di popoli asiatici come i tartari e i mongoli all'Europa. Bacone condivise appieno questa visione e sostenne che l'Islam, insieme ad altre influenze culturali, dovesse essere contrastato, ma sottolineò che ciò poteva essere fatto solo attraverso mezzi culturali anziché militari. Successivamente, Bacone si unì all'ordine francescano e promosse e sviluppò le idee di Adam Marsh.

Secondo Bacone, era essenziale acquisire conoscenze dalle culture orientali e dalle scienze al fine di reintegrarle nel contesto cristiano. Durante il suo soggiorno a Oxford, oltre ai commentari sulle opere di Aristotele, scrisse trattati su argomenti come la medicina, l'astronomia e l'alchimia. Nel frattempo, il francescano Guy Le Gros Foulquois, che aveva servito come coadiutore del re di Francia Luigi IX, fu eletto Papa con il nome di Clemente IV. Conoscendo il pensiero di Bacone, Clemente IV lo consultò per ottenere il suo contributo al rinnovamento delle conoscenze e al superamento delle sfide che la cristianità stava affrontando, come la minaccia tartara e mongola e l'influenza culturale islamica. In risposta, Bacone inviò al Papa l'opera: *Opus Maius*, composta da sette parti.

Nella prima parte dell'Opus Maius, Bacone analizza le barriere che impediscono di raggiungere la verità e la saggezza, identificandone quattro: un'autorità debole e poco affidabile, la tradizione, l'ignoranza del prossimo e l'uso della presunta conoscenza per nascondere l'incapacità. Nella seconda parte, esamina la filologia e la teologia, attribuendo un ruolo centrale alle Sacre Scritture come fondamento di tutte le scienze. La terza parte è dedicata allo studio delle lingue latina, greca, araba ed ebraica, considerate essenziali per accedere alla sapienza rivelata. Nella quarta parte, Bacone si concentra sulla matematica e critica il calendario giuliano, evidenziando i cambiamenti degli equinozi e dei solstizi. La quinta parte riguarda l'ottica e approfondisce argomenti come gli specchi, i cristalli ottici, la struttura dell'occhio, la fisiologia della vista, la luce, la percezione diretta, la luce riflessa e la rifrazione.

Nella sesta parte, Bacone si dedica allo studio della scienza sperimentale e ne esalta l'utilità. Discute di alchimia, produzione della polvere da sparo, astronomia, dimensioni e posizioni dei corpi celesti, nonché di invenzioni come microscopi, telescopi, occhiali e navi a vapore. Egli esplora anche le potenzialità delle scienze mediche e della scienza sperimentale in relazione alla teologia. Nella settima parte, affronta la filosofia morale, la scienza del percorso di salvezza dell'uomo, esaminando il significato di Dio e i quattro ostacoli alla conoscenza della vita eterna: peccato, cura del corpo, pericoli del mondo sensibile e mancanza di rivelazione. Discute inoltre delle dodici virtù secondo Aristotele, Seneca e Ovidio, delle religioni comparate, del ruolo di Cristo come legislatore perfetto e dell'importanza dell'accettazione del sacramento.

Oltre all'Opus Maius, Bacone invia una lettera al Papa Clemente IV in cui espone il suo progetto, basato sulle conoscenze scientifiche e filosofiche raccolte in vent'anni di studi, e propone che altri ricercatori si uniscano a lui per sviluppare approfondimenti in diversi campi della conoscenza. Bacone prevede anche l'intervento di copisti per trascrivere i risultati delle esperienze scientifiche e l'invio di esploratori in tutte le parti conosciute del mondo per raccogliere dati e informazioni nuove.

Secondo Bacone, tutte le scienze erano strettamente connesse tra loro e avrebbero costituito un unico sistema. Tuttavia, nel 1268, dopo la morte di Clemente IV, Bacone venne imprigionato a causa delle accuse mosse contro di lui dallo stesso ordine francescano a cui apparteneva. Gli venne attribuita la divulgazione di idee alchemiche arabe e di stregoneria, poiché aveva apertamente criticato l'ignoranza e la corruzione del clero. Rimase in prigione per oltre dieci anni e fu liberato grazie all'intervento di alcuni nobili inglesi. Il suo pensiero può essere compreso attraverso la lettura dell'Opus Maius. Bacone non tollerava l'accettazione passiva dell'auctoritas, cioè la semplice accettazione di ciò che era stato trasmesso dal passato, ma cercava di strutturare le caratteristiche del vero sapere.

Per Bacone, la Bibbia doveva essere il punto di riferimento per i teologi del suo tempo, e per comprenderne adeguatamente il messaggio, era necessario studiare le lingue con cui erano stati scritti i testi biblici. Inoltre, i teologi avrebbero dovuto approfondire le scienze, in particolare quelle matematiche, che Bacone considerava di grande importanza poiché fornivano una via privilegiata per penetrare nei segreti delle altre scienze e studiare i contenuti che costituivano le strutture del mondo sensibile. Per fare ciò, era fondamentale condurre un'analisi diretta degli eventi, acquisendo esperienza e ottenendo un controllo diretto sulla verità. Questa esperienza poteva essere esterna, ottenuta attraverso i sensi, o interna, grazie all'illuminazione divina.

Egli identificava il metodo di comprensione e apprendimento attraverso la dimostrazione che si basa sui principi primi intuitivi posseduti dall'anima, dalle quali si deducono le conclusioni. Questo metodo è conosciuto come scienza sperimentale. Bacone sosteneva che tale approccio portasse alla certezza e alla soppressione del dubbio, in quanto la dimostrazione richiede la verifica attraverso l'esperienza. Per Bacone, l'esperienza era un elemento fondamentale per raggiungere la conoscenza, poiché senza di essa non sarebbe stato possibile conoscere nulla.

Nel suo lavoro *Opus Maius*, Bacone affronta diverse tematiche, tra cui la matematica, l'ottica, l'alchimia e lo spettro visibile in un bicchiere d'acqua. Le sue idee anticipano concetti sviluppati successivamente da figure come Cartesio e Newton. Secondo Bacone, conoscere significa possedere la capacità di manipolare la realtà a vantaggio dell'umanità.

Va sottolineato che, sebbene il suo pensiero sia stato innovativo nell'approccio empirico alla scienza, rimane indefinito per quanto riguarda il metodo per guidare l'esperienza nella comprensione della realtà.

Scisse: *Opus Maius, Opus Minus, Opus Tertium, Compendium studii philosophiae, Compendium studii theologiae, Communia mathematica, Communia naturalium, De erroribus medicorum, De multiplicatione specierum, De speculis comburentibus, Speculi almukefi compositio, Grammatica Graeca, Grammatica Hebraica, Epistola ad Clementem IV Papam, Tres epistolae, Epistola de secretis operibus artis et naturae et de nullitate magiae, Liber de sensu et sensato, Liber secreti secretorum cum quibusdam declarationibus fratris Rogerii Bacon, Perspectiva, Questiones supra libros IV Physicorum Aristotelis, Questiones supra libros I-VIII Physicorum Aristotelis, Questiones supra libros primae philosophiae Aristotelis, Questiones supra librum de causis, Questiones alterae supra libros primae philosophiae Aristotelis, Questiones supra undecimum primae philosophiae, Summa de sophismatibus et distinctionibus, Summa grammaticae, Tractatus ad declarandum quaedam obscure IV Physicorum Aristotelis.*

APPENDICE M

TOMMASO D'AQUINO

Tommaso d'Aquino (1225-1274), frate domenicano, teologo, filosofo e accademico italiano, è considerato un importante esponente della Scolastica. Nel suo vasto corpus di oltre 102 opere, cercò di stabilire un collegamento tra la cristianità e la filosofia, basandosi sui pensieri socratici, platonici e aristotelici.

Tra i temi affrontati da Tommaso, l'analisi dell'anima occupò un ruolo centrale. Esplorò la sua natura, la sua origine, i suoi legami con il corpo e la sua possibile conservazione dopo la morte. Anche se questi temi erano già stati affrontati dai filosofi greci, le opinioni, in particolare quelle di Platone e Aristotele, differivano. Platone sosteneva che l'anima avesse una natura completamente spirituale, mentre per Aristotele la funzione dell'intelletto agente era di natura spirituale. Riguardo all'immortalità dell'anima, Platone credeva che essa ritornasse al mondo delle idee, mentre Aristotele la considerava immortale e divina.

Secondo Tommaso d'Aquino, l'anima è di natura spirituale e per comprendere appieno il suo valore, non è sufficiente un'autoriflessione, ma richiede una "*diligens et subtilis inquisitio*" (un'indagine accurata e sottile). La sua indagine ha origine dal fatto che la mente non partecipa all'attività intellettiva del corpo, poiché nulla può operare autonomamente se non è convalidato dall'anima umana, che è sussistente e incorporea. Nonostante le operazioni dell'anima, quali la conoscenza e la libertà di scelta, siano intrinsecamente connesse alla materia, ciò non compromette la sua essenza spirituale. In realtà, il corpo è uno strumento che consente l'operazione dell'intelletto. Per dimostrare la spiritualità dell'anima, Tommaso sostiene che essa tende all'infinito ed è autotrascendente, in quanto è creata a somiglianza di Dio, al di fuori dello spazio e del tempo, strettamente unita al corpo ma unica e distinta dalle anime inferiori degli animali e delle piante.

Oltre all'esistenza e alla trascendenza dell'anima, Tommaso attribuisce un'altra qualità: la sostanzialità. Pertanto, critica i materialisti che sostengono che l'anima possa essere equiparata ad altre forme esistenti nella natura e respinge le tesi platoniche che affermano che l'anima sia la sostanza sufficiente per determinare la realtà. Egli sostiene invece che l'anima intellettiva agisca autonomamente senza l'aiuto del corpo e, in quanto attualità, debba agire per sé stessa senza dipendenze. Per Tommaso, il concetto di attualità rappresenta la perfezione, la completezza e la realizzazione, e nelle cose materiali, non si identifica mai con l'essenza delle cose, ma con la loro forma, a differenza della potenza che si identifica con la materia.

L'atto e la potenza sono i principi dell'essere, sebbene il primo sia attivo e il secondo sia un principio passivo. Pur accettando la formula aristotelica della dottrina dell'atto e della potenza, Tommaso apporta alcune interessanti modifiche. Secondo lui, l'atto principale è l'essere stesso, non la forma, poiché, come affermò: "*L'essere è l'attualità dell'atto e quindi la perfezione di ogni perfezione, ma fra tutte le cose, l'essere è la più perfetta*". Quando l'essere si inclina verso la perfezione, esso conferisce realtà a qualsiasi altra perfezione.

Il rapporto tra atto e potenza, che Aristotele aveva associato all'unione tra materia e forma e tra sostanza e accidente, venne ampliato da Tommaso con l'aggiunta di "*essenza*" e "*atto dell'essere*". Infatti, dove non vi era una coincidenza tra essenza ed essere, come avviene in Dio che è l'essere sussistente per sé, era necessario introdurre un nuovo concetto, diverso dal concetto di forma e materia e da sostanza e accidente. In altre parole, si trattava di una combinazione in cui l'essenza assumeva potenzialità rispetto all'essere, poiché la ragione fondamentale per cui un ente non possedeva la perfezione dell'essere risiedeva nella sua essenza, ossia in quella capacità e potenzialità che erano, contemporaneamente, perfezione e limite.

Questa combinazione, essenza e atto dell'essere, differiva dalla combinazione di materia e forma, sebbene entrambe fossero il risultato di atto e potenza, poiché la materia non costituiva l'essenza stessa della cosa, ma solo una parte dell'essenza. Inoltre, l'essere non era l'atto della materia, bensì l'atto della sostanza, cioè l'essere era l'atto di ciò che è. L'essere non apparteneva solamente alla materia, ma a tutto ciò che esisteva. Pertanto, l'essere non era una proprietà esclusiva della materia, poiché ciò che realmente sussisteva era la sostanza. Inoltre, nemmeno la forma poteva essere considerata essere, e quindi gli enti composti da materia e forma non possedevano in sé l'essenza dell'essere, sebbene la forma fosse ciò che determinava l'essere, in quanto principio dell'essere.

Nel processo di classificazione dell'anima, Tommaso attribuì due importanti facoltà ad essa: l'intelletto e la volontà. All'intelletto appartenevano la memoria e il modo di conoscere conseguente, mentre alla volontà appartenevano la tendenza al bene e il libero arbitrio, che era una facoltà libera che permetteva di discernere tra il bene e il male. Secondo Tommaso, l'anima era immortale e nemmeno Dio aveva il potere di privarla dell'immortalità, poiché la sua guida sapiente delle cose non contrastava l'ordine naturale che aveva stabilito.

Secondo il pensiero di Tommaso d'Aquino, Dio era caratterizzato da semplicità, immutabilità e indivisibilità. Essendo privo di nascita e morte, viveva da sempre e non era vincolato da limiti di tempo e spazio. La sua unicità risiedeva nella sua onnipotenza e nell'incapacità di volere il male. Dio esisteva in sé e per sé, possedendo la massima perfezione in ogni qualità, che si riassumeva nell'amore supremo e nel bene supremo. Non era un ente come gli angeli e gli esseri creati, sebbene condividesse le qualità degli enti creati, ma era distintivo da essi poiché la sua essenza era l'essere stesso. L'essere in sé era semplice e privo di parti.

Per quanto riguarda l'uomo, Tommaso sosteneva che avesse l'opportunità di diventare parte integrante di Dio, armonizzando la propria esistenza terrena con quella del Creatore. Secondo Tommaso, l'essere non si limitava a definire tutto ciò che esisteva, incluso l'uomo, ma era "*esse ut actus*", cioè un atto puro che realizzava ogni perfezione. Dio era un atto puro, libero da limitazioni, imperfezioni e potenzialità, poiché se l'essere fosse unito a una potenza, si tratterebbe di un ente finito.

Per dimostrare l'esistenza di Dio, Tommaso propose un percorso che si basava sull'esperienza sensibile per individuare la "*Causa prima*". Questo approccio, chiamato "*demonstratio quia*", consisteva nell'analisi degli effetti che conducono alla deduzione razionale della "*Causa prima*". Tommaso sostenne che l'esistenza di Dio era una conclusione derivata dall'esperienza sensibile e un principio metafisico. L'assenza di saggezza impedisce a un ente di tendere al fine ultimo, a meno che non sia guidato da un essere intelligente e saggio. Inoltre, l'esistenza appartiene a un primo motore che non dipende da altro ed è necessario per tutti gli enti, essendo la causa dell'essere, della perfezione e della bontà. Tommaso identificò questo ente nel Dio dal quale tutte le cose sono ordinate per raggiungere un unico fine.

Per quanto riguarda la creazione del mondo, l'uomo poteva dedurre razionalmente la dipendenza dell'universo da Dio. Tuttavia, la ragione da sola non poteva stabilire se il mondo fosse eterno o avesse avuto un inizio, poiché questa verità poteva essere accettata solo attraverso la rivelazione divina e quindi per fede.

La concezione di Tommaso sull'universo colloca Dio al vertice come colui che governa autonomamente il mondo, le cose e gli enti. Sotto di lui si trovano le forme pure e immateriali come gli angeli, che Tommaso definisce intelligenze motrici. Al di sotto di queste forme pure si trova l'uomo, situato tra il mondo delle sostanze spirituali e quello della corporeità, con una struttura costituita da materia e anima intellettiva. L'essere umano appartiene sia al mondo fisico che a quello spirituale, e la sua conoscenza è strettamente legata ai sensi. Poiché l'uomo non possiede lo stesso grado di intelligenza degli angeli, non può percepire direttamente le verità intelligibili, ma può apprendere solo attraverso l'esperienza sensibile. Grazie a questo, l'uomo tende a realizzare la propria natura, compiendo ciò per cui è stato creato e diventando consapevole delle finalità che lo guidano. Ciò avviene utilizzando l'intelletto e prendendo decisioni adeguate al raggiungimento del proprio fine, seguendo la legge naturale.

Nell'intelletto si trovano i principi di base dell'ordine armonico dell'universo, e Tommaso d'Aquino distingue diversi tipi di ordine: l'ordine del reale naturale, in cui la mente assume un ruolo passivo e si limita a comprendere, l'ordine logico, caratterizzato dalla correttezza dei suoi atti, l'ordine morale, che riguarda l'agire con volontà nella via della rettitudine, e l'ordine razionale, che si riferisce alle attività esteriori e alla tecnica, che sono esterne alla realtà intrinseca.

Da questa divisione, Tommaso concepì l'intelletto in due modi: l'intelletto teorico, che dipende dalle cose e le comprende, diventando misura delle stesse, e l'intelletto pratico, che è autosufficiente rispetto alle cose e ha la capacità di inventare e produrre, generando così nuove realtà, diventando a sua volta misura di queste. Le cose che esistono nella natura, dalle quali il nostro intelletto ricava la conoscenza, sono misurate da un intelletto superiore e divino in cui tutte le cose esistono.

La facoltà di pensiero è una caratteristica essenziale della mente umana, poiché attraverso di essa l'uomo può acquisire conoscenze riguardanti ciò che lo circonda. Tuttavia, secondo Tommaso d'Aquino, l'origine del pensiero risiede in Dio, che è il fondamento di tutte le realtà e delle verità ultime. L'uomo, pur essendo creatore delle sue teorie e ragionamenti, dipende dalla divinità come origine e fonte della sua capacità di pensare. Per quanto riguarda il valore del pensiero, esso è in grado di raggiungere le verità riguardanti il mondo fisico, ma per accedere alle verità ultraterrene è necessario l'intervento della rivelazione divina.

Questa descrizione sintetica del pensiero di Tommaso d'Aquino si concentra sulla sua concezione filosofica e sulla sua influenza nello sviluppo del pensiero umano. Tuttavia, Tommaso d'Aquino fu anche un appassionato di alchimia, come riportato da Eric John Holmyard in *Storia dell'alchimia*. Egli si interessò a tale materia grazie ad Alberto Magno, suo maestro e profondo studioso di alchimia, nonché alla conoscenza della fisica aristotelica che rappresentò, con il recupero arabo, la conoscenza filosofica dell'alchimia del tempo.

Secondo la teoria aristotelica, la materia è definita come potenza e modellata dalla forma, che rappresenta l'atto. Materia e forma sono i costituenti primi in cui tutto l'universo è racchiuso e rappresentano Dio. La materia prima aristotelica è indistinta e inconoscibile, ma per gli alchimisti rappresentava l'embrione cosmico della generazione dei metalli. La teoria alchemica dei quattro elementi (aria, acqua, terra e fuoco) era pure aristotelica, e la mescolanza di questi elementi in diverse proporzioni dava origine a tutto il mondo fisico.

Nel tempo di Tommaso, l'alchimia non aveva l'aura di mistero e di inganno che la caratterizza in epoche successive ed era perfettamente normale che un uomo di elevata cultura si occupasse di essa. L'alchimia era considerata un'attività morale e religiosa prima ancora che operativo-scientifica (*laboratorium est oratorium*). Infatti, essa non profanava l'opera divina, ma anzi l'esaltava riconoscendo la gloria di Dio nel creato, come riporta Paolo Cortesi in *Tommaso d'Aquino, L'alchimia ovvero trattato della pietra filosofale*. Newton Compton, 1996, p. 14 *"l'embrione cosmico della generazione dei metalli. Pure aristotelica è la teoria* alchemica dei quattro Elementi (Aria, Acqua, Terra e Fuoco) la cui mescolanza, in diverse proporzioni, dava origine a tutto il mondo fisico. Ai tempi di Tommaso l'alchimia non aveva quell'alone di mistero e di raggiro che oggi la travisa e la umilia, ed era perfettamente normale che un uomo di elevata cultura se ne occupasse non marginalmente. Essa era intesa come attività morale, religiosa prima ancora che operativo-scientifica (laboratorium est oratorium); l'alchimia non profanava l'opera divina, ma anzi l'esaltava riconoscendo la gloria di Dio nel creato."

Tommaso d'Aquino scrisse i trattati: *De ente et essentia, De principiis naturae, Compendium theologiae seu brevis compilatio theologiae ad fratrem Raynaldum, De regno ad regem Cypri, De substantiis separatis.* Sintesi teologiche: *Summa Theologiae, Scriptum super libros Sententiarum*e *Summa contra Gentiles.* Commenti ad Aristotele: *Sentencia Libri De anima, Sentencia Libri De sensu et sensato, Sententia super Physicam, Sententia super Meteora, Expositio Libri Peryermenias, Expositio Libri Posteriorum, Sententia Libri Ethicorum, Tabula Libri Ethicorum, Sententia Libri Politicorum, Sententia super Metaphysicam, Sententia super Librum De caelo et mundo, Sententia Super libros de generatione et corruptione.* Commenti biblici, scritti polemici e lettere.

APPENDICE N

ANICIO MANLIO SEVERINO BOEZIO

Anicio Manlio Severino Boezio (Roma, 475 - Pavia, 524/526) è stato un filosofo romano di grande rilievo nel contesto medievale. È annoverato tra i principali esponenti della filosofia medievale e ha avuto un ruolo significativo nello sviluppo della Scolastica. Il suo contributo è stato finalizzato a preservare l'eredità della cultura greca nel contesto di un declino della cultura latina.

Boezio sottolineava l'importanza di un amore per la sapienza che implicava non solo la comprensione della realtà, ma anche una forma di amore per Dio, concepito come sapienza illimitata. Egli intravedeva nella filosofia e nello studio della teologia dei mezzi per acquisire la conoscenza, andando oltre i limiti imposti dai sensi. Per Boezio, solo ciò che era intellegibile poteva essere compreso attraverso l'intelletto, superando la restrizione sensoriale.

Uno dei suoi contributi fondamentali è stato nella preservazione e diffusione delle sette discipline del trivium e del quadrivium. Il trivium comprendeva la grammatica, la logica e la retorica, strumenti per esprimere e comunicare le conoscenze acquisite. Il quadrivium includeva l'aritmetica, la geometria, l'astronomia e la musica, che per Boezio erano i percorsi che conducevano alla saggezza. In particolare, l'aritmetica, considerata la madre di tutte le altre discipline, era centrale nel suo pensiero.

Boezio si è interessato anche alla logica aristotelica e alle categorie di Porfirio, ma ha sviluppato una propria interpretazione delle categorie aristoteliche. Queste categorie, come sostanza, quantità, qualità e altre, rappresentano modi per descrivere e classificare gli oggetti. Boezio ha influenzato il pensiero successivo, sostenendo che le sostanze prime esistono in modo indipendente, mentre le categorie di genere e specie, chiamate "sostanze seconde", sono sottocategorie del genere più ampio e non possono esistere da sole.

Nel suo pensiero, Boezio ha integrato l'insegnamento di Platone sulla separazione degli universali e degli incorporei dal mondo sensibile, sostenendo che, sebbene genere e specie non possano esistere separatamente dal corpo, il pensiero possa distinguerli. Ha definito l'uomo come una persona, una sostanza razionale, ma ha riconosciuto che la fonte del bene e della certezza risiede in Dio.

Le sue opere includono *De institutione arithmetica, De Institutione musica, De syllogismo cathegorico, De divisione, De hypotheticis syllogismis, In Ciceronis Topica, De topicis differentiis, Introductio ad syllogismos cathegoricos, Opuscola Sacra, De Trinitate, Utrum Pater et Filius et Spiritus Sanctus de divinitate substantialiter praedicentur, De Hebdomadibus, De fide Catholica, Contra Eutychen et Nestorium* e *De consolatione Philosophiae.*

APPENDICE O

GIOVANNI DUNS SCOTO

Giovanni Duns Scoto (Duns, 1265/1266 – Colonia, 1308) fu un filosofo e teologo scozzese noto per la sua profonda analisi del rapporto tra filosofia e teologia, che portò a un approfondimento della complessità filosofica della realtà e alla nascita di diverse discipline. Nell'antichità, Aristotele aveva suddiviso il sapere in scienza speculativa e scienza pratica, e aveva definito la Fisica come la filosofia della natura, la Matematica come la scienza dei numeri e la Metafisica come la Filosofia prima, focalizzata sui principi, le cause dell'essere, le sue proprietà essenziali e l'essere separato, immobile ed eterno. Questa sezione di indagine ha portato alcuni commentatori di formazione arabo-islamica e cristiana a interrogarsi se dimostrare l'esistenza di Dio fosse un compito attribuibile alla Metafisica, basata sulla ragione, o alla Teologia, derivata dalla rivelazione divina.

Anche Scoto si trovò di fronte a questa stessa domanda, e per risolverla si immerse nello studio delle riflessioni di Avicenna e Averroè, i due principali pensatori arabi. Avicenna aveva fuso filosofia e teologia, collocando la teologia come parte integrante della Metafisica. Questo approccio implicava che la ragione umana potesse condurre all'auto-illuminazione e che la rivelazione divina fosse quasi superflua. Avicenna ritenne che dimostrare l'esistenza di Dio fosse intrinseco alla Metafisica. Averroè, d'altro canto, distinse tra filosofia e teologia come discipline separate, ma scartò il carattere scientifico della teologia poiché mancava del metodo scientifico.

Tuttavia, Scoto propose un punto di vista differente. Egli contestò l'idea che la Rivelazione fosse superflua e che la Teologia fosse solo una sezione della Metafisica. Scoto argomentò che sia Avicenna che Averroè errassero nel considerare inutile la Rivelazione e nel ridimensionare la Teologia a un sottogenere della Metafisica.

BIBLIOGRAFIA

- Abate D. Pietro Zani "Enciclopedia metodica critico-ragionata" Parte I, Vol. XIV, Tipografia Ducale, Parma, MDCCCXXIII.
- Abbé Nicolas Halma, « Traité de Géographie de Claude Ptolemée d'Alexandrie", Paris – Eberhart, imprimeur du Collége Royal de France, Paris, 1828.
- Alfred Edward Taylor, "Platone, l'uomo e l'opera", La Nuova Italia Editrice, Firenze, 1968.
- Antonio Nibby, "Del Foro Romano, della via Sacra, dell'anfiteatro Flavio e dei luoghi adjacenti", Membro ordinario dell'Accademia Romana di Archeologia, Presso Vincenzo Poggioli Stampatore della R.C.A., Roma, MDCCCXIX.
- Arnold Reymond, "Science in Greco Roman Antiquity", E.P. Dutton and Company, New York, 1927.
- Attilio Frajese e Lamberto Maccioni, "Gli Elementi di Euclide", UTET, Torino, 1970.
- Attilio Frajese, "Opere di Archimede, Sulla sfera e sul cilindro", UTET, 1974.
- Benjamin Farrington, "Storia della scienza greca", Arnoldo Mondadori Editore, Milano, 1964.
- Biagio Catalano, "Platone in Epinomide", Brano da "Il grande racconto", Ed. Lulu, 2010.
- C. Darwin e A. R. Wallace, "Evolution by Natural Selection", a cura di Sir Gavin De Beer, Cambridge University Press 1958
- C. Darwin, "L'origine dell'uomo e la selezione sessuale", Newton Compton, Roma, 2006.
- Carlo Agostino Viano, "Aristotele, Metafisica", libro I, UTET, 1974
- "Carlo Darwin e il darwinismo nelle scienze biologiche e sociali". Scritti vari, raccolti e pubblicati a cura di E. Morselli, Dumoulard, Milano 1892.
- Carlo Diano, "Il pensiero greco da Anassimandro agli Stoici", Bollati Boringhieri, Torino, 2007.
- Carlo Rovelli, "Che cos'è la scienza, Da Anassimandro alla gravità quantistica", Mondadori, Milano, 2011.
- Carlo Rovelli, "Ci sono luoghi al mondo dove più che le regole è importante la gentilezza". Le collezioni del Corriere della sera n°4 – 8 novembre 2018.

- Cesare Cassanmagnago, "Esiodo, Tutte le opere e i frammenti con la prima traduzione degli scolii", Edizioni Bompiani, 2009
- C.F. Hock, "Gerberto o sia Silestro II Papa e il suo secolo", Traduzione dal tedesco del Dottore Gaetano Stelzi, in Milano presso Giovanni Resnati librajo, MDCCCXLVI.
- David Ross, "Platone e la teoria delle idee", Universale Paperbacks il Mulino, Bologna, 1989.
- De Beer, "Gavin, Charles Darwin", Evolution by Natural Selection, Garden City, NY, Doubleday, 1964.
- Diels-Kranz, "Presocratics Fragments", Iliesi Digital Edition – 2009.
- Dimitri Gutas, "Avicenna e la tradizione aristotelica", Introduzione alla lettura delle opere filosofiche di Avicenna, Edizioni di pagina, ebook.
- Dimitri Gutas, "Pensiero greco e cultura araba", Piccola biblioteca Einaudi, Einaudi Editore, Torino, 2002.
- E. Anati, "Le radici della cultura", Ediz. Jaka Book, Milano 1992.
- Edoardo Schuré, "Rama, Krishna, Ermete, Mosè, Orfeo, Pitagora, Platone, Gesù", Editori Laterza, Bari, 1966.
- Eric John Holmyard, "Storia dell'alchimia", Sansoni, Firenze, 1972.
- F. Camastra, "Ockam, Il filosofo e la politica". Testo latino a fronte, Ed. Bompiani, Milano, 2002.
- F. Facchini, "Origini dell'Uomo ed evoluzione culturale, profili scientifici, filosofici, religiosi", Ediz. Jaka Book, Milano 2002.
- Famiano Nardini, "Descrizzione di Roma antica, Parte I", La casa di Nerone, Stamperia di Lorenzo Capponi, Roma, MDCCLXXI.
- Filippo Uccelli," Anatomia-fisiologico comparata a uso della scuola di medicina e chirurgia nell'I. E. R. Arcispedale di S. Maria Nuova di Firenze", Vol. VI, Splancnologia, Parte II, Per Vincenzo Batelli a Comp. Anno MDCCCXXVII.
- "Finney, Ben R., Jones, Eric M." a cura di, Interstellar Migration and the Human Experience, Berkeley, University of California Press, 1986.
- Franco Trabattoni, "Platone", Carocci Editore, Roma, 2009
- Frazer James George, "The Golden Bough", New York, Macmillan, 1940, trad. it. Il ramo d'oro. Studio sulla magia e la religione, Torino, Boringhieri, 1981.
- G. Del Chiappa, membro della facoltà medica nell'I. R. Univ. Di Pavia, "Aulo Cornelio Celso – De Medicina" Trad. dal latino di M.G. Levi - Tip. Di Giuseppe Antonelli – Anno 1838.
- G. Montalenti, "L'evoluzione", Ediz. Radio Italiana, Torino 1958, 2a ed. Einaudi, Torino 1965.

- G. Tibergheim, « La génération des connaissances humaines », Première partie, Imprimerie de TH. Lesigne, 1844.
- Gabriele Giannantoni, "I presocratici, Testimonianze e frammenti", Editori Laterza, Bari, 1969.
- Gamow George, "The Creation of the Universe", New York, Mentor, 1951, trad. it. La creazione dell'universo, Mondadori, Milano, 1956.
- Gerhard Fichtner "Corpus Galenicum", Bibliographie der galenischen und pseudogalenischen, Werke zusammengestellt von Gerhard Fichtner - (Corpus Medicorum Graecorum) der Berlin-Brandenburgischen Akademie der Wissenschaften- Erweiterte und verbesserte Ausgabe 2015/09 - Index der lateinischen.
- Germana Gandino, "Contemplare l'ordine", Liguori editore – Napoli, 2004.
- Gilberto Govi, "L'ottica di Claudio Tolomeo", da Eugenio Ammiraglio di Sicilia, Scrittore del secolo XII, ridotta in latino sovra la traduzione araba di un testo greco imperfetto, ora per la prima volta conforme a un codice della Biblioteca Ambrosiana per deliberazione della R. Accademia delle Scienze di Torinio Stamperia della reale ditta G.B. Paravia e C. Di I Vigliardi, Torino, 1885.
- Giovanni Reale, "Guida alla lettura della metafisica di Aristotele", Editori Laterza, Roma-Bari, 2007.
- Giovanni Reale, "I presocratici", Prima traduzione integrale con testi originali a fronte delle testimonianze e dei frammenti nella raccolta di Hermann Diels e Walther Kranz, Bompiani, Milano, 2006.
- Giovanni Reale, "Melisso Testimonianze e frammenti", La Nuova Italia Editrice, Firenze, 1970.
- Giovanni Reale, "Storia della filosofia antica", La Feltrinelli - Brescia – 1987.
- Girolamo Calestani, "Delle osservazioni di Girolamo Calestani Parmigiano dettate da peritissimi medici", Parte II, Presso Gio: Antonio Giuliani, in Venegia, MDCXVI.
- Girolamo Ruscelli, "La Geografia di Claudio Tolomeo Alessandrino" Nuovamente tradotta dal Greco in Italiano da Girolamo Ruscelli, Al Sacratissimo et sempre felicissimo Imperator Ferdinando I, Con privilegio dell'Illustrissimo Senato Veneto, et d'altri Principi per anni xv, In Venetia Appresso Vincenzo Valgrifi, MDLXI.
- Giuliano Pancaldi, "Charles Darwin, L'origine della specie", Biblioteca Universale Rizzoli, 2009.
- Giuseppe Cambiano, "Filosofia e scienza del mondo antico", Loescher Editore, Torino, 1976.

- Giuseppe Paternò, "Compendio della Storia della Filosofia dai Presocratici al Rinascimento", Aletti Editore, Villanova di Guidonia (RM), 2016.
- Graziano Arrighetti, "Epicuro Opere, Epistola a Meneceo", 122-123, Einaudi, Torino, 1960.
- Guillaume Tiberghien, « Essai théorique et histoire sur la génération des connaissances humaines », Première partie, Bruxelles, Imprimerie de Th. Lesigne, 1844.
- Haber Francis, "The Age of the World", Moses to Darwin, Baltimore, Johns Hopkins University Press, 1959.
- Harriet Pratt Lattin, "The letters of Gerbert with his papal privileges as Sylvester II", Columbia University Press, New York, MCMLXI
- Hegel, "Lezioni sulla storia della filosofia", La Nuova Italia Editrice, Firenze, 1961.
- Heinrich F. Fleck, "Quaderni di Scienze Umane e Filosofia Naturale", Arenario Pubblicazione elettronica aperiodica, Volume 2, N° 2, Gennaio MMXVI – heinrichfleck.net.
- Herbert Thomas, "Le origini dell'uomo, L'avventura dell'evoluzione. Universale", Electa Gallimard, Edizione italiana a cura di Martine Buysschaert, Trieste 1994.
- Hermann Diels, "Die Fragmente der Vorsokratiker der Vorsokratiker", Berlin, Weidmannsche Bucchandlung, 1903.
- Hermannus Diels, "Doxographi Graeci", Opus Academiae litterarum Regiae Borussicae Praemio Ornatum, Berolini, Typis et impensis G. Reimeri, MDCCCXXIX.
- Hoyle Fred, "The Nature of the Universe", New York, Harper, 1960; trad. it. La natura dell'universo, Milano, Bompiani, 1953.
- "Il ricettario medicinale necessario a tutti i meduici & speziali secondo l'uso dei più eccellenti medici", In Fiorenza nella stamperia de i Giunti, MDLXVII.
- Ivan Garofalo e Mario Vegetti, "Opere scelte di Galeno", UTET, Torino, 1978.
- J. L. Heiberg, "Archimedis", Opera Omnia cum commentariis Eutocii, Lipsiae in aedibus B. G. Teubneri, 1881.
- John Louis Drayer, "Storia dell'astronomia da Talete a Keplero", Feltrinelli Editore, Milano, 1977.
- L. Geymonat, "Storia del pensiero filosofico e scientifico", vol. I, L'antichità, Il medioevo, Milano, Garzanti, 1970.

- L.D Reynolds, "Cicero, De Finibus Bonorum Et Malorum", libri quinque, L.D Reynolds, Oxford Classical Texts, Oxonii e typographeo clarendoniano, MCMXCVIII.
- "L'architettura di Marco Vitruvio Pollione", Tradotta e commentata da Berardo Galiani, Edizione seconda, Edizione F.lli Terres, Napoli, 1790.
- "La creazione del mondo descritta da Mosè", Venezia, De Ferrari, 1578.
- Longo Oddone, "Scienza, mito, natura. La nascita della biologia in Grecia", Bompiani, 2002.
- "L'origine delle specie per selezione naturale", trad. condotta sulla 6a ed. inglese di G. Canestrini, 1875.
- "L'origine dell'uomo e l'evoluzione sessuale", trad. di M. Migliacci e P. Fiorentini, revisione scientifica di M. Di Castro e A. Grassi, introduzione di G. Montalenti, Newton Compton ed. Roma, 1977.
- "L'origine dell'uomo", a cura di F. Apparo, Universale Economica, Milano 1949; nuova ed., Editori Riuniti, Roma 1966.
- Luigi Borzacchini, "La scienza di Francesco. Dal Santo di Assisi al papa argentino, le radici medievali della scienza moderna", Edizioni Dedalo, Bari, 2016-
- Luigi e Francesco Cavalli Sforza, Alberto Piazza, "Razza o pregiudizio? L'evoluzione dell'uomo fra natura e storia", Einaudi Scuola; prima edizione – 1996.
- M. Alfonso Buonacciuoli, "Passo riportato da: Della Geografia di Strabone", Tradotto in volgare italiano da M. Alfonso Buonacciuoli, Libro I, 10, Francesco Senese, Venezia - Anno 1562, Google Ricerca Libri.
- M. Vegetti, "Opere di Ippocrate", Torino, Utet, 2000
- Maharishi Mahesh Yogi, "La scienza dell'essere e l'arte di vivere" Astrolabio-Ubaldini 1970.
- Marcello Gigante, "Diogene Laerzio, Vite dei filosofi", Editori Laterza, Bari, 1962.
- Margherita Hack," Tolomeo e Copernico dalle stelle la misura dell'uomo", La biblioteca di Repubblica, Gruppo Editoriale L'Espresso, Roma, 2012.
- Maria Fernanda Ferrini, "Aristotele–Meccanica", Ed. Bompiani, Milano, 2013.
- Moore James R. "The Post-Darwinian Controversies", London, Cambridge University Press, 1981.
- Nicolo Tartalea Brisciano, "Euclide", Euclide megarense acutissimo philosopho, solo introduttore delle scientie mathematice. Diligentemente

rassettato et alla integrità ridotto, per il degno professore di tal Scientie Nicolo Tartalea Brisciano. In Venetia Appresso Curtio Troiano 1565.

- Omero, "Iliade", Libro IV, Traduzione di Vincenzo Monti, BUR, Milano, 1990.
- Paolo Maspero, "Omero, Odissea", Successori Le Monnier, Firenze, 1906.
- Patrizio Sanasi, "Platone, Epinomide", Edizione Acrobat.
- Patrizio Sanasi, "Platone, Fedone", Edizione Acrobat.
- Patrizio Sanasi, "Platone, Parmenide", Edizione Acrobat.
- Patrizio Sanasi, "Platone, Teeteto", Edizione Acrobat.
- Patrizio Sanasi, "Platone, Timeo", Edizione Acrobat.
- Peter Sloterdijk, "Caratteri filosofici da Platone a Foucault", Cortina Editore, Milano, 201.1
- Pigafetta Antonio, "Relazione del primo viaggio intorno al mondo", Milano, Alpes, 1929.
- Power Eileen, "Vita nel midioevo", Piccola biblioteca Einaudi, Torino, 1999.
- R. Moore, "Uomo, tempo e fossili", Garzanti, Milano 1954.
- Rud Wessely, "Codex Hammurabi, Codex Legum, De medico, veterinario, tonsore, (§ 215-227), Sumptibus Instituti Biblici", Romae, 1930.
- Sir Thomas Heath, "Aristarchus of Samos", The ancient Copernicus, A history of greek astronomy to Aristarcus together with Aristarcus treatise on the sizes and distances of the sun and moon – A new greek text with translation and notes by Sir Thomas Heath – Oxford – At the Clarendon press, 1913.
- Stefano Pace del terz'ordine di S. Francesco, Parte III, "La fisica dei peripatetici Cartesiani e atomisti al paragone della vera fisica di Aristotele", Appresso da Lorenzo Basegio, Venezia, Anno MDCCXXIX.
- Steve Olson, "Mappe della storia dell'uomo, Il passato che è nei nostri giorni", ed. Einaudi La biblioteca delle scienze, Torino 2003.
- Suda, ricerca on line, "Suda lexicon by Suidas" (Lexicographer).
- Vincenzo Monti, "Iliade", Dalla Società Tip. De'classici Italiani, MDCCCXXV.
- Vincenzo Pappalardo, "Storia della fisica e del pensiero scentifico", liceoweb.webnode.it, 2014.
- Yves Coppens, "La storia dell'uomo", Ediz. Jaka Book, Milano 2009.

INFORMAZIONI SULL'AUTORE

DOMENICO MURATORE

Limpidi di Acquaro (VV) il 30/05/1948.
Ha conseguito la maturità nell'anno 1967.
Si è laureato in Lingue e Letterature Straniere presso l'Università di Messina
Ha insegnato Lingua e letteratura francese nelle scuole secondarie di seciondo grado.
Le sue passioni: la ricerca, la fotografia e la pittura.
Ha pubblicato i testi scolastici:
Anno 1994 – *Grammaire active de la langue Française* -
Grammatica di base della lingua francese per il biennio della secondaria di secondo grado.
Anno 1995 - *Cahier d'exercices - Exercices par ordinateur* -
Eserciziario di francese interattivo con software.
Ha pubblicato saggi di esoterismo:
Anno 2009 – *Cos'è la massoneria*
Anno 2020 – *Magia pratica moderna*
Ha pubblicato saggi culturali:
Anno 2015 – *Il mito della scienza in Sully Prudhomme*
Anno 2020 – *Il cammino della scienza*
Libri di fotografia:
Anno 2016 – *Fotoart*
Guide allo studio:
Anno 2019   *I verbi della lingua francese*
Anno 2020 – *Ma grammaire*
Anno 2020 – *À vous*
Collana di brevi racconti:
Anno 2018 – *I racconti del camino*